普通高等学校网络工程专业规划教材

计算机网络综合实训

吴许俊 编著

清华大学出版社
北京

内容简介

本书共分为5章，分别为网络基础实验、网络管理实验、IPv6网络实验、网络服务实验和网络综合课程设计。第1章涉及双绞线电缆制作与测试、交换机、路由器、TCP/IP网络命令、网络设备文件系统、STP、协议分析软件的基本配置与操作；第2章涉及网络管理、VLAN、路由协议、PPP、ACL、NAT、WLAN的基本配置与应用；第3章涉及IPv6地址配置与解析、IPv6路由协议、IPv6隧道的基本配置与应用；第4章涉及DNS、WWW、DHCP、FTP的基本配置与应用；第5章阐述综合组网的需求分析、系统设计、设备选型及组网配置。

本书内容以实际应用为主，以H3C网络实验室为技术平台，提高了教材内容的实用性、可操作性和科学性。

本书可以作为高等学校计算机科学与技术、网络工程等相关专业计算机网络类课程的实验教材，也可供网络管理人员及软件开发人员参考。

图书在版编目(CIP)数据

计算机网络综合实训/吴许俊主编. —北京：清华大学出版社，2017（2021.2重印）
（普通高等学校网络工程专业规划教材）
ISBN 978-7-302-46646-8

Ⅰ. ①计… Ⅱ. ①吴… Ⅲ. ①计算机网络－高等学校－教材 Ⅳ. ①TP393

中国版本图书馆CIP数据核字(2017)第031160号

责任编辑：袁勤勇 王冰飞
封面设计：常雪影
责任校对：胡伟民
责任印制：丛怀宇

出版发行：清华大学出版社
网　址：http://www.tup.com.cn，http://www.wqbook.com
地　址：北京清华大学学研大厦A座　**邮　编**：100084
社 总 机：010-62770175　**邮　购**：010-83470235
投稿与读者服务：010-62776969，c-service@tup.tsinghua.edu.cn
质量反馈：010-62772015，zhiliang@tup.tsinghua.edu.cn
课件下载：http://www.tup.com.cn，010-83470236
印 装 者：北京鑫海金澳胶印有限公司
经　销：全国新华书店
开　本：185mm×260mm　**印　张**：13.5　**字　数**：340千字
版　次：2017年3月第1版　**印　次**：2021年2月第6次印刷
定　价：39.00元

产品编号：072745-03

前　言

随着互联网技术的飞速发展，社会信息化进程的加快推进，计算机网络已经成为社会经济、文化、政治、军事等领域发展的重要信息基础设施，计算机网络技术人才的需求也在不断增加。同时，计算机网络技术、网络工程等专业发展亟需改革。为此，我们提出构建分层次实践教学体系，培养理论与技能兼备的高水平计算机网络技术人才。编写计算机网络实验综合教程，将有助于推动计算机网络的发展，培养适应互联网时代的高质量人才。

计算机网络是计算机学科中重要的研究领域之一，支撑着云计算、大数据、物联网、软件定义网络等新兴 IT 技术的发展，也是网络系统工程中不可缺少的关键技术。计算机网络的知识点多、实践性强，实验教学环节需要循序渐进地实施。通过实验，不仅能够帮助学生巩固对网络原理的理解和掌握，而且可以培养学生从事网络工程的分析、设计、应用、管理与维护的能力。

本着分类培养的原则，我们将培养目标分为管理型、工程型、高级工程型 3 种人才类别，设定与之相对应的递增式能力素质，提出与之相对应的组合式课程知识体系，并依据本科教学特点和网络工程建设思路，精心安排了本书内容。

本书分为 5 章，分别为网络基础实验、网络管理实验、IPv6 网络实验、网络服务实验和网络综合课程设计，共 28 个单项实验和一个综合实验。网络基础实验设计了 8 个实验，涉及双绞线电缆制作与测试、交换机、路由器、TCP/IP 网络命令、网络设备文件系统、STP、协议分析软件的基本配置与操作。网络管理实验设计了 8 个实验，涉及网络管理、VLAN、路由协议、PPP、ACL、NAT、WALN 的基本配置与应用。IPv6 网络实验设计了 8 个实验，涉及 IPv6 地址配置与解析、IPv6 路由协议、IPv6 隧道的基本配置与应用。网络服务实验设计了 4 个实验，涉及 DNS、WWW、DHCP、FTP 的基本配置与应用。网络综合课程设计阐述了综合组网的需求分析、系统设计、设备选型及组网配置。

本书既可作为高等本科院校计算机科学与技术、网络工程等相关专业的配套实验教材，也可作为社会培训的教材。建议根据计算机网络、网络管理技术、网络系统集成等课程教学大纲的需求选做部分实验。

本书由吴许俊编写，王巍负责校阅。感谢同事姜枫、高广银和朱长水对本

书编写的大力支持，感谢清华大学出版社的广大员工为本书的出版做了大量工作。

由于编者水平有限，书中不当之处在所难免，恳请读者批评指正。

编　者

2017年1月

CONTENTS

目 录

CONTENTS

CONTENTS

C O N T E N T S

CONTENTS

第 1 章　网络基础实验

1.1　RJ-45 接口连线的制作

1.1.1　实验目的

(1) 了解国际标准 EIA/TIA 568A 与 568B 网络电缆的线序。

(2) 掌握直通双绞线与交叉双绞线的制作方法和用途。

(3) 掌握电缆测试仪的使用方法。

1.1.2　实验知识

1. 双绞线

双绞线(Twisted Pair)是由两根互相绝缘的铜导线按一定密度互相绞合(一般以逆时针缠绕),采用这种方式,不仅可以抵御一部分来自外界的电磁波干扰,也可以降低多对绞线之间的相互干扰。双绞线一个扭绞周期的长度称为节距,节距越小,抗干扰能力越强。双绞线是一种通用的信息网络传输介质,过去主要用于传输模拟信号,但现在同样用于传输数字信号。实际使用时,双绞线是由多对双绞线一起包在一个绝缘电缆套管里的。典型的双绞线有一对的、四对的,也有更多对双绞线放在一个电缆套管里的,这些称为双绞线电缆。

双绞线常见的有 CAT3(3 类线),CAT5(5 类线)、CAT5e(超 5 类线)、CAT6(6 类线)、CAT6A(6A 类线)、CAT7(7 类线)和 CAT8(8 类线),较明显的特征是导体线径由细变粗,传输信号的带宽越来越高。双绞线的最大有效传输距离 100m,根据距离长短,数据传输速率一般可达 1～1000Mbps。双绞线分为屏蔽双绞线(Shielded Twisted Pair,STP)与非屏蔽双绞线(Unshielded Twisted Pair,UTP)。屏蔽双绞线在双绞线与外层绝缘封套之间有一个金属屏蔽层,屏蔽层可减少辐射,防止信息被窃听,也可阻止外部电磁的干扰,使屏蔽双绞线比同类的非屏蔽双绞线具有更高的传输速率。目前常见的超 5 类非屏蔽双绞线,传输最高速率为 100MHz 的信号,主要用于制作网络配线和用户连接线,如图 1-1 所示。

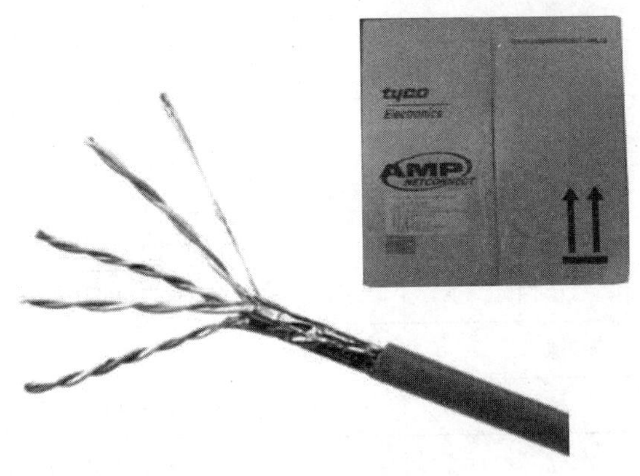

图 1-1　超 5 类非屏蔽双绞线

2. RJ-45 连接器

RJ-45(其中,字母 RJ 表示 Registered Jack;45 表示带 8 根导线的物理连接器)插头是一种只能沿固定方向插入并自动防止脱落的塑料接头,俗称"水晶头",专业术语为 RJ-45 连接器,如图 1-2 所示。RJ-45 连接器前端有 8 个凹槽,简称 8P(Position,位置)。凹槽内的金属接点共有 8 个,简称 8C(Contact,触点),所以 RJ-45 又被称为 8P8C。面对金属片,RJ-45 引脚序号从左到右分别为 1～8,引脚的编号对制作网络连接线非常重要。每条双绞线两头通过安装 RJ-45 连接器与网卡和集线器(或交换机)相连。

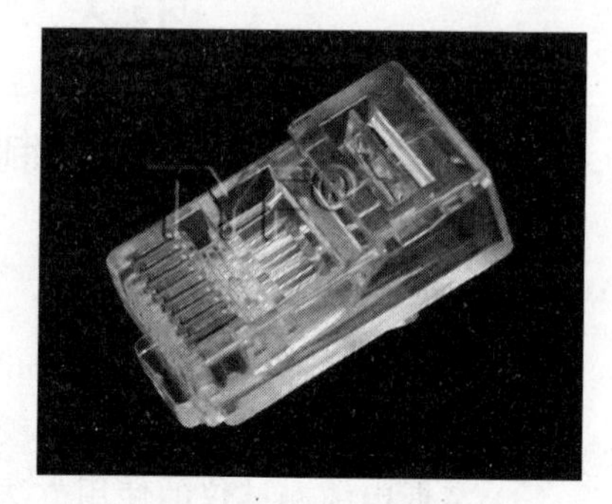

图 1-2 RJ-45 连接器

国际电工委员会和国际电信委员会 EIA/TIA(Electronic Industry Association/Telecommunication Industry Association)已经制定了 UTP 网线的国际标准,其中双绞线的两种标准分别为 EIA/TIA 568A 和 568B,其线序和功能如表 1-1 和表 1-2 所示。

表 1-1 EIA/TIA 568A 线缆标准

顺序	颜色	功　能
针 1	绿白	Tx+
针 2	绿	Tx−
针 3	橙白	Rx+
针 4	蓝	在 10BaseT 和 100BaseT 中未使用
针 5	蓝白	在 10BaseT 和 100BaseT 中未使用
针 6	橙	Rx−
针 7	棕白	在 10BaseT 和 100BaseT 中未使用
针 8	棕	在 10BaseT 和 100BaseT 中未使用

表 1-2 EIA/TIA 568B 线缆标准

顺序	颜色	功　能
针 1	橙白	Tx+
针 2	橙	Tx−
针 3	绿白	Rx+
针 4	蓝	在 10BaseT 和 100BaseT 中未使用
针 5	蓝白	在 10BaseT 和 100BaseT 中未使用
针 6	绿	Rx−
针 7	棕白	在 10BaseT 和 100BaseT 中未使用
针 8	棕	在 10BaseT 和 100BaseT 中未使用

3. 压线钳

压线钳是制作网线的工具，可以完成剪线、剥线和压线 3 个步骤。压线钳种类很多，使用时参考使用说明，本实验使用的压线钳如图 1-3 所示。

4. 电缆测试仪

电缆测试仪用来对同轴电缆的 BNC 接口网线及 RJ-45 接口的网线进行测试，判断制作的网线是否有问题。电缆测试仪分为信号发射器和信号接收器两部分，各有 8 盏信号灯，如图 1-4 所示。测试时，需要打开电源，再将双绞线两端分别插入信号发射器和信号接收器。

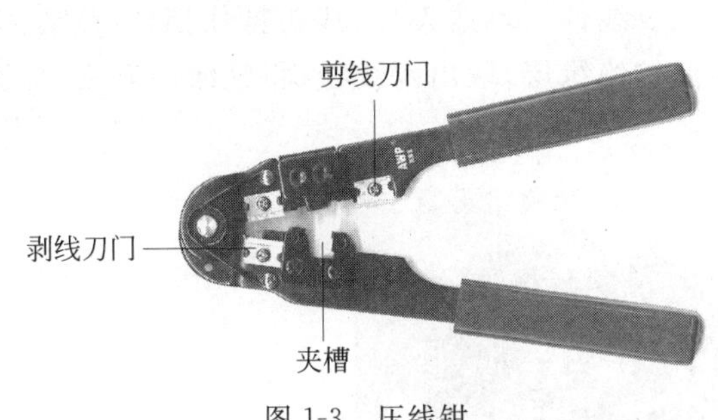

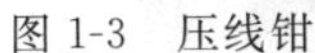
图 1-3　压线钳

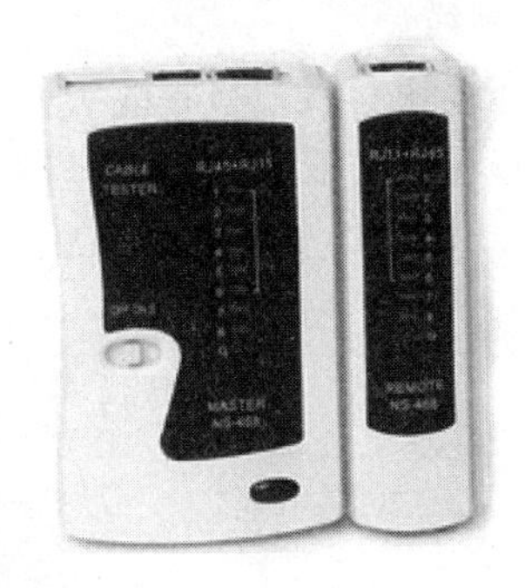
图 1-4　电缆测试仪

5. 直通线介绍

直通线用于计算机与交换器连接形成网络。直通线是指双绞线两端的发送端和接收端直接相连，即连接两端线序相同。在制作直通线时，只要连接两端线序相同就可以完成连网，但是相互之间有信号干扰，影响数据传输，所以一般情况采用 568A 或 568B 的标准制作直通线。

6. 交叉线介绍

如果把两台计算机直接连接起来形成一个简单的两结点以太网，或者将集线器与集线器通过普通的端口进行级联，就必须使用交叉线。交叉线是指双绞线两端的发送端口与接收端口交叉相连，即连接线两端 1-3、2-6 进行交叉，如果一端使用 568A 的标准，则另一端使用 568B 的标准。

网络设备进行连接时，需要正确地选择网线类型。将设备的 RJ-45 接口分为 MDI (Medium Dependent Interface，媒体独立接口）和 MDIX（Medium Dependent Interface cross-over，交叉媒体独立接口）两种类型。当接口类型相同时，使用交叉网线进行连接；接口类型不同时，使用直通网线进行连接。设备间使用双绞线连接如表 1-3 所示，表中 N/A 表示不可连接。

表 1-3　设备间连线

	主机	路由器	交换机 MDIX	交换机 MDI	集线器
主机	交叉	交叉	直通	N/A	直通
路由器	交叉	交叉	直通	N/A	直通
交换机 MDIX	直通	直通	交叉	直通	交叉
交换机 MDI	N/A	N/A	直通	交叉	直通
集线器	直通	直通	交叉	直通	交叉

1.1.3 实验内容与步骤

1. 实验设备

(1) 网线若干米。

(2) RJ-45 水晶头若干个。

(3) 压线钳一把。

(4) 电缆测试仪一台。

2. 剥线

用压线钳剪线刀口将线头剪齐,再将双绞线伸入剥线刀口,线头抵住挡板,然后握紧压线钳并慢慢旋转双绞线,让刀口切开外层保护绝缘层,取出双绞线,将绝缘层剥去,如图 1-5 所示。

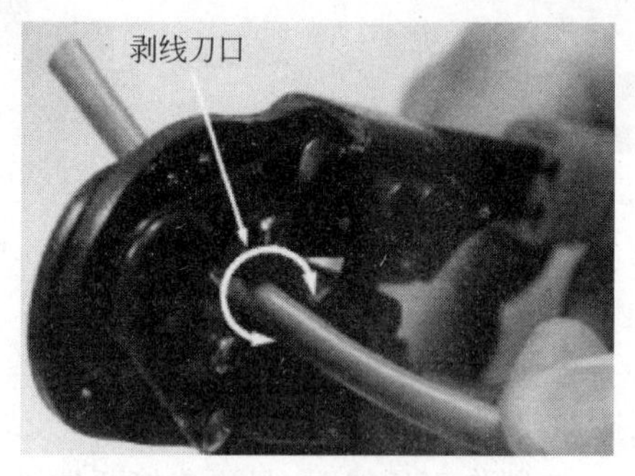

图 1-5 剥线

注意:剥线长度为 1.3～1.5cm,不宜太短或太长;握压线钳力度要适中,以免损伤内导线。

3. 理线

双绞线由 8 根有色导线两两绞合而成,根据需要,按照 568A 或 568B 标准整理线序,整理完毕后,用剪线刀口将前端剪整齐,如图 1-6 所示。

4. 插线

一只手捏住水晶头,使水晶头有弹片的一侧向下,另一只手捏住双绞线,使双绞线平整,稍用力将排好序的线插入水晶头的线槽中,8 根导线顶端应插入线槽顶端,且外皮也同时在水晶头内,如图 1-7 所示。

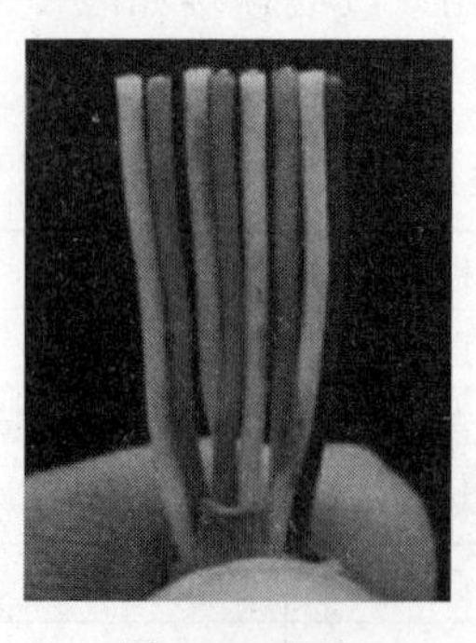

图 1-6 理线

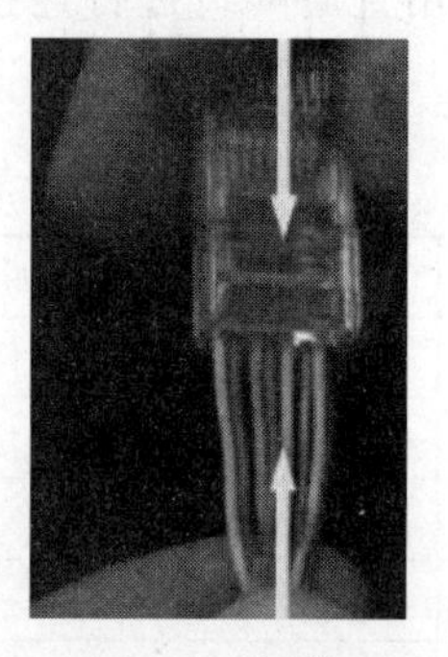

图 1-7 插线

5. 压线

确认所有导线插入到位后，将水晶头放入压线钳夹槽中，用力捏压线钳，使 RJ-45 接头中的金属压入到双绞线中，如图 1-8 所示。

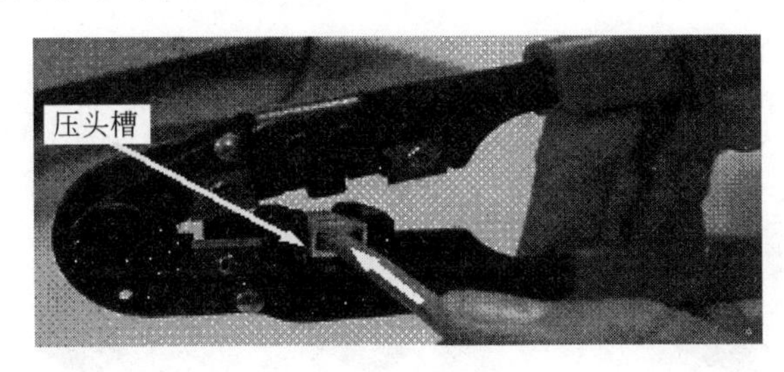

图 1-8　压线

注意：如果网线测试不通，大部分都是由于压线操作不到位造成的，可以将水晶头放在压线槽中再压一下。

6. 检测

两端水晶头压好后，用电缆测试仪检测双绞线的连通性。检测时将两端水晶头分别插入信号发射器和信号接收器，打开电源，LED 信号灯开始逐个闪烁。

(1) 如果测试的双绞线制作正确，则信号发射器和信号接收器的灯会按照如下顺序闪烁的。

发射器端：1-2-3-4-5-6-7-8

接收器端：1-2-3-4-5-6-7-8(直通双绞线)

3-6-1-4-5-2-7-8(交叉双绞线)

(2) 如果测试的双绞线制作有误，则可能出现一些不可预测的情况。

若存在断路或者接触不良现象，会出现任何一个灯为红灯或黄灯，此时最好先对两端水晶头再用压线钳压一次再测。如果故障依旧，再检查一下两端芯线的排列顺序是否一样，如果芯线顺序一样，但测试仪在重测后仍显示红色灯或黄色灯，则表明其中肯定存在对应芯线接触不好。

若网线两端顺序不对，如 2、4 线乱序，则显示如下：

发射器端：1-2-3-4-5-6-7-8

接收器端：1-4-3-2-5-6-7-8

7. 实验结果验证

双绞线制作完成后，就可以通过以下方法对其连通性进行测试。

(1) 用电缆测试仪进行测试，很容易测出网线的排序和连通性问题。

(2) 用 ping 命令测试网络的连通性(详见 1.2 节)。交叉双绞线组网采用如图 1-9 所示拓扑结构，直通双绞线组网采用如图 1-10 所示的拓扑结构。

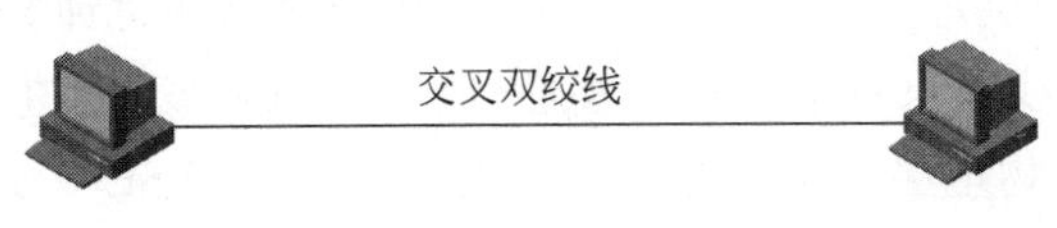

图 1-9　交叉双绞线组网

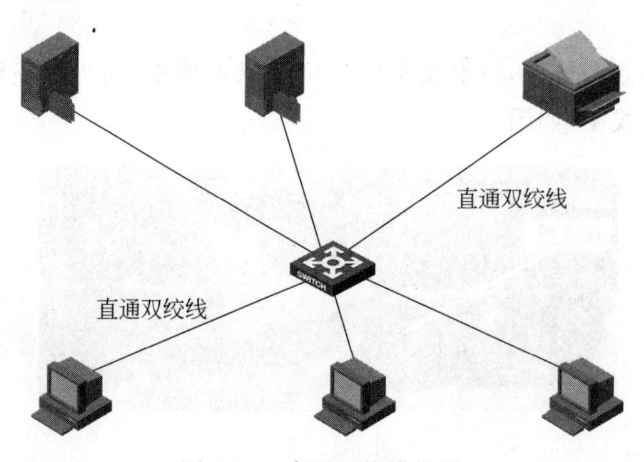

图 1-10　直通双绞线组网

在网卡安装和设置正确的情况下，可通过观察网卡或交换机上的指示灯来确定双绞线的连接是否正常，网卡或交换机上对应端口的指示灯显示正常，则表示网线制作是正确的，网络的物理连接正常，两台计算机之间可以进行通信。

1.2　简单局域网组网

1.2.1　实验目的

(1) 了解集线器的工作原理。

(2) 掌握使用集线器组建小型局域网。

(3) 掌握 TCP/IP 协议的配置与检查方法。

1.2.2　实验知识

1. 集线器

集线器(HUB)是计算机网络中用于多台计算机或其他设备进行连接的设备，是对网络进行集中管理的最小单元。许多类型的网络都依靠集线器来连接各种设备并把数据分发到各个网段。HUB 是一个共享设备，其实质是一个中继器，主要提供信号的放大和中转功能，它把一个端口接收到的信号向所有端口分发出去。一些集线器在分发之前将弱信号加强后再重新发出，另一些集线器则排列信号的时序以提供所有端口间的同步数据通信。

HUB 主要用于星型以太网，它是解决从服务器连接到桌面的经济方案。使用 HUB 组网灵活，它处于网络的一个星型结点，对结点相连的工作站进行集中管理，不让出问题的工作站影响整个网络的正常运行，并且用户的加入和退出也很自由。

信号转发原理：集线器工作于 OSI/RM 参考模型的物理层和数据链路层的 MAC(介质访问控制)子层。物理层定义了电气信号、符号、线的状态和时钟要求、数据编码及数据传输用的连接器。因为集线器只对信号进行整形、放大后再重发，不进行编码，所以是物理层的设备。10M 集线器在物理层有 4 个标准接口可用，即 10BASE-5、10BASE-2、10BASE-T、10BASE-F。10M 集线器的 10BASE-5(AUI)端口用来连接层 1 和层 2 。

集线器采用了 CSMA/CD(载波监听多路访问/冲突检测)协议，CSMA/CD 为 MAC 层协议,所以集线器也含有数据链路层的内容。

10M集线器作为一种特殊的多端口中继器,它在联网中继扩展中要遵循5-4-3规则,即一个网段最多只能分5个子网段、一个网段最多只能有4个中继器、一个网段最多只能有3个子网段含有PC,另外两个子网段都是用来延长距离的。

集线器在网络中的配置如图1-11所示,它的工作过程可以简单描述为:首先是结点发信号到线路,集线器接收该信号,因信号在电缆传输中有衰减,集线器接收信号后将衰减的信号整形放大,最后集线器将放大的信号广播转发给其他所有端口。

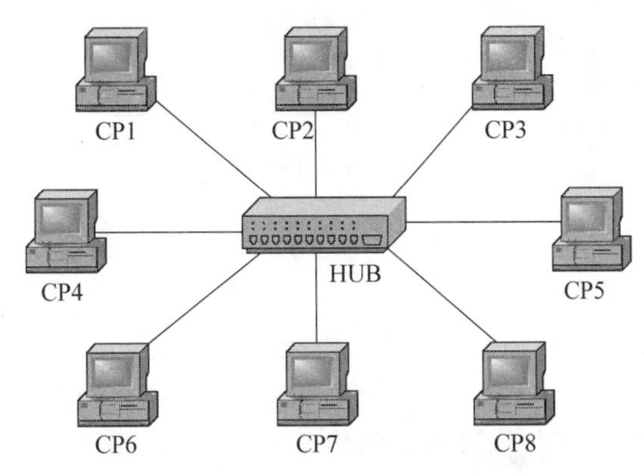

图1-11 集线器在网络中的配置

2. TCP/IP协议

通过双绞线及HUB等介质将PC互联,这些都是物理上的连接。那么两台PC之间如何进行通信呢?计算机网络的通信是由不同类型的网络设备之间通过协议来实现的。协议(Protocol)是一系列规则和约定的规范性描述,定义了设备间通信的标准。使用哪一种设备并不重要,但这些设备一定要使用相同的协议,就像人们进行语言交流一样,是哪个国家的人并不重要,只要都讲相同的语言就可以沟通。

TCP/IP(Transmission Control Protocol/Internet Protocol)是发展至今最成功的通信协议,它被用于构筑目前最大的、开放的互联网络系统Internet。TCP/IP是一组通信协议的代名词,这组协议使任何具有网络设备的用户能够访问和共享Internet上的信息,其中最重要的协议族是传输控制协议(TCP)和网际协议(IP)。TCP和IP是两个独立且紧密结合的协议,负责管理和引导数据报文在Internet上的传输。TCP负责和远程主机的连接;IP负责寻址,将报文传送到目的地。

TCP/IP分为不同的层次开发,每一层负责不同的通信功能,如图1-12所示。TCP/IP协议有五层,主要包括物理层、数据链路层、网络层、传输层、应用层。其中,物理层负责处理对介质的访问,实现传输数据需要的机械、电气、功能及接口等特性。

数据链路层提供检错、纠错、流量控制等措施,使之对网络层显示为一条无差错的线路。

网络层检查网络拓扑,以决定传输报文的最佳路由,执行数据转发。其关键问题是确定数据包从源端到目的端如何选择路由。

传输层的基本功能是为两台主机间的应用程序提供端到端的通信。传输层从应用层接收数据,并且在必要的时候把它分成较小的单元,传递给网络层,并确保到达对方的各段信息正确无误。

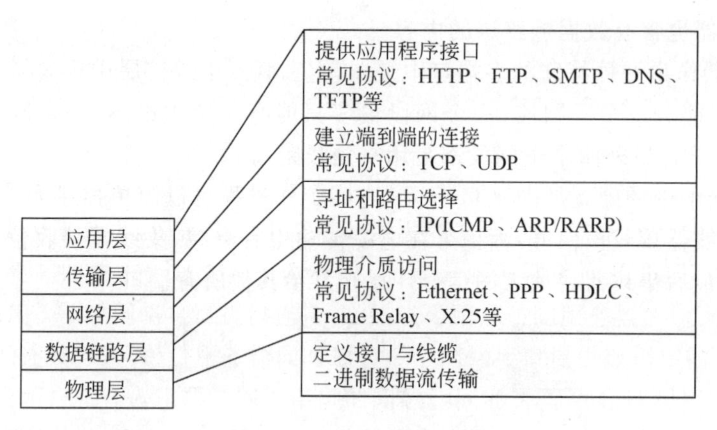

图 1-12　TCP/IP 协议栈

应用层负责处理特定的应用程序细节。应用层显示接收到的信息，把用户的数据发送到低层，为应用软件提供网络接口。

双绞线和集线器属于 TCP/IP 协议栈中物理层的位置。在以太网背景下，要实现 PC 之间的通信，必须首先有物理上的链接（物理层），其次必须有 MAC 地址（数据链路层），最后必须有 IP 地址（网络层），而传输层协议的使用和具体的应用相关。

1.2.3　实验内容与步骤

1. 实验设备

(1) Windows 主机两台。

(2) H3C S1016 以太网交换机一台，网络电缆若干。

2. 实验拓扑图

简单局域网拓扑结构图如图 1-13 所示。

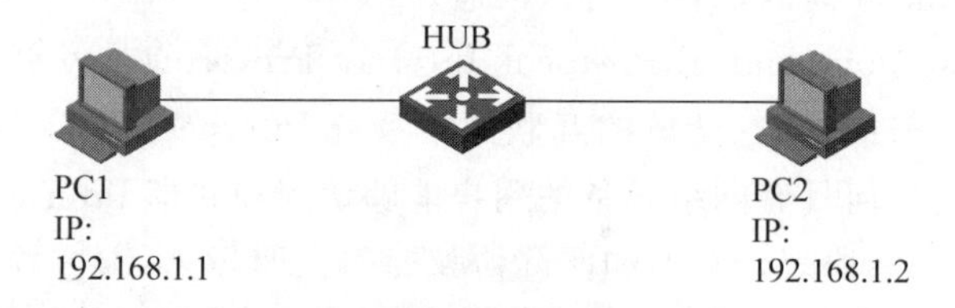

图 1-13　简单局域网拓扑结构图

3. 配置 TCP/IP

在按照图 1-13 所示连接 PC 之后，已经完成了物理层的连接，而数据链路层的 MAC 地址则由网络接口卡所提供，接下来只需要在 PC 上配置 IP 地址即可实现 PC 之间的通信了。

如图 1-14 所示，在 PC 上配置 IP 地址时要注意 IP 地址的格式为“点分十进制”，分为 IP 地址和子网掩码两部分。在同一小型局域网中，所有的主机应配置相同网络号的 IP 地址，如网络部分都为 192.168.1，而主机部分可以从 1 到 254。如果只在同一个局域网中进行通信，则不需要默认网关。

4. 实验结果验证

(1) 使用 ping 命令来检测 TCP/IP 协议配置的正确性。在 PC1 上进入“命令提示符”

窗口,ping 本机的设备环回地址 127.0.0.1,结果如图 1-15 所示。

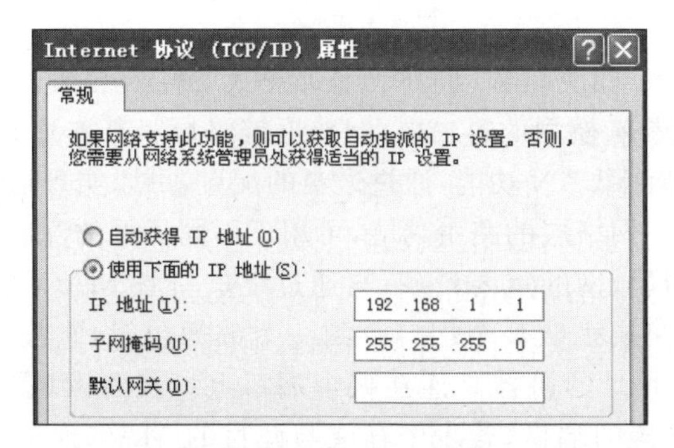

图 1-14　PC 上的 TCP/IP 配置

```
Microsoft Windows [版本 6.1.7601]
版权所有 (c) 2009 Microsoft Corporation。保留所有权利。

C:\Users\wxjsr>ping 127.0.0.1

正在 Ping 127.0.0.1 具有 32 字节的数据:
来自 127.0.0.1 的回复: 字节=32 时间<1ms TTL=64
来自 127.0.0.1 的回复: 字节=32 时间<1ms TTL=64
来自 127.0.0.1 的回复: 字节=32 时间<1ms TTL=64
来自 127.0.0.1 的回复: 字节=32 时间<1ms TTL=64

127.0.0.1 的 Ping 统计信息:
    数据包: 已发送 = 4, 已接收 = 4, 丢失 = 0 (0% 丢失),
往返行程的估计时间(以毫秒为单位):
    最短 = 0ms, 最长 = 0ms, 平均 = 0ms
```

图 1-15　ping 命令测试本机的设备环回地址

(2) 使用 ping 命令来检测 TCP/IP 的连通性和可达性。在 PC2 上进入“命令提示符”窗口,ping 计算机 PC1 的 IP 地址,结果如图 1-16 所示。

```
Microsoft Windows 2000 [Version 5.00.2195]
(C) 版权所有 1985-2000 Microsoft Corp.

C:\Documents and Settings\Administrator>ping 192.168.1.1

Pinging 192.168.1.1 with 32 bytes of data:

Reply from 192.168.1.1: bytes=32 time<10ms TTL=64
Reply from 192.168.1.1: bytes=32 time<10ms TTL=64
Reply from 192.168.1.1: bytes=32 time<10ms TTL=64
Reply from 192.168.1.1: bytes=32 time<10ms TTL=64

Ping statistics for 192.168.1.1:
    Packets: Sent = 4, Received = 4, Lost = 0 (0% loss),
Approximate round trip times in milli-seconds:
    Minimum = 0ms, Maximum =  0ms, Average =  0ms

C:\Documents and Settings\Administrator>
```

图 1-16　ping 命令测试 PC1 和 PC2 连通性

1.3　交换机的基本操作

1.3.1　实验目的

(1) 理解交换机的基本功能和工作原理。

(2) 掌握交换机与 PC、交换机与交换机的连接方法。

（3）掌握交换机的基本配置方法。

1.3.2 实验知识

交换机工作在OSI参考模型的第二层，即数据链路层。其作用是将一些机器连接起来组建局域网。交换机具有VLAN功能，通过适当的配置，可以实现通信子网的划分。此外，一些三层交换机还具备了网络层的路由功能，可用于不同子网的互联。

二层交换机是组建局域网的重要设备，它通过维护一张MAC地址到端口的映射表来确定数据包的转发。当交换机从某个端口收到一个数据包时，它先读取包头中的源MAC地址，从而获知源MAC地址的机器是连在哪个端口上。接着读取包头中的目的MAC地址，并在地址表中查找相应的端口，若表中存在与此目的MAC地址对应的端口，则把数据包直接复制到相应端口上，若表中找不到相应的端口则把数据包广播到所有端口上，当目的机器对源机器回应时，交换机便可以学习到这一目的MAC地址与哪个端口对应，在下次传送数据时就不再需要对所有端口进行广播了。

二层交换机不断地循环这个过程，可以学习到整个网络的MAC地址信息，从而建立和维护自己的地址表。

本实验使用到的主要命令如下。

1. system-view

【视图】 用户视图。

【参数】 无。

【描述】 system-view命令用来使用户从用户视图进入系统视图。

2. sysname *sysname*

```
undo sysname
```

【视图】 系统视图。

【参数】 *sysname*：设备名称，为1～30个字符的字符串。

【描述】 sysname命令用来设置设备的名称。undo sysname用来恢复设备名称为默认名称。默认情况下，设备名称与设备型号有关。设备的名称对应于命令行接口的提示符，如设备的名称为“Sysname”，则用户视图的提示符为“＜Sysname＞”。

3. vlan *vlan-id*

```
undo vlan vlan-id
```

【视图】 系统视图。

【参数】 *vlan-id*：创建并进入其视图的VLAN的ID，取值范围为1～4094。

【描述】 vlan命令用来进入VLAN视图，如果指定的VLAN不存在，则该命令先完成VLAN的创建，然后再进入该VLAN的视图。undo vlan命令用来删除VLAN。其中VLAN 1为默认VLAN，无法删除。如果用户使用undo vlan命令删除的VLAN是非默认的管理VLAN，那么命令执行后，系统会将管理VLAN恢复为默认的VLAN 1。

4. interface vlan-interface vlan-id

```
undo interface vlan-interface vlan-id
```

【视图】 系统视图。

【参数】 vlan-id：管理 VLAN 接口的标识号，取值范围为 1～4094。

【描述】 interface vlan-interface 命令用来创建并进入管理 VLAN 接口视图。undo interface vlan-interface 命令用来删除管理 VLAN 接口。

只有先创建对应 vlan-id 的 VLAN 后，并将其设为管理 VLAN 后，才能创建并进入相应的管理 VLAN 接口视图。

交换机管理 VLAN 接口的 vlan-id，应当与该交换机作为集群管理设备时使用 management-vlan vlan-id 命令配置的集群管理 VLAN 的 vlan-id 保持一致，否则配置的命令无法成功配置。

5. ip address *ip-address net-mask* [sub]

```
undo ip address [ip-address net-mask [sub]]
```

【视图】 VLAN 接口视图。

【参数】 *ip-address*：管理 VLAN 接口的 IP 地址。

mask：管理 VLAN 接口 IP 地址的掩码，点分十进制格式或以整数形式表示的长度，当用整数形式时，取值范围为 0～32。

sub：指定配置 VLAN 接口的从 IP 地址。

【描述】 ip-address 命令用来给管理 VLAN 接口指定 IP 地址和掩码。undo ip-address 命令用来删除管理 VLAN 接口的 IP 地址和掩码。

6. user-interface {*first-num*1 [*last-num*1] | {aux | console | tty | vty} *first-num*2 [*last-num*2]}

【视图】 系统视图。

【参数】

*first-num*1：第一个用户界面的编号(绝对编号方式)。

*last-num*1：最后一个用户界面的编号(绝对编号方式)。

*first-num*2：第一个用户界面的编号(相对编号方式)，具体取值如下。

① 对于 AUX 口，取值为 0。

② 对于 Console 口，取值为 0。

③ 对于 TTY 用户界面，不同型号的设备支持的取值范围不同，一般从 1 开始。

④ 对于 VTY 用户界面，取值范围为 0～4。

*last-num*2：最后一个用户界面的编号(相对编号方式)，具体取值如下。

① 对于 TTY 用户界面，一般从(first-num2+1)开始。

② 对于 VTY 用户界面，取值范围为(first-num2+1)～4。

【描述】 user-interface 命令用来进入单一或多个用户界面视图。

7. set authentication password {cipher | simple} *password*

```
undo set authentication password
```

【视图】 用户界面视图。

【参数】

cipher：显示当前配置时用密文显示此用户口令。

simple：显示当前配置时以明文显示此用户口令。

password：口令字符串。如果验证方式是 simple，则 *password* 必须是明文口令。如果验证方式是 cipher，则用户在设置 *password* 密文形式，此时用户必须知道其对应的明文形式是 123。

【描述】 set authentication password 命令用来设置本地认证的口令。undo set authentication password 命令用来取消本地认证的口令。不论配置的是明文口令还是密文口令，验证时必须输入明文形式的口令。

8. telnet {***hostname***|***ip-address***} [***service-port***]

【视图】 用户视图。

【参数】

hostname：远端交换机的主机名，是已通过 ip host 命令配置的主机名。

ip-address：远端交换机的 IP 地址。

service-port：远端以太网交换机提供 Telnet 服务的 TCP 端口号，取值范围为 0～65535。

【描述】 telnet 命令用来使用户可以方便地从当前以太网交换机登录到其他以太网交换机进行远程管理。用户可以按 Ctrl+K 组合键来中断本次 Telnet 登录。

默认情况下，在不指定 *service-port* 时，默认的 Telnet 端口号为 23。

9. speed {**10**|**100**|**1000**|**auto**}

undo speed

【视图】 以太网端口视图

【参数】

10：指定端口速率为 10 Mbps。

100：指定端口速率为 100 Mbps。

1000：指定端口速率为 1000 Mbps(该参数仅千兆端口支持)。

auto：指定端口的速率处于自协商状态。

【描述】 speed 命令用来设置端口的速率。undo speed 命令用来恢复端口的速率为默认值。

默认情况下，端口速率处于自协商状态。

需要注意的是，千兆端口只能将速率配置为 1000Mbps 或 auto 状态。

10. duplex {**auto**|**full**|**half**}

undo duplex

【视图】 以太网端口视图

【参数】

auto：端口处于自协商状态。

full：端口处于全双工状态。

half：端口处于半双工状态。

【描述】 duplex 命令用来设置以太网端口的双工属性。undo duplex 命令用来将端口的双工属性恢复为默认的自协商状态。

默认情况下，端口处于自协商状态。

11. flow-control

```
undo flow-control
```

【视图】 以太网端口视图。

【参数】 无。

【描述】 flow-control 命令用来开启以太网端口的流量控制特性。undo flow-control 命令用来关闭以太网端口流量控制特性。

当本端交换机和对端交换机都开启了流量控制功能后，如果本端交换机发生拥塞，则：

① 本端交换机将向对端交换机发送消息，通知对端交换机暂时停止发送报文或减慢发送报文的速度。

② 对端交换机在接收到该消息后，将暂停向本端发送报文或减慢发送报文的速度，从而避免了报文丢失现象的发生，保证了网络业务的正常运行。

默认情况下，端口的流量控制特性处于关闭状态。

12. port link-aggregation group *agg-id*

```
undo port link-aggregation group
```

【视图】 以太网端口视图

【参数】 *agg-id*：汇聚组 ID，取值范围为 1～28。

【描述】 port link-aggregation group 命令用来将以太网端口加入手工或静态汇聚组。undo port link-aggregation group 命令用来将以太网端口退出汇聚组。

13. monitor-port

```
undo monitor-port
```

【视图】 以太网端口视图。

【参数】 无。

【描述】 monitor-port 命令用来配置镜像目的端口，undo monitor-port 命令用来取消镜像目的端口的配置。

需要注意的是：①用户不能将现有汇聚组成员端口、开启了 LACP 功能的端口或者开启了 STP 功能的端口配置为镜像目的端口；②将某一端口配置为镜像目的端口后，请用户不要配置此端口传输其他业务报文，而是仅用于端口镜像。

14. mirroring-port {both | inbound | outbound}

```
undo mirroring-port
```

【视图】 以太网端口视图。

【参数】

both：对端口接收和发送的报文进行镜像。

inbound：仅对端口接收的报文进行镜像。

outbound：仅对端口发送的报文进行镜像。

【描述】 mirroring-port 命令用来配置镜像源端口，undo mirroring-port 命令用来取消镜像源端口的配置。

1.3.3 实验内容与步骤

1. 实验设备

(1) Windows 主机一台,安装超级终端程序。

(2) H3C S3100 交换机一台,网络电缆若干。

2. 实验拓扑图

如图 1-17 所示,使用直连双绞线连接 PC 的网卡与交换机 Switch1 的端口 Ethernet 1/0/1,另外使用交换机自带的电缆线连接交换机的 Console 端口和 PC 的 COM 端口。

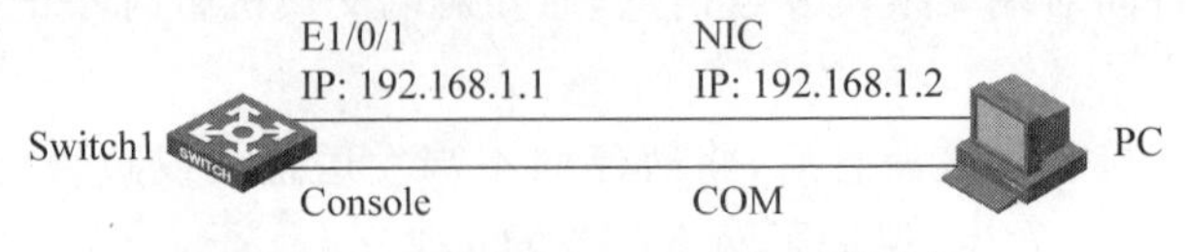

图 1-17 交换机与 PC 连接拓扑结构图

3. 登录交换机

通过一个终端仿真程序来实现,一般使用 Windows 操作系统自带的"超级终端"程序。下面简单介绍超级终端的设置步骤。

在 Windows 操作系统中,选择"开始"→"程序"→"附件"→"通信"→"超级终端"命令(如果"通信"子菜单里面没有"超级终端",可以使用"控制面板"→"添加删除 Windows 组件"进行安装),出现如图 1-18 所示的对话框,输入一个连接名称(自定义)并选取一个图标以后,单击"确定"按钮。

当出现如图 1-19 所示的对话框后,在"连接时使用"下拉列表框中选取 PC 连接交换机控制台端口所使用的通信端口。此例中,选取"COM1"(表示电缆是连接在 COM1 端口上的)。

图 1-18 通过超级终端连接到交换机

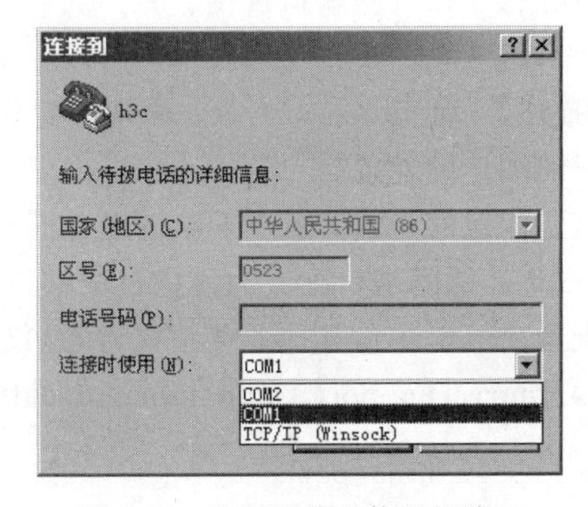

图 1-19 选择连接时使用的端口

单击"确定"按钮后,出现如图 1-20 所示的对话框。如无特殊说明,可以单击"还原为默认值"按钮,将各参数设置为系统默认的值即可。

如果已经将线缆按要求连接好,并且交换机已经启动,此时按 Enter 键将进入交换机的用户视图并出现如图 1-21 所示的标识符"＜H3C＞",表示进入交换机的控制界面。

4. 设置交换机的视图

交换机开机直接进入用户视图,此时交换机在超级终端中的标识符为＜switch＞。在

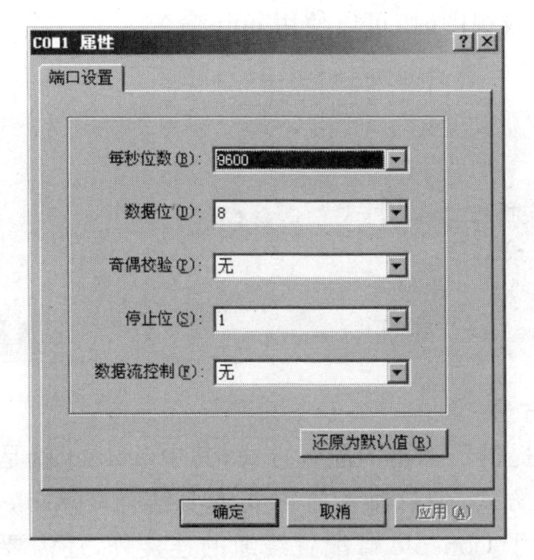

图 1-20 设置连接参数

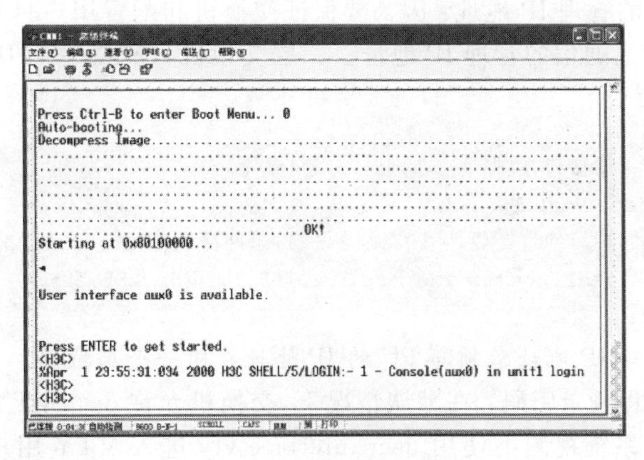

图 1-21 交换机控制界面

该视图下可以查询交换机的一些基础信息，如版本号(使用 display version 命令)。

(1) 系统视图：在系统视图下输入 system-view 命令后按 Enter 键，进入系统视图。在此视图下交换机的标识符为[Switch]。在用户视图下只能进行最简单的查询和测试，而在系统视图下可以进一步查看交换机的配置信息和调试信息及进入具体的配置视图进行参数配置等。

(2) 以太网端口视图：在系统视图下输入 interface 命令，即可进入以太网端口视图，在该视图下交换机的标识符为[Switch-Ethernet1/0/1]。在该视图下主要完成端口参数的配置。

(3) VLAN 配置视图：在系统视图下输入 VLAN vlan-number 命令，即可进入 VLAN 配置视图，在该配置视图下交换机的标识符为[Switch-vlan1]。在该视图下主要完成 VLAN 的属性配置，其具体配置命令在后面的章节中会进行介绍。

(4) VTY 用户界面视图：在系统视图下输入"user-interface VTY number"命令，即可进入 VTY 用户界面视图，此时交换机的标识符为"[Switch-ui-vty0]"。在该视图下可以配置登录用户的验证参数等信息。

当从下级视图返回上级视图时,可以使用 quit 命令。

5. 配置交换机的名称

```
#进入系统视图
<Switch>system-view
#使用 sysname 命令将交换机的名称更改为 Switch1
[Switch] sysname Switch1
#显示更改后的交换机名称
[Switch1]
```

6. 配置 Telnet 登录方法

S3100 以太网交换机提供了丰富的配置方式,其中 Telnet 就是为了适应远程维护而提供的一种方便快捷的配置方式,但这种配置方式需要结合 Console 配置方式实现一些初始化配置。线缆连接方面除了 Console 口配置线缆的连接外,还需要保证主机和交换机具有网络互通性。

(1) 配置交换机的管理 IP 地址:因为要保证交换机和配置用户具有网络连通性,必须保证交换机具有可与之通信的管理 IP 地址。二层交换机只支持一个 IP 地址,配置的具体命令如下。

```
#进入交换机 VLAN 1 的接口视图
[Switch1]interface vlan 1
#将交换机 VLAN 1 的端口地址配置为 192.168.1.1,子网掩码为 255.255.255.0
[Switch1-vlan1-interface]ip address 192.168.1.1 255.255.255.0
```

注意:交换机端口 IP 地址必须与 PC 的 IP 地址在同一个局域网。

(2) 配置用户远程登录密码:在默认情况下,交换机允许 5 个 VTY 用户登录,但都没有配置登录密码。在系统视图下使用 user-interface vty 进入 VTY 用户界面视图,然后使用 set authentication password 命令即可配置用户登录口令。配置命令如下:

```
#进入用户界面视图
[Switch1]user-interface vty 0 4
#设置 Telnet 方式登录用户密码、权限
[Switch1-ui-vty0-4]set authentication password simple xxx
[Switch1-ui-vty0-4] privilege level 3
```

注意:xxx 是 Telnet 登录方式密码。默认权限为 level 0,level 3 权限最高。

(3) 进行以上配置后,可以通过 Telnet 登录到交换机进行配置了。

7. 设置端口速率

1) 标准以太网

标准以太网是最早的一种以太网,实现真正的端口带宽独享,端口速率为固定 10Mbps,包括电端口和光端口两种。

2) 快速以太网

快速以太网是标准以太网的升级,为了兼容标准以太网技术,实现了端口速率的自适应,支持的端口速率有 10Mbps、100Mbps 和自适应 3 种方式,包括电端口和光端口。

3）千兆以太网

千兆以太网为了兼容标准以太网技术和快速以太网技术，也是实现端口速率的自适应，支持的端口速率有 10Mbps、100Mbps、1000Mbps 和自适应方式，包括电端口和光端口。

4）端口速率自协商

H3C 系列以太网交换机支持端口速率的手工配置和自适应。在默认情况下，所有端口都是自适应工作模式，通过相互交换自协商报文进行速率匹配，匹配结果如表 1-4 所示。

表 1-4　端口速率自协商表

	标准以太网(auto)	快速以太网(auto)	千兆以太网(auto)
标准以太网(auto)	10Mbps	10Mbps	10Mbps
快速以太网(auto)	10Mbps	100Mbps	100Mbps
千兆以太网(auto)	10Mbps	100Mbps	1000Mbps

5）设置端口速率

设置以太网端口 Ethernet1/0/1 的速率为 10Mbps。

```
<Switch1>system-view
[Switch1] interface ethernet 1/0/1
[Switch1-Ethernet1/0/1] speed 10
```

8. 设置端口工作模式

端口在发送数据包的同时可以接收数据包，端口的工作模式设置为全双工模式；端口在同一时刻只能发送或接收数据包，端口的工作模式设置为半双工工作模式；端口工作在自协商工作模式下，端口的工作模式由本端口和对端端口自动协商而定。

将以太网端口 Ethernet1/0/1 端口的双工属性设置为自协商状态。

```
<Switch1>system-view
[Switch1] interface ethernet 1/0/1
[Switch1-Ethernet1/0/1] duplex auto
```

9. 设置流量控制

由于标准以太网、快速以太网和千兆以太网混合组网，在某些网络接口不可避免地会出现流量过大的现象而产生端口阻塞。为了减轻和避免端口阻塞的产生，防止在网络阻塞的情况下丢帧，标准协议专门规定了解决这一问题的流量控制技术。

在半双工的工作模式下，通过背压式流控技术实现了流量控制，当网络设备检测到即将发生阻塞时，模拟产生一冲突信号，使得对端设备端口保持繁忙，而暂停发送数据或降低数据发送速率。

在全双工的模式下，IEEE802.3x 标准规定了一个 PAUSE 数据帧，当网络设备不能及时处理来自对端设备的数据时，就以一保留的组播地址发送 PAUSE 帧，对端收到该数据帧，就会暂停或停止发送数据，从而达到流量控制的目的。

开启以太网端口 Ethernet1/0/1 的流量控制特性。

```
[Switch1] interface ethernet 1/0/1
[Switch1-Ethernet1/0/1] flow-control
```

10. 设置端口聚合

以太网技术经历了从10M标准以太网到100M快速以太网，到现在的1000M以太网，提供的网络带宽越来越大，但是仍然不能满足某些特定场合的需求，特别是集群服务的发展，对此提出了更高的要求。以太网带宽有限，而集群服务器面向的是成百上千的访问用户，如果仍然采用100M网络接口提供连接，必然成为用户访问服务器的瓶颈。由此产生了多网络接口卡的连接方式，一台服务器同时通过多个网络接口提供数据传输，提高用户访问速率。这就涉及用户究竟占用哪一网络接口的问题。同时为了更好地利用网络接口，希望在没有其他网络用户时，唯一用户可以占用尽可能大的网络带宽。这些就是端口聚合技术需要解决的问题。

同样在大型局域网中，为了有效转发和交换所有网络接入层的用户数据流量，核心层设备之间或者核心层和汇聚层设备之间，都需要提高链路带宽。这也是端口聚合技术广泛应用所在。

在解决上述问题的同时，端口聚合还有其他优点，如采用端口聚合远远比采用更高带宽的网络接口卡实现起来更加容易，成本更加低廉。

(1) 端口聚合主要应用于以下场合。

① 交换机与交换机之间的连接：汇聚层交换机到核心层交换机或核心层交换机之间。

② 交换机与服务器之间的连接：集群服务器采用多网卡与交换机连接提供集中访问。

③ 交换机与路由器之间的连接：交换机和路由器采用端口聚合可以解决广域网和局域网连接瓶颈。

④ 服务器与路由器之间的连接：集群服务器采用多网卡与路由器连接提供集群访问。

(2) 端口聚合实现原理。端口聚合需要解决的问题已经分析清楚，那么端口聚合技术究竟如何实现这些功能？端口聚合物理模型如图1-22所示。

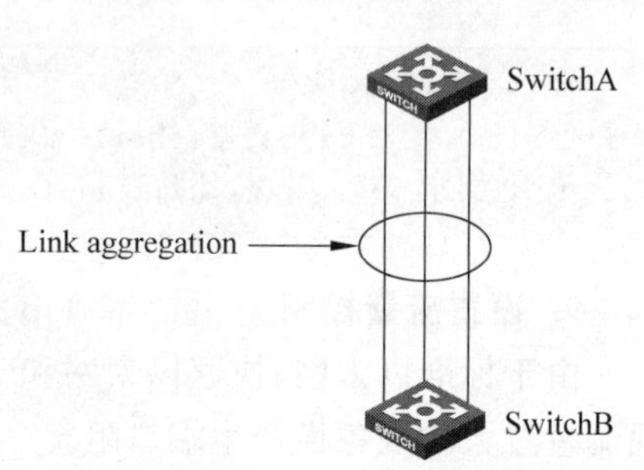

图1-22 端口聚合物理模型

模型中假设有两个以太网交换机进行n个端口的聚合，此时当交换机A要向交换机B通过聚合链路进行数据传输时，从上层协议传送来的数据帧进行排队，然后通过帧分发器按照一定的规则将接收到的帧按照接收顺序传送给上层协议，再由上层协议处理。在此需要注意，帧分发器并不会把某一具体的数据帧分拆到不同的端口发送队列，而是将整个数据帧分配到某一发送队列，甚至为了保证数据帧的有序传送，还必须将同一会话的数据帧分配到同一端口进行发送。

(3) 端口聚合配置。H3C系列以太网交换机都提供两种方式的端口聚合，一种方式是根据数据帧的源MAC地址进行数据帧的分发，另外一种方式是根据数据帧的源MAC地址和目的MAC地址进行数据帧的分发。在实现端口负载分担时，两种方式对数据帧分发有较大差别。前一种方式对数据流的分类较粗，对实现负载分担不利，而后一种方式分类细致，有利于链路的负荷均担，根据不同的应用场合选择合适的聚合方式，有利于发挥产品的特性。

不同的交换机支持的聚合数量和大小都有所不同，如常见的S3026目前只支持一个聚合组，每个聚合组最多包含4个端口，参加聚合的端口必须连续，但对起始端口无特殊要求。如果需要，两个扩展模块也可以汇聚成一个聚合组。而S3526目前支持4个聚合组，每个聚合组最多可以包含8个端口，参加聚合的端口也必须连续，但是聚合组的起始端口只能是Ethernet1/0/1、Ethernet1/0/9、Ethernet1/0/17或Gabitethernet1/1/1。此外，所有参加聚合的端口也必须满足另外一个条件，即所有端口都必须工作在全双工模式下，工作速率相同才能进行聚合且聚合功能需要在链路两端同时配置才能生效。

将以太网端口Ethernet1/0/1加入汇聚组22。

```
<Switch1>system-view
[Switch1] link-aggregation group 22 mode manual
[Switch1] interface Ethernet 1/0/1
[Switch1-Ethernet1/0/1] port link-aggregation group 22
```

11. 设置端口镜像

在网络维护和故障排除的过程中，首先会根据已有的网络现象进行故障分析和判断，但是如果掌握的信息不够或者需要进行一定的监控优化时，这时该怎么办？为了进一步获取网络运行情况，常常采用的一种手段就是监控数据包。但有时没有办法处理来自不同端口的数据。H3C以太网交换机提供了一个有力的数据监控功能——镜像。镜像分为两种：一种是端口镜像；另一种是流镜像。端口镜像是指将某些指定端口的数据流量映射到监控端口，以便集中使用数据捕获软件进行数据分析。流镜像是指按照一定的数据流分类规则对数据进行分流，然后将属于指定流的所有数据映射到监控端口，以便进行数据分析。

S系列以太网交换机中部分交换机支持端口镜像的功能，如S3100、S3026、S2126等；部分交换机支持流镜像的功能，如3026E、3026F等。由于流镜像涉及QoS和ACL，在此不做详细介绍。S系列交换机的镜像功能配置可以分为两个步骤，首先指定镜像端口（监控端口），然后指定被镜像端口。

设置端口Ethernet 1/0/1为镜像源端口，并且对该端口的接收和发送的报文都进行镜像；设置端口Ethernet 1/0/4为镜像目的端口。

```
<Switch1>system-view
[Switch1] interface Ethernet 1/0/1
[Switch1-Ethernet1/0/1] mirroring-port both
[Switch1] interface Ethernet 1/0/4
[Switch1-Ethernet1/0/4] monitor-port both
```

12. 实验结果分析

（1）设置PC的IP地址。由于交换机的地址配置成192.168.1.1，因此PC的IP地址应该设置为192.168.1.2～192.168.1.254、子网掩码为255.255.255.0。

（2）验证Telnet登录。首先在PC上进入DOS提示符，并输入“telnet 192.168.1.1”，

再按 Enter 键，此时出现登录界面，在“Password：”后面输入已经设置好的登录密码，如果前面都已经设置正确，将出现“<Switch1>”，如图 1-23 所示。

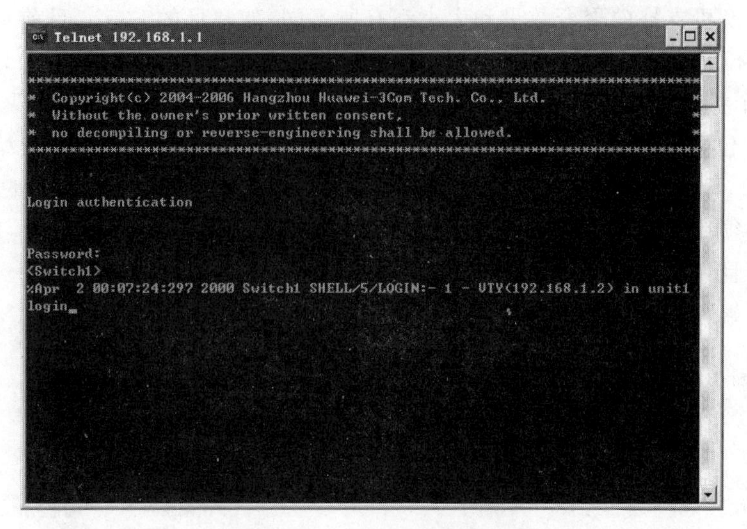

图 1-23　Telnet 方式登录交换机

1.4　路由器的基本操作

1.4.1　实验目的

（1）理解路由器的基本功能和工作原理。

（2）掌握路由器的基本配置方法。

（3）掌握路由器与 PC 的连接方法。

1.4.2　实验知识

路由器工作在 OSI 参考模型的网络层，属于通信子网的最高层设备。路由器的一个作用是连通不同的网络；另一个作用是选择信息传送的线路，选择高效快捷的数据传输通道，从而大大提高通信速度，减轻网络系统通信负荷，节约网络系统资源，提高网络系统畅通率，让网络系统发挥出更大的效益。

路由器是一种典型的网络层设备，用于连接多个逻辑上分开的网络，当数据从一个子网传输到另一个子网时，可通过路由器来完成。因此，路由器具有判断网络地址和选择路径的功能，它能在多网络互联环境中，建立灵活的连接，可用完全不同的数据分组和介质访问方法连接各种子网。路由器的主要工作就是为经过路由器的每个数据分组寻找一条最佳传输路径，并将该数据有效地传送到目的站点，其依据是位于路由器中的路由表。

本实验使用到的主要命令如下。

1. system-view

【视图】 用户视图。

【参数】 无。

【描述】 system-view 命令用来使用户从用户视图进入系统视图。

2. sysname

```
undo sysname
```

【视图】 系统视图。

【参数】 *sysname*：设备名称，为 1～30 个字符的字符串。

【描述】 sysname 命令用来设置设备的名称。undo sysname 用来恢复设备名称为默认名称。默认情况下，设备名称与设备型号有关。设备的名称对应于命令行接口的提示符，如设备的名称为“Sysname”，则用户视图的提示符为“<Sysname>”。

3. configure-user count *number*

```
undo configure-user count
```

【视图】 系统视图。

【参数】 *number*：用户数，不同型号的设备支持的取值范围不同，以设备的实际情况为准。

【描述】 configure-user count 命令用来设置可以同时进入系统视图的用户数。undo configure-user count 用来恢复默认情况。默认情况下，允许两个用户在系统视图下进行配置。

4. telnet server enable

```
undo telnet server enable
```

【视图】 系统视图。

【参数】 无。

【描述】 telnet server enable 命令用来启动 Telnet 服务，undo telnet server enable 命令用来关闭 Telnet 服务。默认情况下，Telnet 服务处于关闭状态。

5. local-user *user-name*

【视图】 系统视图。

【参数】 *user-name*：表示本地用户名，为 1～55 个字符的字符串，区分大小写。

【描述】 local-user 命令用来添加本地用户并进入本地用户视图。默认情况下，无本地用户。

6. password {cipher|simple} *password*

```
undo password
```

【视图】 本地用户视图。

【参数】 cipher 表示密码为密文显示，simple 表示密码为明文显示，*password* 表示设置的密码。

【描述】 password 命令用来设置本地用户的密码，undo password 命令用来取消本地用户的密码。

7. service-type {pad|ssh|telnet|terminal} * [level *level*]

```
undo service-type {pad|ssh|telnet|terminal} *
```

【视图】 本地用户视图。

【参数】

pad：指定用户可以使用 PAD 服务。

ssh：指定用户可以使用 SSH 服务。

telnet：指定用户可以使用 Telnet 服务。

terminal：指定用户可以使用 terminal 服务。

level *level*：指定用户的级别。其中，*level* 的取值范围为 0～3，默认值为 0。

【描述】 service-type 命令用来设置用户可以使用的服务类型，undo service-type 命令用来删除用户可以使用的服务类型。默认情况下，系统不对用户授权任何服务。

8. level *level*

```
undo level
```

【视图】 本地用户视图。

【参数】 *level*：指定用户的级别，取值范围为 0～3，其中 0 为访问级、1 为监控级、2 为系统级、3 为管理级，数值越小，用户的级别越低。

【描述】 level 命令用来设置用户的级别，undo level 命令用来恢复默认情况。默认情况下，用户的级别为 0。

9. port link-mode {bridge|route}

```
undo port link-mode
```

【视图】 以太网接口视图。

【参数】

bridge：工作在二层模式。

route：工作在三层模式。

【描述】 port link-mode 命令用来切换以太网接口的工作模式，undo port link-mode 命令用来恢复到原来的以太网接口的工作模式。根据设备对接口接收到的数据包的处理层次不同，以太网接口可工作在二层模式(Bridge)或三层模式(Route)。在设备上，某些接口只能工作在二层模式下，某些接口只能工作在三层模式下，某些接口支持两种模式。本命令只能用于可切换工作模式的以太网接口。

10. user-interface {*first-num*1[*last-num*1]|{aux|console|tty|vty} *first-num*2[*last-num*2]}

【视图】 系统视图。

【参数】

*first-num*1：第一个用户界面的编号(绝对编号方式)。

*last-num*1：最后一个用户界面的编号(绝对编号方式)。

*first-num*2：第一个用户界面的编号(相对编号方式)，具体取值如下。

① 对于 AUX 口，取值为 0。

② 对于 Console 口，取值为 0。

③ 对于 TTY 用户界面，不同型号的设备支持的取值范围不同，一般从 1 开始。

④ 对于 VTY 用户界面，取值范围为 0～4。

*last-num*2：最后一个用户界面的编号（相对编号方式），具体取值如下。

① 对于 TTY 用户界面，一般从（*first-num*2＋1）开始。

② 对于 VTY 用户界面，取值范围为（*first-num*2＋1）～4。

【描述】 user-interface 命令用来进入单一或多个用户界面视图。

11. authentication-mode {none|password|scheme[command-authorization]}

【视图】 用户界面视图。

【参数】

none：设置不进行认证。

password：指定进行本地密码认证方式。

scheme：指定进行 AAA 授权认证方式。

command-authorization：设置命令行授权，HWTACACS 协议支持对每条命令进行授权，授权通过才能进行用户操作。

【描述】 authentication-mode 命令用来设置用户使用当前用户界面登录设备时的认证方式。默认情况下，VTY、AUX 类型用户界面的认证方式为 password，Console、TTY 用户界面的认证方式为 none。

1.4.3 实验内容与步骤

1. 实验设备

(1) Windows 主机一台，安装超级终端程序。

(2) H3C MSR2020 路由器一台，网络电缆若干。

2. 实验拓扑图

如图 1-24 所示，使用 Console 电缆连接路由器的 Console 端口和 PC 的 COM 端口；并将路由器的端口 Ethernet 0/0 通过直连双绞线连接到 PC 的网卡上。

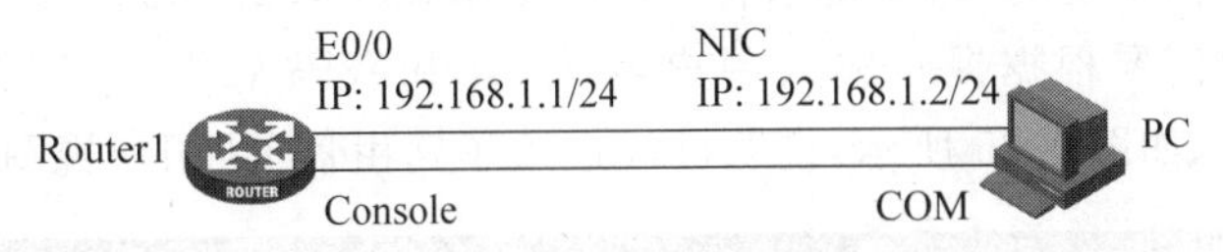

图 1-24　路由器与 PC 连接拓扑结构图

3. 使用超级终端登录路由器

通过 Windows 操作系统自带的"超级终端"程序登录到路由器。具体方法参考"交换机的基本操作"实验。

4. 配置路由器使用 Telnet 进行远程登录

```
#进入系统视图
<H3C>system-view
#配置路由器名称
[H3C]sysname Router1
#更改同时配置设备的用户数为 5,默认为 1
[H3C] configure-user count 5
#启动 Telnet 服务端
```

```
[Router1]telnet server enable
#创建本地账号与密码
[Router1]local-user guest
[Router1-luser-guest]password simple 123456
#设置服务类型为 Telnet
[Router1-luser-guest]service-type telnet
#设置用户优先级为 3
[Router1-luser-guest]authorization-attribute level 3
#配置与网络相连端口的 IP 地址
[Router1]interface ethernet0/0
[Router1-Ethernet0/0]port link-mode route
[Router1-ethernet0/0]ip address 192.168.1.1 24
#进入 VTY 接口视图
[Router1]user-interface vty 0 4
#配置通过 VTY 0-4 用户界面登录交换机的 Telnet 用户进行 Scheme 认证
[Router1-ui-vty0-4]authentication-mode scheme
#保存设置
[Router1]save
```

根据屏幕提示选择保存当前配置到适当位置(启动配置文件),则路由器下次启动时,按照保存的配置进行初始化。

5. 设置 PC 的 IP 地址和子网掩码

IP 地址为 192.168.1.2(只要保证 PC 的 IP 地址和路由器配置端口的 IP 地址在同一网段即可),子网掩码为 255.255.255.0。

6. 使用 Telnet 登录路由器

在 Windows 操作系统的“命令提示符”中输入“telnet 192.168.1.1”命令,将会出现路由器的登录界面,只需要根据提示输入用户名 guest 和密码 123456,按 Enter 键之后出现<Router1>提示符,如图 1-25 所示,说明已经进入了路由器的“用户视图”。

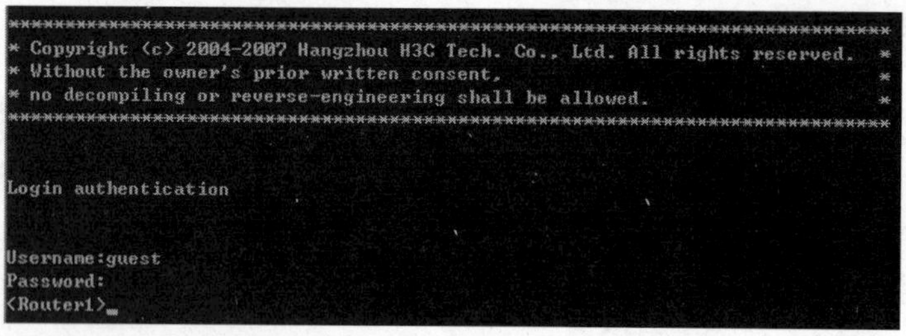

```
******************************************************************************
* Copyright (c) 2004-2007 Hangzhou H3C Tech. Co., Ltd. All rights reserved.  *
* Without the owner's prior written consent,                                 *
* no decompiling or reverse-engineering shall be allowed.                    *
******************************************************************************


Login authentication


Username:guest
Password:
<Router1>
```

图 1-25 利用 Telnet 登录到路由器

7. 查看路由器当前配置

使用 display current-configuration 命令查看路由器当前的运行配置,如图 1-26 所示。

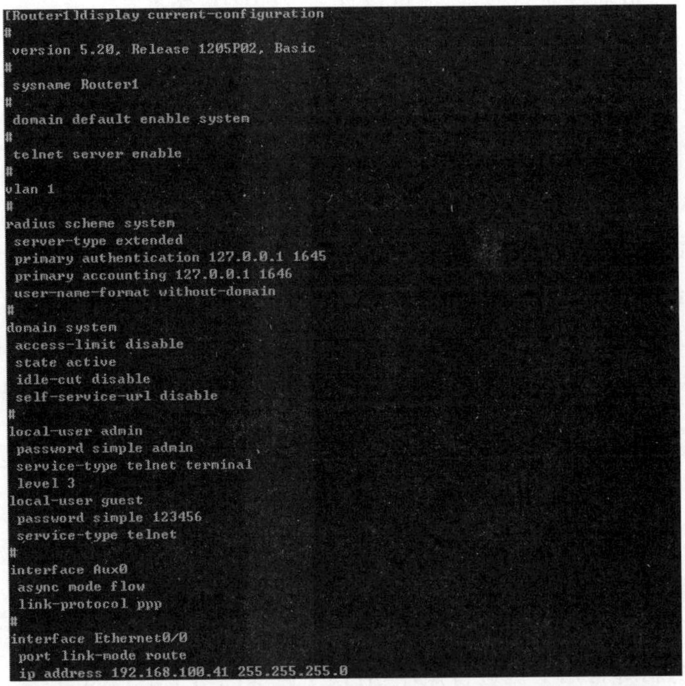

```
[Router1]display current-configuration
#
 version 5.20, Release 1205P02, Basic
#
 sysname Router1
#
 domain default enable system
#
 telnet server enable
#
vlan 1
#
radius scheme system
 server-type extended
 primary authentication 127.0.0.1 1645
 primary accounting 127.0.0.1 1646
 user-name-format without-domain
#
domain system
 access-limit disable
 state active
 idle-cut disable
 self-service-url disable
#
local-user admin
 password simple admin
 service-type telnet terminal
 level 3
local-user guest
 password simple 123456
 service-type telnet
#
interface Aux0
 async mode flow
 link-protocol ppp
#
interface Ethernet0/0
 port link-mode route
 ip address 192.168.100.41 255.255.255.0
```

图 1-26　显示路由器当前运行配置信息

1.5　TCP/IP 网络命令的使用

1.5.1　实验目的

（1）学会使用 ipconfig、ping 等常用网络命令及参数的使用。

（2）学会综合运用网络命令对网络性能和故障进行简单的分析测试。

1.5.2　实验知识

Windows 是从简单的 DOS 字符界面发展过来的。虽然平时在使用 Windows 操作系统时，主要是对图形界面进行操作，但是 DOS 命令仍然非常有用，下面首先介绍 ipconfig、ping、arp、netstat、route 和 tracert 等命令的基本原理。

1. ipconfig 命令

ipconfig 实用程序和它的等价图形用户界面——Windows 95/98 中的 WinIPCfg 可用于显示当前的 TCP/IP 配置的设置值。这些信息一般用来检验人工配置的 TCP/IP 设置是否正确。但是，如果计算机和所在的局域网使用了动态主机配置协议（DHCP），这个程序所显示的信息也许更加实用。这时，通过 ipconfig 可以了解自己的计算机是否成功地租用到一个 IP 地址，如果租用到则可以了解它目前分配到的是什么地址。了解计算机当前的 IP 地址、子网掩码和默认网关实际上是进行测试和故障分析的必要项目。

2. ping 命令

ping 是个使用频率极高的实用程序，用于确定本地主机是否能与另一台主机交换（发送与接收)数据包。根据返回的信息,就可以推断TCP/IP参数是否设置正确及运行是否正常。需要注意的是:成功地与另一台主机进行一次或两次数据报交换并不表示TCP/IP配置就是正确的,必须执行大量的本地主机与远程主机的数据报交换,才能确定TCP/IP的正确性。

按照默认设置,Windows上运行的ping命令发送4个ICMP(网间控制报文协议)回送请求,每个32字节数据,如果一切正常,应能得到4个回送应答。ping能够以毫秒为单位显示发送回送请求到返回回送应答之间的时间量。如果应答时间短,表示数据报不必通过太多的路由器或网络连接速度比较快。ping还能显示TTL(Time To Live,存在时间)值,可以通过TTL值推算数据包已经通过了多少个路由器:源地点TTL起始值(就是比返回TTL略大的一个2的乘方数)减去返回时TTL值。例如,返回TTL值为119,那么可以推算数据报离开源地点的TTL起始值为128,而源地点到目标地点要通过9个路由器网段;如果返回TTL值为246,TTL起始值就是256,以源点到目标点要通过9个路由器网段。

3. arp命令

arp是一个重要的TCP/IP协议,并且用于确定对应IP地址的网卡物理地址。使用arp命令能够查看本地计算机或另一台计算机的arp高速缓存中的当前内容。此外,使用arp命令也可以用人工方式输入静态的网卡物理/IP地址对,有时可能会使用这种方式为默认网关和本地服务器等常用主机进行操作,有助于减少网络上的信息量。

按照默认设置,arp高速缓存中的项目是动态的,每当发送一个指定地点的数据报且高速缓存中不存在当前项目时,ARP便会自动添加该项目。一旦高速缓存的项目被输入,它们就已经开始走向失效状态。例如,在Windows NT/2000网络中,如果输入项目后不进一步使用,物理/IP地址对就会在2~10分钟内失效。因此,如果arp高速缓存中项目很少或根本没有时,就可以通过另一台计算机或路由器的ping命令添加。所以,需要通过arp命令查看高速缓存中的内容时,最好先ping此台计算机(不能是本机发送ping命令)。

4. netstat命令

netstat用于显示与IP、TCP、UDP和ICMP协议相关的统计数据,一般用于检验本机各端口的网络连接情况。如果计算机接收到的数据报出错,TCP/IP可以容许这些类型的错误,并能够自动重发数据报。但如果累计的出错情况数目占到所接收的IP数据报相当大的百分比,或者它的数目正迅速增加,那么就应该使用netstat查一查为什么会出现这些情况了。

5. route命令

route用来显示、人工添加和修改路由表项目的。大多数主机一般都是驻留在只连接一台路由器的网段上。由于只有一台路由器,因此不存在使用哪一台路由器将数据报发送到远程计算机上的问题,该路由器的IP地址可作为该网段上所有计算机的默认网关来输入。

但是,当网络上拥有两个或多个路由器时,就不一定只依赖默认网关了。实际上有时可能想让某些远程IP地址通过某个特定的路由器来传递,而其他的远程IP地址则通过另一个路由器来传递。在这种情况下,需要相应的路由信息,这些信息储存在路由表中,每个主机和每个路由器都配有自己独一无二的路由表。大多数路由器使用专门的路由协议来交换和动态更新路由器之间的路由表。但在有些情况下,必须人工将项目添加到路由器和主机上的路由表中。

6. tracert 命令

如果有网络连通性问题，可以使用 tracert 命令来检查到达的目标 IP 地址的路径并记录结果。tracert 命令显示用于将数据包从计算机传递到目标位置的一组 IP 路由器，以及每个跃点所需的时间。如果数据包不能传递到目标，tracert 命令将显示成功转发数据包的最后一个路由器。当数据报从当前计算机经过多个网关传送到目的地时，tracert 命令可以用来跟踪数据报使用的路由(路径)。该实用程序跟踪的路径是源计算机到目的地的一条路径，不能保证或认为数据报总遵循这个路径。如果配置使用 DNS，那么常常会从所产生的应答中得到城市、地址和常见通信公司的名称。tracert 是一个运行得比较慢的命令(如果指定的目标地址比较远)，每个路由器大约需要 15 秒钟。

tracert 一般用来检测故障的位置，虽然没有确定是什么问题，但它已经告诉了问题所在的地方。

1.5.3　实验内容与步骤

1. 实验设备

(1) Windows 主机两台。

(2) 局域网环境，可以接入 Internet，网络电缆若干。

2. 练习 ipconfig 命令及常用选项

1) ipconfig

当使用 ipconfig 时不带任何参数选项，那么它为每个已经配置了的接口显示 IP 地址、子网掩码和默认网关值。

2) ipconfig /all

当使用 all 选项时，ipconfig 能为 DNS 和 WINS 服务器显示它已配置且所要使用的附加信息(如 IP 地址等)，并且显示内置于本地网卡中的物理地址(MAC)。如果 IP 地址是从 DHCP 服务器租用的，ipconfig 将显示 DHCP 服务器的 IP 地址和租用地址预计失效的日期。

3) ipconfig /release 和 ipconfig /renew

这是两个附加选项，只能在向 DHCP 服务器租用其 IP 地址的计算机上起作用。如果输入"ipconfig /release"，那么所有接口的租用 IP 地址便重新交付给 DHCP 服务器(归还 IP 地址)。如果输入"ipconfig /renew"，那么本地计算机便设法与 DHCP 服务器取得联系，并租用一个 IP 地址。注意，大多数情况下网卡将被重新赋予和以前所赋予的相同的 IP 地址。

如图 1-27 所示，DHCP 客户端使用 ipconfig /all 命令输出动态获取 DHCP 服务器租约自动配置 TCP/IP 协议的结果。

3. 练习 Ping 命令及常用选项

1) ping IP - t

连续对 IP 地址执行 ping 命令，直到用户按 Ctrl+C 组合键中断。

2) ping IP -l 3000

指定 ping 命令中的数据长度为 3000 字节，而不是默认的 32 字节。

3) ping IP - n

执行特定次数的 ping 命令。

```
C:\WINDOWS\system32\cmd.exe
C:\Documents and Settings\Administrator>ipconfig /all

Windows IP Configuration

        Host Name . . . . . . . . . . . . : PC-201103221739
        Primary Dns Suffix  . . . . . . . :
        Node Type . . . . . . . . . . . . : Hybrid
        IP Routing Enabled. . . . . . . . : Yes
        WINS Proxy Enabled. . . . . . . . : No
        DNS Suffix Search List. . . . . . : njusttz.edu.cn

Ethernet adapter 本地连接:

        Connection-specific DNS Suffix  . : njusttz.edu.cn
        Description . . . . . . . . . . . : Realtek RTL8139/810x Family Fast Eth
ernet NIC
        Physical Address. . . . . . . . . : 00-12-12-10-01-88
        Dhcp Enabled. . . . . . . . . . . : Yes
        Autoconfiguration Enabled . . . . : Yes
        IP Address. . . . . . . . . . . . : 58.19.2.11
        Subnet Mask . . . . . . . . . . . : 255.255.255.0
        Default Gateway . . . . . . . . . : 58.19.2.254
        DHCP Server . . . . . . . . . . . : 58.19.2.2
        DNS Servers . . . . . . . . . . . : 58.19.2.1
        Primary WINS Server . . . . . . . : 58.19.2.5
        Lease Obtained. . . . . . . . . . : 2011年12月21日 13:39:19
        Lease Expires . . . . . . . . . . : 2011年12月29日 13:39:19

C:\Documents and Settings\Administrator>_
```

图 1-27　DHCP 客户端获取租约结果

ping 命令经常用于检测网络故障或连通性。下面给出一个典型的检测次序及可能发生的故障。

```
ping 127.0.0.1
```

这个 ping 命令被送到本地计算机的 IP 软件，该命令永不退出该计算机。如果没有做到这一点，就表示 TCP/IP 的安装或运行存在某些最基本的问题。

4) ping 本机 IP

这个命令被送到计算机所配置的 IP 地址，计算机始终都应该对该 ping 命令做出应答，如果没有，则表示本地配置或安装存在问题。出现此问题时，局域网用户请断开网络电缆，然后重新发送该命令。如果网线断开后本命令正确，则表示另一台计算机可能配置了相同的 IP 地址。

5) ping 局域网内其他 IP

这个命令发出的数据包应该从所使用的计算机，经过网卡及网络电缆到达其他计算机，再返回。收到回送应答表明本地网络中的网卡和载体运行正确。但如果收到 0 个回送应答，那么表示子网掩码(进行子网分割时，将 IP 地址的网络部分与主机部分分开的代码)不正确或网卡配置错误或电缆系统有问题。

6) ping 网关 IP

这个命令如果应答正确，表示局域网中的网关路由器正在运行并能够做出应答。

7) ping 远程 IP

如果收到 4 个应答，表示成功地使用了默认网关。对于拨号上网用户则表示能够成功地访问 Internet(但不排除 ISP 的 DNS 会有问题)。

8) ping localhost

localhost 是个系统的网络保留名，它是 127.0.0.1 的别名，每台计算机都应该能够将该名称转换成该地址。如果没有做到这一点,则表示主机文件(/Windows/host)中存在问题。

9) ping www. nustti. edu. cn

执行 ping www. xxx. com 域名地址,通常要先通过 DNS 服务器进行域名解析。如果这里出现故障,则表示 DNS 服务器的 IP 地址配置不正确或 DNS 服务器有故障(对于拨号上网用户,某些 ISP 已经不需要设置 DNS 服务器了)。

如果上面所列出的所有 ping 命令都能正常运行,那么对自己的计算机进行本地和远程通信的功能基本上就可以放心了。但是,这些命令的成功并不表示所有的网络配置都没有问题,如某些子网掩码错误就可能无法用这些方法检测到。

4. 练习 ARP 命令及常用选项

1) arp -a 或 arp - g

用于查看高速缓存中的所有项目。-a 和-g 参数的结果是一样的,多年来-g 一直是 UNIX 平台上用来显示 ARP 高速缓存中所有项目的选项,而 Windows 用的是 arp -a(-a 可被视为 all,即全部的意思),但它也可以接受比较传统的-g 选项。

2) arp -a IP

如果有多个网卡,那么使用 arp -a 加上接口的 IP 地址,就可以只显示与该接口相关的 ARP 缓存项目。如果使用 ping 命令测试并验证过从这台计算机到 IP 地址为 192. 168. 0. 1 的主机的连通性,则输入"arp - a",显示 ARP 缓存项如下:

```
Interface:192.168.0.2 on interface 0x1
Internet Address        Physical Address        Type
192.168.0.1             00-af-38-ea-6d-1c       dynamic
```

在此例中,缓存项指出 IP 为 192. 168. 0. 1 10. 0. 0. 99 的远程主机解析成 00-af-38-ea-6d-1c 的 MAC 地址。

3) arp -s IP MAC 地址

可以向 ARP 高速缓存中人工输入一个静态项目。该项目在计算机引导过程中将保持有效状态,或者在出现错误时,人工配置的 MAC 地址将自动更新该项目。

4) arp -d IP

使用本命令能够人工删除一个静态项目。

5. 练习 netstat 命令及常用选项

1) netstat - s

本选项能够按照各个协议分别显示其统计数据。如果应用程序(如 Web 浏览器)运行速度比较慢,或者不能显示 Web 页之类的数据,那么就可以用本选项来查看一下所显示的信息。这需要仔细查看统计数据的各行,找到出错的关键字,进而确定问题所在。

2) netstat - e

本选项用于显示关于以太网的统计数据。它列出的项目包括传送的数据报的总字节数、错误数、删除数、数据报的数量和广播的数量。这些统计数据既有发送的数据报数量,也有接收的数据报数量。这个选项可以用来统计一些基本的网络流量。

3) netstat - r

本选项可以显示关于路由表的信息,类似于 route print 命令。除了显示有效路由外,还显示当前有效的连接。

4) netstat - a

本选项显示一个所有的有效连接信息列表,包括已建立的连接(ESTABLISHED),也包括监听连接请求(LISTENING)的那些连接。

5) netstat - n

显示所有已建立的有效连接。

下面是 netstat 的输出示例:

```
C:\>netstat -e
Interface Statistics
Received      Sent
Bytes                    3995837940     47224622
Unicast packets          120099         131015
Non-unicast packets      7579544        3823
Discards                 0              0
Errors                   0              0
Unknown protocols        363054211
C:\>netstat -a
Active Connections
Proto Local Address        Foreign Address              State
TCP   CORP1:1572          172.16.48.10:nbsession       ESTABLISHED
TCP   CORP1:1589          172.16.48.10:nbsession       ESTABLISHED
TCP   CORP1:1606          172.16.105.245:nbsession     ESTABLISHED
TCP   CORP1:1632          172.16.48.213:nbsession      ESTABLISHED
TCP   CORP1:1659          172.16.48.169:nbsession      ESTABLISHED
TCP   CORP1:1714          172.16.48.203:nbsession      ESTABLISHED
TCP   CORP1:1719          172.16.48.36:nbsession       ESTABLISHED
TCP   CORP1:1241          172.16.48.101:nbsession      ESTABLISHED
UDP   CORP1:1025           *:*
UDP   CORP1:snmp           *:*
UDP   CORP1:nbname         *:*
UDP   CORP1:nbdatagram     *:*
UDP   CORP1:nbname         *:*
UDP   CORP1:nbdatagram     *:*
C:\>netstat -s
IP Statistics
Packets Received                    =5378528
Received Header Errors              =738854
Received Address Errors             =23150
Datagrams Forwarded                 =0
Unknown Protocols Received          =0
Received Packets Discarded          =0
Received Packets Delivered          =4616524
```

```
Output Requests                          =132702
Routing Discards                         =157
Discarded Output Packets                 =0
Output Packet No Route                   =0
Reassembly Required                      =0
Reassembly Successful                    =0
Reassembly Failures                      =
Datagrams Successfully Fragmented        =0
Datagrams Failing Fragmentation          =0
Fragments Created                        =0
ICMP Statistics
Received   Sent
Messages                          693        4
Errors                            0          0
Destination Unreachable           685        0
Time Exceeded                     0          0
Parameter Problems                0          0
Source Quenches                   0          0
Redirects                         0          0
Echoes                            4          0
Echo Replies                      0          4
Timestamps                        0          0
Timestamp Replies                 0          0
Address Masks                     0          0
Address Mask Replies              0          0
TCP Statistics
Active Opens                           =597
Passive Opens                          =135
Failed Connection Attempts             =107
Reset Connections                      =91
Current Connections                    =8
Segments Received                      =106770
Segments Sent                          =118431
Segments Retransmitted                 =461
UDP Statistics
Datagrams Received     =4157136
No Ports               =351928
Receive   Errors       =2
Datagrams Sent         =13809
```

6. 练习 route 命令及常用选项

1）route print

本命令用于显示路由表中的当前项目，在单路由器网段上的输出；由于用 IP 地址配置了网卡，因此所有的这些项目都是自动添加的。

2) route add

使用本命令,可以将路由项目添加给路由表。例如,如果要设定一个到目的网络 209.98.32.33 的路由,其间要经过 5 个路由器网段,首先要经过本地网络上的一个路由器,(路由器 IP 为 202.96.123.5,子网掩码为 255.255.255.224),那么应该输入以下命令:

```
route add 209.98.32.33 mask 255.255.255.224 202.96.123.5 metric 5
```

3) route change

可以使用本命令来修改数据的传输路由,不过不能使用本命令来改变数据的目的地。下面这个示例可以将数据的路由改到另一个路由器,它采用一条包含 3 个网段的路径:

```
route change 209.98.32.33 mask 255.255.255.224 202.96.123.250 metric 3
```

· route delete

使用本命令可以从路由表中删除路由,如 route delete 209.98.32.33 。

7. 练习 tracert 命令及常用选项

1) tracert IP address [-d]

该命令返回到达 IP 地址所经过的路由器列表。通过使用 -d 选项,将更快地显示路由器路径,因为 tracert 不会尝试解析路径中路由器的名称。举例如下。

```
C:\>tracert 58.193.194.10
```

通过最多 30 个跃点跟踪到 WIN-WWW-WEB [58.193.194.10] 的路由:

```
1     1 ms     1 ms     1 ms  58.193.196.254
2     2 ms     3 ms     4 ms  192.168.200.70
3     2 ms     3 ms     4 ms  58.193.194.254
4    <1 毫秒  <1 毫秒  <1 毫秒 WIN-WWW-WEB [58.193.194.10]
```

跟踪完成。

1.6 网络设备文件系统的管理

1.6.1 实验目的

(1) 熟悉网络设备文件系统的基本原理。

(2) 掌握文件系统的基本操作方法。

(3) 掌握 Windows Server 2003 系统 IIS 服务器的安装与配置方法。

1.6.2 实验知识

设备运行过程中所需要的文件(主机软件、配置文件等)保存在存储设备中,为了方便用户对存储设备进行有效的管理,设备以文件系统的方式对这些文件进行管理。文件系统功能主要包括目录的创建和删除、文件的复制和显示等。在本实验中,以 H3C S3610 交换机为例说明问题，其余型号的设备配置基本相同，可参照本实验的内容。

1. 文件系统操作

1）目录操作

目录操作包括创建/删除目录、显示当前的工作路径及显示指定目录或文件信息等。可以使用如表 1-5 所示的命令来进行相应的目录操作。

表 1-5　目录操作

操　　作	命　　令	说　　明
创建目录	mkdir *directory*	可选 该命令在用户视图下执行
删除目录	rmdir *directory*	可选 该命令在用户视图下执行
显示当前的工作路径	pwd	可选 该命令在用户视图下执行
显示目录或文件信息	dir [/all] [*file-url*]	可选 该命令在用户视图下执行
改变当前的工作路径	cd *directory*	可选 该命令在用户视图下执行

2）文件操作

文件操作包括删除文件、恢复删除的文件、彻底删除文件、显示文件的内容、重命名文件、复制文件、移动文件、显示指定目录或文件信息等。可以使用如表 1-6 所示的命令来进行相应的文件操作。

表 1-6　文件操作

操　　作	命　　令	说　　明
删除文件	delete [/unreserved] *file-url*	可选 该命令在用户视图下执行
恢复删除文件	undelete *file-url*	可选 该命令在用户视图下执行
彻底删除回收站中的文件	reset recycle-bin [/force]	可选 该命令在用户视图下执行
显示文件的内容	more *file-url*	可选 目前只支持显示文本文件的内容 该命令在用户视图下执行
重命名文件	rename *fileurl-source fileurl-dest*	可选 该命令在用户视图下执行
复制文件	copy *fileurl-source fileurl-dest*	可选 该命令在用户视图下执行
移动文件	move *fileurl-source fileurl-dest*	可选 该命令在用户视图下执行
显示目录或文件信息	dir [/all] [*file-url*]	可选 该命令在用户视图下执行

续表

操　作	命　令	说　明
进入系统视图	system-view	—
执行批处理文件	execute *filename*	可选

3）存储设备操作

存储设备操作主要包括存储设备的命名和存储设备的内存空间管理两类。

存储设备的命名遵循以下规则。

(1) 如果设备上同一类型的存储设备只有一个，则存储设备的物理设备名称就是存储设备类型名称。例如，对于只有一个 CF 卡的设备，其 CF 卡的物理设备名称为 cf。

(2) 如果设备上同一类型的存储设备有多个，则存储设备的物理设备名称由存储设备类型加该类型设备的序号组成。设备的序号使用英文字母（如 a、b、c 等）描述。例如，对于有多个 CF 卡的设备，第一个 CF 卡的物理设备名称为 cfa，第二个物理设备名称为 cfb，以此类推。

由于异常操作等原因，存储设备的某些空间可能不可用。用户可以通过 fixdisk 命令来恢复存储设备的空间，也可以通过 format 命令来格式化指定的存储设备，如表 1-7 所示。

表 1-7　存储设备的内存空间管理

操　作	命　令	说　明
恢复存储设备的空间	fixdisk *device*	可选 该命令在用户视图下执行
格式化存储设备	format *device* [FAT16|FAT32]	可选 Flash 不支持 FAT16 和 FAT32 参数，该命令在用户视图下执行

4）设置文件系统的提示方式

用户可以通过命令修改当前文件系统的提示方式。文件系统支持以下两种提示方式。

alert：当用户对文件进行有危险性的操作时，系统会要求用户进行交互确认。

quiet：当用户对文件进行任何操作，系统均不要求用户进行确认。该方式可能会导致一些因误操作而发生的、不可恢复的、对系统造成破坏的情况产生，如表 1-8 所示。

表 1-8　设置文件系统的提示方式

操　作	命　令	说　明
设置文件系统的提示方式	file prompt {alert|quiet}	可选 默认情况下，文件系统的提示方式为 alert

2. 文件系统管理使用到的主要命令

1）dir [/all] [file-url]

【视图】 用户视图。

【参数】

/all：显示所有的文件(包括删除到回收站的文件)。

file-url：显示的文件或目录名。file-url 参数支持通配符 * 进行匹配，如 dir *.txt 可以显示当前目录下所有以 txt 为扩展名的文件。

【描述】

dir 命令(不带参数)用来显示当前目录下所有可见文件及文件夹的信息。

dir /all 命令用来显示当前目录下所有的文件及子文件夹信息，显示内容包括隐藏文件、隐藏子文件夹及回收站中的原属于该目录下的文件的信息，回收站中的文件会以方括号"[]"标出。

dir file-url 命令用来显示指定的文件或文件夹的信息，该命令支持 * 通配符。

2) cd *directory*

【视图】 用户视图。

【参数】 *directory*：目标目录名。

【描述】 cd 命令用来修改当前的工作路径。

3) mkdir *directory*

【视图】 用户视图。

【参数】 *directory*：子目录名。

【描述】 mkdir 命令用来在存储设备的指定目录下创建子目录。如果创建的子目录与指定目录下的其他子目录重名，则创建操作失败。需要注意的是：在使用该命令创建子目录之前，指定的目录必须已经存在。

4) pwd

【视图】 用户视图。

【参数】 无。

【描述】 pwd 命令用来显示当前路径。

3. 文件系统的配置方式

1) 采用 FTP 配置

网络设备支持 FTP 协议有以下两种方式。

(1) 设备作为 FTP 客户端：如图 1-28 所示，用户在 PC 上通过终端仿真程序或 Telnet 程序连接到设备(设备作为 FTP 客户端)，执行 ftp 命令，建立设备与远程 FTP 服务器的连接，访问远程 FTP 服务器上的文件，如表 1-9 所示。

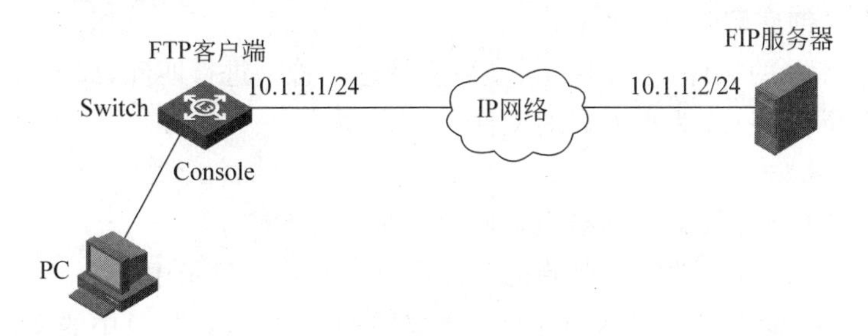

图 1-28 利用 FTP 客户端实现系统升级

表 1-9　设备作为 FTP 客户端时的配置

操　　作	命　　令	说　　明
Switch（作为 FTP 客户端）	可以直接使用 ftp 命令登录 FTP 服务器	需获得 FTP 用户名和密码，才能登录服务器
PC(作为 FTP 服务器)	启动 FTP 服务器，设置用户名、密码及用户权限	—

(2) 设备作为 FTP 服务器：如图 1-29 所示，用户运行 FTP 客户端程序，作为 FTP 客户端，登录到设备上进行访问(用户登录前，网络管理员需要事先配置好 FTP 服务器的 IP 地址)，如表 1-10 所示。

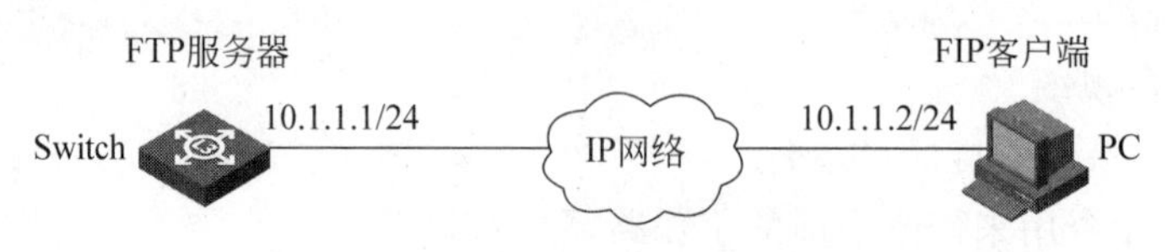

图 1-29　利用 FTP 服务器实现系统升级

表 1-10　设备作为 FTP 服务器时的配置

操　　作	命　　令	说　　明
Switch(作为 FTP 服务器)	启动 FTP 服务器功能	默认情况下，系统关闭 FTP 服务器功能可以通过 display ftp－server 命令查看设备上 FTP 服务器功能的配置信息
	配置 FTP 服务器的验证和授权	配置 FTP 用户的用户名、密码、权限等
	配置 FTP 服务器的运行参数	配置 FTP 链接的超时时间等参数
PC(作为 FTP 客户端)	使用 FTP 客户端程序登录设备	用户必须获得 FTP 用户名和密码后，才能登录 FTP 服务器

FTP 配置使用到的主要命令如下。

(1) delete [/unreserved] *file-url*

【视图】 用户视图。

【参数】

/unreserved：彻底删除该文件。

file-url：要删除的文件名。file-url 参数支持通配符 * 进行匹配，如 delete *.txt 可以删除当前目录下所有以 txt 为扩展名的文件。

【描述】

delete 命令用来删除设备中的指定文件。

① 未使用/unreserved 关键字删除的文件存放在回收站目录中。

② 使用 dir /all 命令可以显示当前目录下删除的、在回收站目录中的文件，这种文件在显示时会以方括号“[]”标出。

③ 未使用/unreserved 关键字删除的文件，可以使用 undelete 命令恢复。若要从回收站中彻底删除该文件，请使用 reset recycle-bin 命令。该命令支持“ * ”通配符。

(2) ftp [*server-address* [*service-port*] [source {interface *interface-type interface-number* | ip *source-ip-address*}]]

【视图】 用户视图。

【参数】

server-address：远端设备的 IP 地址或主机名。

service-port：远端设备提供 FTP 服务的 TCP 端口号，取值范围为 0～65 535，默认值为 21。

interface *interface-type interface-number*：当前 FTP 客户端连接使用的源接口，包括接口类型和接口编号。此接口下配置的主 IP 地址即为发送报文的源地址。如果源接口下没有配置主地址，连接失败。

ip *source-ip-address*：当前 FTP 客户端连接使用的源 IP 地址。该地址必须是设备上已配置的 IP 地址。

【描述】 ftp 命令用来登录 FTP 服务器，并进入 FTP 客户端视图。

(3) binary

【视图】 FTP 客户端视图。

【参数】 无。

【描述】 binary 命令用来设置文件传输的模式为二进制模式(也称为流模式)。

FTP 传输文件有两种模式：一种是二进制模式，用于传输程序文件；另一种是 ASCII 码模式，用于传输文本文件。默认情况下，文件传输模式为 ASCII 模式。

(4) get *remotefile* [*localfile*]

【视图】 FTP 客户端视图。

【参数】

remotefile：远程 FTP 服务器上的文件名。

localfile：保存到本地的文件名。

【描述】 get 命令用来下载 FTP 服务器上的文件，并将下载的文件存储在本地。如果没有指定本地文件名，则系统默认认为文件名与远程 FTP 服务器上的文件名相同。

(5) bye

【视图】 FTP 客户端视图。

【参数】 无。

【描述】 bye 命令用来断开与远程 FTP 服务器的连接，并退回到用户视图。

(6) boot-loader file *file-url* {main | backup}

【视图】 用户视图。

【参数】

file *file-url*：文件名，为 1～64 个字符的字符串。

slot *slot-number*：单板的槽位号，不同型号的设备支持的取值范围不同，请以设备的实际情况为准。

main：指定该文件为主用启动文件。本参数的支持情况与设备的型号有关，请以设备的实际情况为准。

backup：指定该文件为备用启动文件。本参数的支持情况与设备的型号有关，请以设备的实际情况为准。

【描述】 boot-loader 命令用来指定某单板的启动文件。主用启动文件用于引导、启动设备；备用启动文件只用于异常情况下，主用启动文件不可用时，引导、启动设备。

(7) work-directory *directory-name*

```
undo work-directory
```

【视图】 本地用户视图。

【参数】 *directory-name*：授权 FTP/SFTP 用户可以访问的目录，为 1～135 个字符的字符串，不区分大小写。

【描述】

work-directory 命令用来设置 FTP/SFTP 用户可以访问的目录，undo work-directory 命令用来恢复默认情况。默认情况下，FTP/SFTP 用户可以访问设备的根目录。

(8) ftp server enable

```
undo ftp server
```

【视图】 系统视图。

【参数】 无。

【描述】 ftp server enable 命令用来开启设备的 FTP 服务器功能，undo ftp server 命令用来关闭设备的 FTP 服务器功能。默认情况下，系统关闭 FTP 服务器功能，以防止设备受到攻击。

(9) put *localfile* [*remotefile*]

【视图】 FTP 客户端视图。

【参数】

localfile：本地的文件名。

remotefile：保存到远程 FTP 服务器上的文件名。

【描述】 put 命令用来将本地的文件上传到远程 FTP 服务器。如果用户没有指定远程服务器上的文件名，则系统默认认为此文件名与本地文件名相同。

2) 采用 TFTP 配置

网络设备只能作为 TFTP 客户端，不支持作为 TFTP 服务器。使用 TFTP 之前，网络管理员需要配置好 TFTP 客户端和服务器的 IP 地址，并且确保客户端和服务器之间的路由可达。

网络设备作为 TFTP 客户端时，需要进行如表 1-11 所示的配置。

表 1-11 设备作为 TFTP 客户端时的配置

操　作	命　令	说　明
Device(作为 TFTP 客户端)	配置设备接口的 IP 地址，使其和 TFTP 服务器的 IP 地址在同一网段；可以直接使用 TFTP 命令登录远端的 TFTP 服务器上传或者下载文件	TFTP 适用于客户端和服务器之间不需要复杂交互的环境。只需保证设备和 TFTP 服务器之间路由可达
PC(作为 TFTP 服务器)	启动 TFTP 服务器，并配置 TFTP 工作目录	—

当设备作为 TFTP 客户端时，可以把本设备的文件上传到 TFTP 服务器，还可以从 TFTP 服务器下载文件到本地设备。

TFTP 配置使用到的主要命令如下：

```
tftp server-address {get|put|sget} source-filename [destination-filename]
[source {interface interface-type interface-number|ip source-ip-address}]
```

【视图】 用户视图。

【参数】

server-address：TFTP 服务器的 IP 地址或主机名。

source-filename：源文件名。

destination-filename：目标文件名。

get：表示普通下载文件操作。

put：表示上传文件操作。

sget：表示安全下载文件操作。

source：配置源地址绑定参数。

interface *interface-type interface-number*：当前 TFTP 客户端传输使用的源接口，包括接口类型和接口编号。此接口下配置的主 IP 地址即为发送报文的源地址。如果源接口下没有配置主地址，传输失败。

ip *source-ip-address*：当前 TFTP 客户端发送报文所使用的源 IP 地址。此地址必须是设备上已配置的 IP 地址。

【描述】 tftp 命令用来实现从本地设备上传文件到 TFTP 服务器或从 TFTP 服务器下载文件至本地设备。如果没有指定本地文件名，则系统默认认为文件名与远程 FTP 服务器上的文件名相同。本命令指定的源地址的优先级高于 tftp client source 命令配置的源地址的优先级。如果执行 tftp client source 命令指定了源地址后，又在 tftp 命令中指定了源地址，则采用 tftp 命令中指定的源地址进行通信。

1.6.3 实验内容与步骤

1. 实验设备

(1) Windows 主机一台，安装 TFTP 服务器程序。

(2) H3C S3610 交换机一台，连接电缆若干。

2. 实验拓扑图

如图 1-30 所示，网络设备作为 TFTP 客户端，PC 作为 TFTP 服务器。PC 的 IP 地址为 10.1.1.2/24，在 PC 上已经配置了 TFTP 的工作路径。网络设备上 VLAN 接口 1 的 IP 地址为 10.1.1.1/24，网络设备和 PC 相连的端口属于该 VLAN。网络设备通过 TFTP 协议

图 1-30　利用 TFTP 客户端功能实现系统升级

从 TFTP 服务器上下载启动文件，同时将网络设备的配置文件 config.cfg 上传到 TFTP 服务器的工作目录实现配置文件的备份。

3. 管理网络设备的文件系统

(1) 查看当前目录下的文件及子目录。

```
<Switch>dir
Directory of flash:/
   0      -rw-    7668741   Aug 13 2016 17:27:48    s3610_5510-cmw520-r5301.bin
   1      -rw-       1454   Apr 26 2016 14:21:07    startup.cfg
30861 KB total(23365 KB free)
```

(2) 创建新文件夹 mytest。

```
<Sysname>mkdir mytest
%Created dir flash:/mytest.
```

(3) 显示当前的工作路径。

```
<Sysname>pwd
flash:
```

(4) 查看当前目录下的文件及子目录。

```
<Sysname>dir
Directory of flash:/
   0      -rw-    7668741   Aug 13 2016 17:27:48    s3610_5510-cmw520-r5301.bin
   1      -rw-       1454   Apr 26 2016 14:21:07    startup.cfg
   2      drw-          -   Apr 26 2016 12:19:29    mytest
30861 KB total(23364 KB free)
```

4. 网络设备主机软件升级

1) 配置 PC(TFTP 服务器)

首先在 PC 上启动了 TFTP 服务器功能，主界面如图 1-31 所示，然后配置 TFTP 服务器的工作目录，如图 1-32 所示。

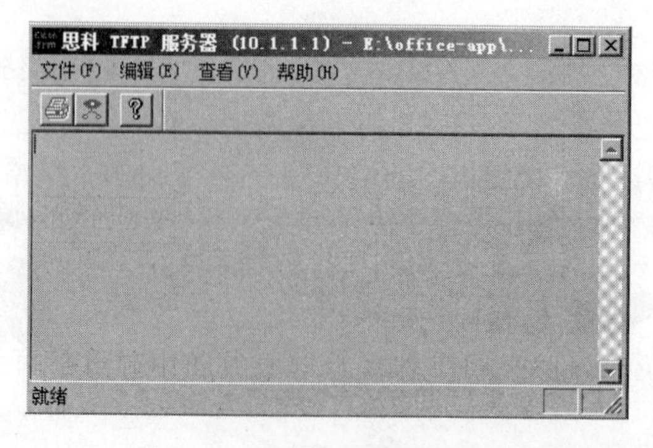

图 1-31 TFTP 服务器工作界面

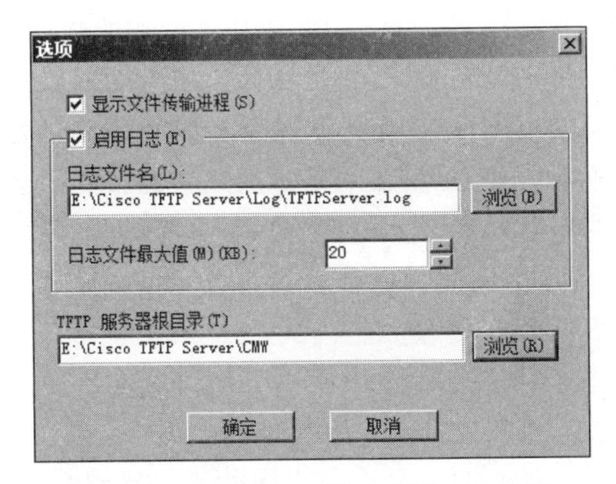

图 1-32　配置 TFTP 服务器的工作目录

2）配置网络设备(TFTP 客户端)

```
#进入系统视图
<Switch>system-view
#配置 VLAN 接口 1 的 IP 地址为 10.1.1.1/24,同时保证与 PC 相连的端口属于这个 VLAN
[Switch] interface vlan-interface 1
[Switch-Vlan-interface1] ip address 10.1.1.1 255.255.255.0
#将应用程序 aaa.bin 从 TFTP 服务器上下载到设备
<Switch>tftp 10.1.1.2 get S3610_5510-CMW520-R5310P01
#将设备的配置文件 startup.cfg 上传到 TFTP 服务器
<Switch>tftp 10.1.1.2 put startup.cfg
#用户可以通过 boot-loader 命令来指定下载的程序为下次启动时的主用启动文件,然后重启设备,实现设备启动文件的升级
<Switch>boot-loader file S3610_5510-CMW520-R5310P01 master
<Switch>reboot
```

1.7　生成树协议的配置与应用

1.7.1　实验目的

(1) 理解 STP(Spanning Tree Protocal,生成树协议)的功能、原理。

(2) 掌握 STP 协议的配置方法。

1.7.2　实验知识

如图 1-33 所示,局域网存在一个物理环路,假设 B1、B2 和 B3 都还没有学习到 A 的 MAC 地址,因为 A 还没有发送过任何数据。当 A 发送了一个数据帧,最初 3 个网桥都接收了这个数据帧,记录 A 的地址在 LAN1 上,并排队等待将这个数据帧转发到 LAN2 上。根据 LAN 规则,其中的一个网桥将首先成功地发送数据帧到 LAN2 上,假设这个网桥是 B1,那么 B2 和 B3 将会再次接收到这个数据帧,因为 B1 对于 B2 和 B3 来说是透明的,这个数据帧就好像是 A 在 LAN2 上发送的一样,于是 B2 和 B3 记录 A 在 LAN2 上,排队等待将这个新收到的数据帧转发到 LAN1 上,假设这时 B2 成功将最初的数据帧转发到 LAN2 上,那么 B1 和 B3 都接收到这个数据帧。B3 还好,只是认为 A 仍然在 LAN2 上,而 B1 又发现 A 已经转移到 LAN2 上了,然后 B1 和 B3 都会排队等待转发新收到的数据帧到 LAN1 上,如此下去,数据帧就在环路中不断循环,更糟糕的是每次成功的转发都会导致网络中出现两个新的数据帧,从而形成严重的广播风暴。

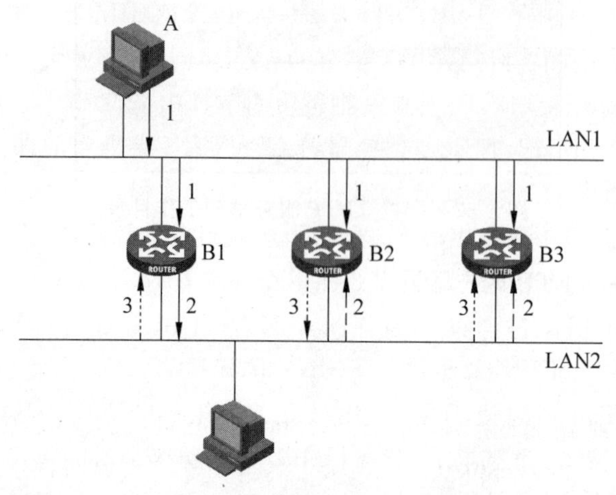

图 1-33　广播风暴拓扑图

为了保证交换机链路的安全性和可靠性,一般提供两条链路:一条是“主链路”,用于交换机之间的正常通信;一条是“备份链路”,用于交换机之间出现故障时,自动启动,保证正常通信。STP 的作用是该协议可应用于环路网络,通过一定的算法实现路径冗余,同时将环路网络修剪成无环路的树型网络,从而避免报文在环路网络中的增生和无限循环。STP 最初是由美国数字设备公司(Digital Equipment Corp,DEC)开发的,后经 IEEE 修改成为 IEEE 802.1D 标准。其主要思想是:在网络中存在冗余链路时,只允许开启主链路,而将其他的冗余链路自动设置为“阻断”状态。当主链路由于故障被断开时,系统再从冗余链路中产生一条链路来替代主链路。

STP 的工作过程如下。

(1) 选定根网桥:在 STP 中,系统将网桥 ID(Bridge ID)值最小的交换机作为根网桥(Root Bridge)。网桥 ID 由两字节的优先级和 48 位 MAC 地址组成,优先级的范围为 0~61440,步长为 4096,即 16 个优先级。

(2) 选定根端口:这是根据交换机从发送网桥到根网桥的最小根路径开销(Lowest Root Path Cost)来决定的,该开销由 BPDU(Bridge Protocol Data Units,桥接协议数据单元)来决定。

(3) 选定指定端口:在每一个网段都会选定一个交换机端口用于处理本网段的数据流量。在一个网段中,拥有最小根路径开销的端口将成为指定端口(Designated Port)。

(4) 拆除桥接环:将既不是根端口也不是指定端口的交换机端口设置为“阻断”状态。某端口设置为“阻断”状态后,该端口还会传输检测端口状态的信息,但不转发用户数据。

发送端口的 Identifier(Transmitting PortID):PortID 值由端口优先级和端口索引值组合而成,对于 LAN 来说,它就是 Designated Port ID。

本实验使用到的主要命令如下。

（1）stp {enable|disable}

```
undo stp
```

【视图】　系统视图、以太网端口视图。

【参数】

enable：用来开启全局或端口的 MSTP 特性。

disable：用来关闭全局或端口的 MSTP 特性。

【描述】　stp 命令用来启动或关闭交换机全局或端口的 STP 特性。undo stp 命令用来恢复交换机全局或端口的 STP 特性为默认状态。

默认情况下，交换机上的 STP 特性处于关闭状态。在 STP 启动后，交换机会根据用户配置的协议模式来决定是 RSTP 模式下还是在 MSTP 模式运行。关闭 STP 协议后，交换机将成为透明桥。

STP 启动后，STP 根据收到的配置消息动态维护相应 VLAN 的生成树状态；STP 被关闭后，STP 将不再维护该状态。

（2）stp mode {stp|rstp|mstp}

```
undo stp mode
```

【视图】　系统视图。

【参数】

stp：用来设定 MSTP 的运行模式为 STP 兼容模式。

rstp：用来设定 MSTP 的运行模式为 RSTP 兼容模式。

mstp：用来设定 MSTP 的运行模式为 MSTP 模式。

【描述】

stp mode 命令用来设置交换机的 MSTP 工作模式，undo stp mode 命令用来恢复 MSTP 工作模式的默认值。

默认情况下，交换机的工作模式为 MSTP 模式。

MSTP 为了实现和 STP/RSTP 的兼容，设定了以下 3 种工作模式。

① STP 模式：交换机向外发送 STP BPDU 报文。

② RSTP 模式：交换机向外发送 RSTP BPDU 报文。

③ MSTP 模式：交换机向外发送 MSTP BPDU 报文。

（3）stp [instance *instance-id*] priority *priority*

```
undo stp [instance instance-id] priority
```

【视图】　系统视图。

【参数】

instance-id：生成树实例 ID，取值范围为 0～16，取值为 0 表示的是 CIST。

priority：交换机的优先级，取值 0～61440，步长为 4096，即交换机可以设置 16 个优先级取值，如 0、4096、8192 等。

【描述】　stp priority 命令用来配置交换机在指定生成树实例中的优先级，undo stp

priority 命令用来恢复交换机优先级的默认值。

默认情况下,交换机优先级取值为 32768。

交换机的优先级参与生成树计算。交换机的优先级按照生成树实例单独设置,不同实例可以设置不同的优先级。

如果 stp priority 命令不使用 instance *instance-id* 参数,则所做的配置只在 CIST 实例上有效。

1.7.3 实验内容与步骤

1. 实验设备

(1) Windows 主机 4 台,H3C 3100 交换机 3 台。

(2) 局域网环境,网络电缆若干。

2. 实验拓扑图

如图 1-34 所示,将 PC1 的 NIC 连接到交换机 Switch1 的 Ethernet 1/0/2 端口,PC2 的 NIC 连接到交换机 Switch1 的 Ethernet 1/0/9 端口;再将 PC3 的 NIC 连接到 Switch2 的 Ethernet 1/0/2 端口,PC4 的 NIC 连接到 Switch2 的 Ethernet 1/0/9 端口;最后将交换机 Switch1 的 Ethernet 1/0/1 和交换机 Switch3 的 Ethernet 1/0/1 端口相连,交换机 Switch2 的 Ethernet 1/0/1 和交换机 Switch3 的 Ethernet 1/0/2 端口相连,交换机 Switch1 的 Ethernet 1/0/16 和交换机 Switch2 的 Ethernet 1/0/16 端口相连。

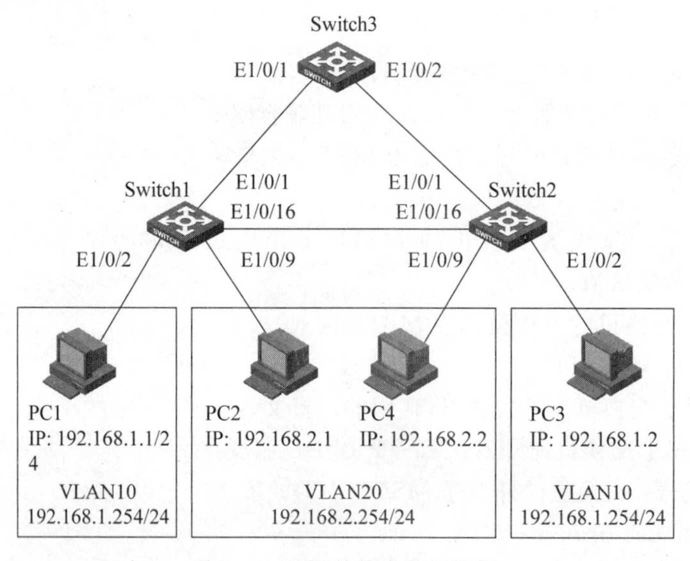

图 1-34　STP 协议实验拓扑图

3. 交换机 Switch1 的配置

```
#进入系统视图
<Switch1>system-view
#创建 VLAN 10,并将端口 Ethernet 1/0/2~Ethernet 1/0/8 添加到 VLAN 10 中
[Switch1]vlan 10
[Switch1-vlan10]port ethernet 1/0/2 to ethernet 1/0/8
```

```
#在 Switch1 上将用于与 Switch3 进行级联的端口 Ethernet 1/0/1 设置为 trunk 端口,将用于与 Switch2 进行级联的端口 Ethernet 1/0/16 设置为 trunk 端口
[Switch1]interface ethernet 1/0/1
[Switch1-Ethernet1/0/1]port link-type trunk
[Switch1-Ethernet1/0/1]port trunk permit vlan 10 20
[Switch1-Ethernet1/0/1]quit
[Switch1]interface ethernet 1/0/16
[Switch1-Ethernet1/0/16]port link-type trunk
[Switch1-Ethernet1/0/16]port trunk permit vlan 10 20
[Switch1-Ethernet1/0/16]quit
#启用生成树协议 STP
[Switch1]STP enable
#设置 STP 工作模式
[Switch1]stp mode stp
```

4. 交换机 Switch2 的配置

```
#进入系统视图
<Switch2>system-view
#创建 VLAN 10,并将端口 Ethernet 1/0/2~Ethernet 1/0/8 添加到 VLAN 10 中
[Switch2]vlan 10
[Switch2-vlan10]port ethernet 1/0/2 to ethernet 1/0/8
#在 Switch2 上将用于与 Switch3 进行级联的端口 Ethernet 1/0/1 设置为 trunk 端口,将用于与 Switch1 进行级联的端口 Ethernet 1/0/16 设置为 trunk 端口
[Switch2]interface ethernet 1/0/1
[Switch2-Ethernet1/0/1]port link-type trunk
[Switch2-Ethernet1/0/1]port trunk permit vlan 10 20
[Switch2-Ethernet1/0/1]quit
[Switch2]interface ethernet 1/0/16
[Switch2-Ethernet1/0/16]port link-type trunk
[Switch2-Ethernet1/0/16]port trunk permit vlan 10 20
#启用生成树协议 STP
[Switch2]stp enable
#设置 STP 工作模式
[Switch2]stp mode stp
```

5. 三层交换机 Switch3 的配置

```
#在 Switch3 上将用于与 Switch1 进行级联的端口 Ethernet 1/0/1 设置为 trunk 端口,将用于与 Switch2 进行级联的端口 Ethernet 1/0/2 设置为 trunk 端口
#进入以太网端口视图
[Switch3]interface ethernet1/0/1
[Switch3-Ethernet1/0/1]port link-type trunk
[Switch3-Ethernet1/0/1]port trunk permit vlan 10 20
[Switch3]quit
```

```
[Switch3]interface ethernet1/0/2
[Switch3-Ethernet1/0/2]port link-type trunk
[Switch3-Ethernet1/0/2]port trunk permit vlan 10 20
[Switch3-Ethernet1/0/2]quit
#启用生成树协议 STP
[Switch3]STP enable
#设置 STP 工作模式
[Switch3]stp mode stp
```

6. 实验结果验证

(1) 在未启动生成树协议时,连接在 Switch1 和 Switch2 交换机上的计算机之间使用 ping 命令,不能够 ping 通,主要是三台交换机间形成了冗余链路,产生了广播风暴。当使用 stp enable 启动生成树协议以后,查看三台交换机上的 stp 配置。

```
[Switch1]display stp
CIST Bridge              :32768.000f-e241-93da
Bridge Times             :Hello 2s MaxAge 20s FwDly 15s MaxHop 20
CIST Root/ERPC           :32768.000f-e241-93da / 0
CIST RegRoot/IRPC        :32768.000f-e241-93da / 0
CIST RootPortId          :0.0
BPDU-Protection          :disabled
TC-Protection            :enabled / Threshold=6
Bridge Config-
Digest Snooping          :disabled
TC or TCN received       :11
Time since last TC       :0 days 0h:0m:38s
[Switch2]display stp
CIST Bridge              :32768.000f-e241-93ec
Bridge Times             :Hello 2s MaxAge 20s FwDly 15s MaxHop 20
CIST Root/ERPC           :32768.000f-e241-93da / 200
CIST RegRoot/IRPC        :32768.000f-e241-93ec / 0
CIST RootPortId          :128.16
BPDU-Protection          :disabled
TC-Protection            :enabled / Threshold=6
Bridge Config-
Digest Snooping          :disabled
TC or TCN received       :0
Time since last TC       :0 days 1h:6m:1s
[Switch3]display stp
-------[CIST Global Info][Mode MSTP]-------
CIST Bridge              :32768.000f-e275-0fd0
Bridge Times             :Hello 2s MaxAge 20s FwDly 15s MaxHop 20
CIST Root/ERPC           :32768.000f-e241-93da / 200
CIST RegRoot/IRPC        :32768.000f-e275-0fd0 / 0
```

```
CIST RootPortId          :128.2
BPDU-Protection          :disabled
Bridge Config-
Digest-Snooping          :disabled
TC or TCN received       :28
Time since last TC       :0 days 0h:0m:23s
```

得出如图 1-35 所示的生成树。

(2) 在 Switch3 设置优先级,命令"stp priority 4096",此时生成树如图 1-36 所示,因为根网桥的选择是由根桥的 ID 决定的,而根桥的 ID 是由优先级和桥的 MAC 地址两部分组成的。在比较桥的 ID 大小时,首先比较优先级,优先级小的更有可能成为根网桥,只有在优先级相同的情况下,才比较 MAC 地址,MAC 地址小的是根网桥。

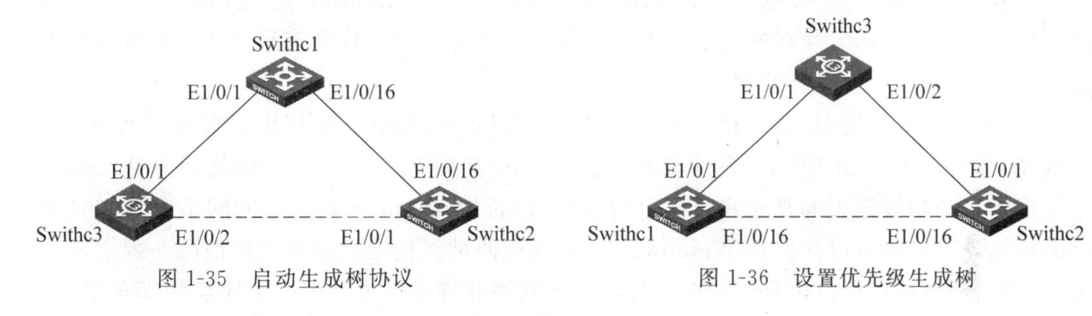

图 1-35 启动生成树协议　　　图 1-36 设置优先级生成树

1.8 网络协议分析软件的使用

1.8.1 实验目的

(1) 掌握 Wireshark 软件、WinPcap 软件的安装与配置方法。

(2) 掌握使用 Wireshark 捕获网络包并分析数据包中信息。

(3) 学会分析数据传输过程,理解 TCP/IP 协议工作原理。

1.8.2 实验知识

Wireshark(前称 Ethereal)是一个优秀的开放源码的网络分析系统,它能够捕获网络包并尽可能详细地显示出网络包中所包含的数据,为用户提供了一个强有力的网络分析工具。Ethereal 起初由 Gerald Combs 开发,随后由一个松散的 Ethereal 团队组织进行维护开发,大量的志愿者通过为 Ethereal 添加新的协议解析器,使得 Ethereal 功能越来越强大。Ethereal 具有良好的设计结构和可扩展性,支持 Linux 和 Windows 平台,支持 500 多种协议的解析,从而被广泛地应用于网络分析。Ethereal 主要具有以下特征。

(1) 在实时时间内,从现在网络连接处捕获数据,或者从被捕获文件处读取数据。

(2) 从以太网、FDDI、PPP、令牌环、IEEE 802.11、ATM 上 IP 和回路接口上读取实时数据。

(3) 通过 GUI 或 TTY 模式 Ethereal 程序,可以访问被捕获的网路数据。

(4) 通过 editcap 程序的命令行交换机,有计划地编辑或修改被捕获文件。

(5) 当前 602 协议可被分割。

(6) 输出文件可以被保存或打印为纯文本格式。

(7) 通过显示过滤器精确显示数据。

(8) 显示过滤器也可以选择性地用于高亮区和摘要信息。

(9) 所有或部分被捕获的网络跟踪报告都会保存到磁盘中。

1. Ethereal 协议分析工具运行的系统平台

网络分析系统首先依赖于一套捕捉网络数据包的函数库。这套函数库工作在网络分析系统模块的最底层。作用是从网卡取得数据包或者根据过滤规则取出数据包的子集,再转交给上层分析模块。

在 Linux 系统中,1992 年 Lawrence Berkeley Lab 的 Steven McCanne 和 Van Jacobson 提出了包过滤器的一种实现——BPF(BSD Packet Filter)。Libpcap 是一个基于 BPF 的开放源码的捕包函数库。现有的大部分 Linux 抓包系统都是基于这套函数库或者在其基础上做一些改进。

在 Windows 系统中,意大利人 Fulvio Risso 和 Loris Degioanni 提出并实现了 WinPcap 函数库,称为 NPF。由于 NPF 的主要思想就是来源于 BPF,它的设计目标就是为 Windows 系统提供一个功能强大的开放式数据包捕获平台,希望在 Linux 系统中的网络分析工具经过简单编译以后也可以移植到 Windows 中,因此这两种抓包架构是非常相似的。就实现来说,提供的函数调用接口也是一致的。Ethereal 网络分析系统也需要一个底层的抓包平台,在 Linux 中是采用 Libpcap 函数库抓包,在 Windows 系统中采用 WinPcap 函数库抓包。

2. 使用层次化的数据包协议分析方法

获得数据包捕获函数抓到的数据包后,就需要进行协议分析和协议还原工作。由于 OSI 的七层协议模型,协议数据是从上到下封装后发送的。对于协议分析需要从下至上进行。首先对网络层的协议识别后进行组包还原,然后脱去网络层协议头。将里面的数据交给传输层分析,这样直到应用层。由于网络协议种类很多,就 Ethereal 所识别的 500 多种协议来说,为了使协议和协议间层次关系明显,从而对数据流中的各个层次的协议能够逐层处理,Ethereal 系统采用了协议树的方式。如果协议 A 的所有数据都是封装在协议 B 中,那么这个协议 A 就是协议 B 的子结点。将最底层的无结构数据流作为根结点,具有相同父结点的协议称为兄弟结点。那么这些拥有同样父结点协议该如何互相区别呢? Ethereal 系统采用协议的特征字来识别,每个协议会注册自己的特征字。这些特征字给自己的子结点协议提供可以互相区分开来的标识。例如,TCP 协议的 port 字段注册后,Tcp. port=21 就可以认为是 FTP 协议。特征字可以是协议规范定义的任何一个字段,如 IP 协议就可以定义 proto 字段为一个特征字。

在 Ethereal 中注册一个协议解析器,首先要指出它的父结点协议是什么。另外,还要指出自己区别于父结点下的兄弟结点协议的特征。如 FTP 协议,在 Ethereal 中其父结点是 TCP 协议,它的特征就是 TCP 协议的 port 字段为 21。当一个端口为 21 的 TCP 数据流来到时,首先由 TCP 协议注册的解析模块处理,处理完之后通过查找协议树找到自己协议下面的子协议,判断由哪个子协议来执行,找到正确的子协议后,就转交给 FTP 注册的解析模块处理。这样由根结点开始一层层解析下去。

由于采用了协议树加特征字的设计,这个系统在协议解析上有个很强的可扩展性,增加一个协议解析器只需要将解析函数挂到协议树的相应结点上即可。

3. 基于插件技术的协议分析器

所谓插件技术,就是在程序的设计开发过程中,把整个应用程序分成宿主程序和插件两个部分,宿主程序与插件能够相互通信,并且在宿主程序不变的情况下,可以通过增减插件或修改插件来调整应用程序的功能。运用插件技术可以开发出伸缩性良好、便于维护的应用程序。它著名的应用实例有微软的网络浏览器 IE、Java 开发工具之一 Eclipse 等。

由于现在网络协议种类繁多,为了可以随时增加新的协议分析器,一般的协议分析器都采用插件技术,这样如果需要对一个新的协议分析只需要开发编写这个协议分析器,并调用注册函数在系统注册就可以使用了。通过增加插件使程序有很强的扩展性,各个功能模块内聚。

在协议分析器中新增加一个协议插件一般需要插件安装或注册、插件初始化及插件处理 3 个步骤,下面以 Ethereal 为例分析如果利用插件技术新增加一个协议分析模块。

基于插件技术的 Ethereal,当一个新加入开发的程序员开发一种新的协议分析模块时不需要了解所有的代码,只需要写好这个协议模块的函数(函数格式为 proto_reg_handoff_XXX 的函数),在函数内调用注册函数时,告诉系统在什么时候需要调用这个协议模块。例如,事先写好一个名称为 dissect_myprot 的协议解析模块,它是用来解析 TCP 协议端口为 250 的数据。可以利用这些语句来将这个解析器注册到系统中:

```
proto_reg_handoff_myprot(void)
{
    dissector_handle_t myprot_handle;
    myprot_handle=create_dissector_handle(dissect_myprot, proto_myprot);
    dissector_add("tcp.port" , 250 , myprot_handle);
}
```

这段代码告诉系统,当 TCP 协议数据流端口为 250 时要调用 dissect_myprot 函数模块。在 Ethereal 中有一个脚本用于发现开发者定义的类似 proto_reg_handoff_XXX 这样的注册函数名,然后自动生成调用这些注册函数的代码。这样开发者不需要知道自己的注册函数如何被调用的,因此一个新的协议分析模块就加入到系统中了。

由于采用了插件方式,Ethereal 良好的结构设计让开发者只需要关心自己开发的协议模块,不需要关心整个系统结构,需要将模块整合进系统时,只需要编写一个注册函数即可,连初始化时调用这个注册函数都由脚本自动完成。正是因为有很好的体系结构,这个系统才能够开发出如此多的协议解析器。

尽管 Ethereal 是目前最好的开放源代码的网络分析系统,但 Ethereal 仍然有一些可以改进之处。在协议识别方面 Ethereal 大多采用端口识别,有少量协议采用内容识别。这就使得一些非标准端口的协议数据不能被正确解析出来。例如,FTP 协议如果不是 21 端口,Ethereal 就无法识别出来,只能作为 TCP 数据处理。另外,对于内容识别时,Ethereal 是将所有内容标识的函数组成一张入口表。每次协议数据需要内容识别时,按字母顺序逐个调用表中的每个识别函数。例如,对于识别 yahoo massanger 协议,主要看数据前几个字节是不是"ymsg"。由于协议名为y开头,所以当识别出协议时已经把所有内容识别函数调用了一遍。这些都是由于Ethereal没有实现TCP协议栈,无法做到流级别的识别,从而导致在协议识别方面存在缺陷。

1.8.3 实验内容与步骤

1. 实验设备

(1) FTP服务器一台,DNS服务器一台,Windows主机一台。

(2) IP校园网环境,网络电缆若干。

2. 实验拓扑图

如图1-37所示,在IPv4校园网环境中,DNS服务器为校园网用户提供域名解析服务,FTP服务器为校园网用户提供文件传输服务,在PC1上安装Wireshark等软件。

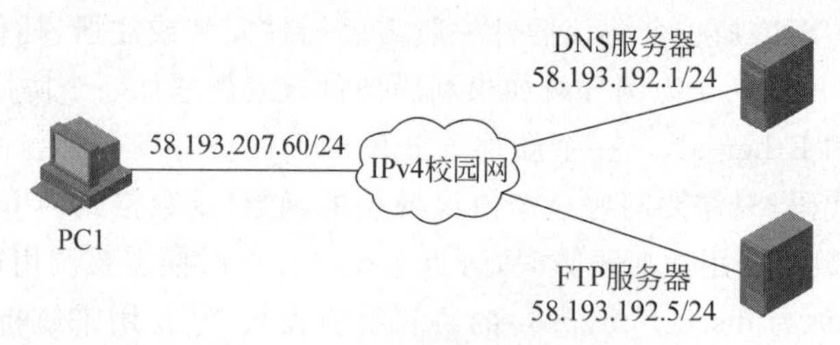

图1-37 STP协议实验拓扑图

(1) 安装网络协议分析软件Wireshark,如图1-38和1-39所示。

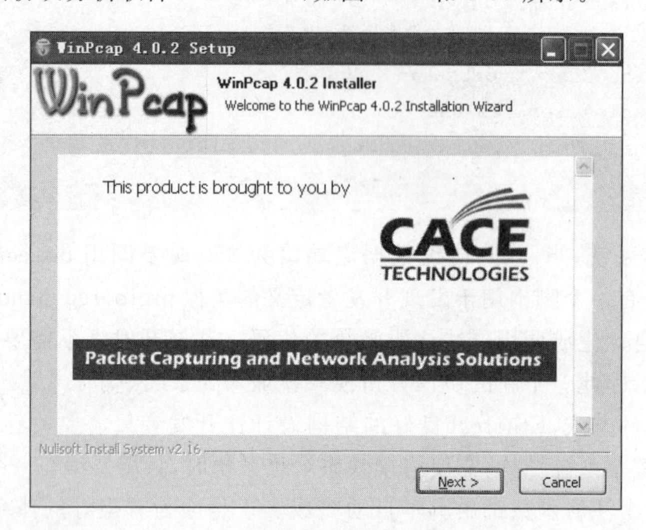

图1-38 安装插件WinPcap4.0.2

(2) 在如图1-40所示的窗口中配置捕获报文的选项,单击Start按钮,开始捕获报文。

(3) 在Windows主机上,使用FTP用户账号和密码进行登录到FTP服务器上,并完成一次文件的上传或下载操作。

(4) 单击"停止"按钮,让Wireshark停止捕获报文,配置过滤器,把源IP地址或目的IP地址设为本机IP地址,如图1-41所示。

(5) 分析以太网数据链路层帧的结构,如图1-42所示。

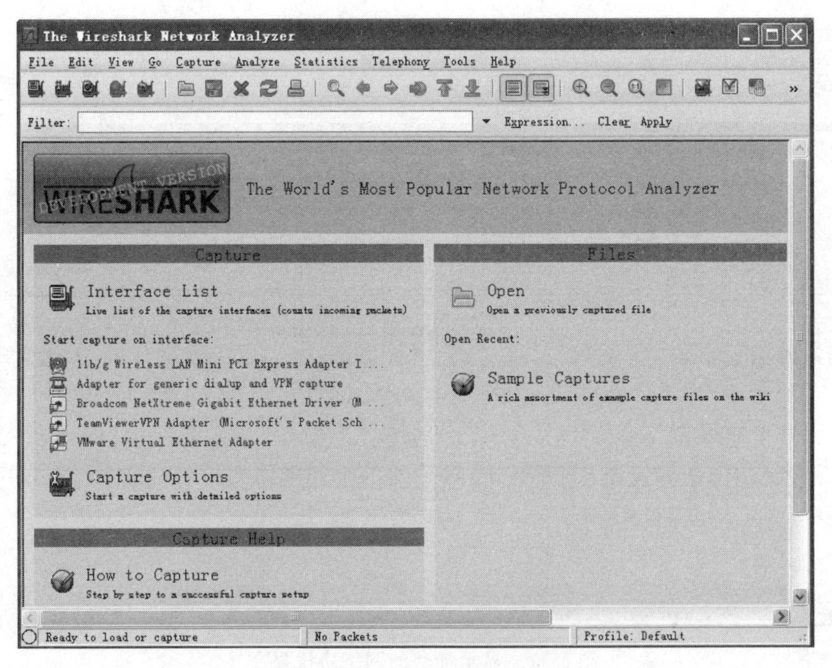

图 1-39　Wireshark 运行主界面

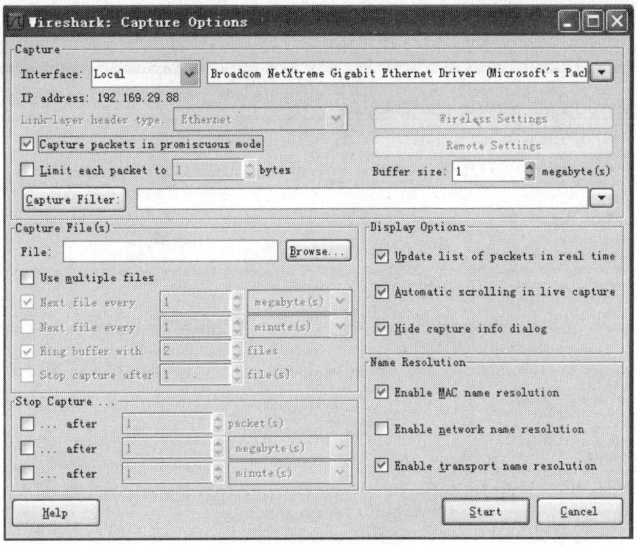

图 1-40　配置捕获报文的选项

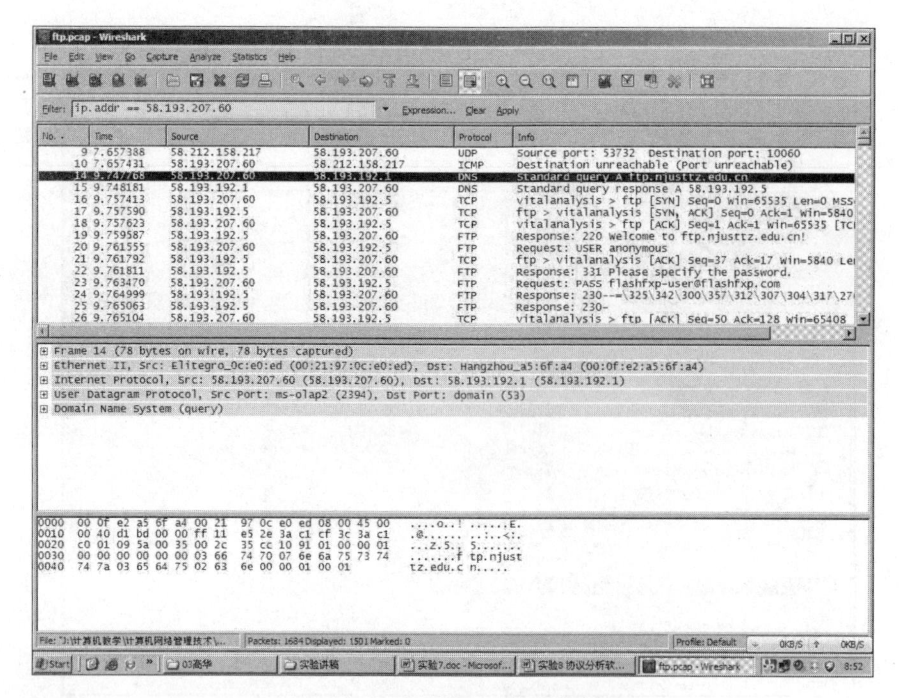

图 1-41　显示捕获的网络协议报文

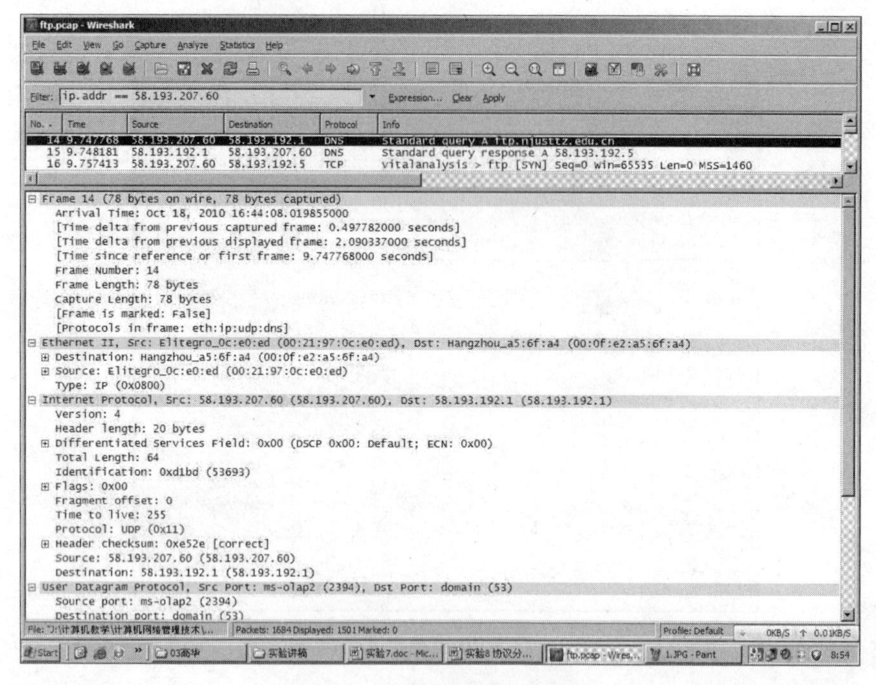

图 1-42　以太网数据帧的结构

(6) 分析 Windows 客户端 DNS 查询 FTP 服务器域名的解析过程，如图 1-43 所示。

(7) 分析 FTP 客户端登录 FTP 服务器，建立 TCP 连接的三次握手的过程，如图 1-44 所示。

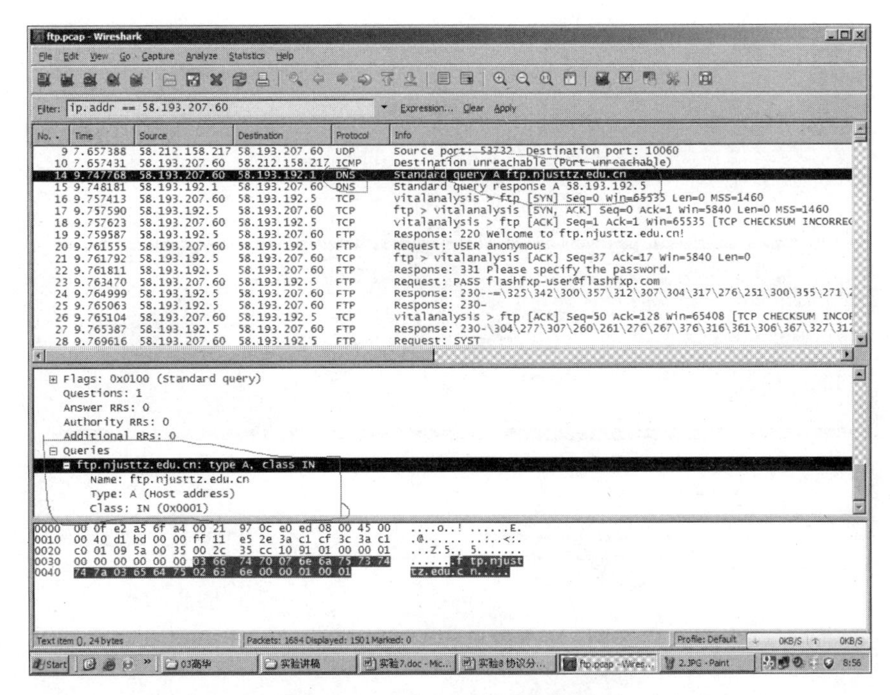

图 1-43　显示 DNS 域名解析过程

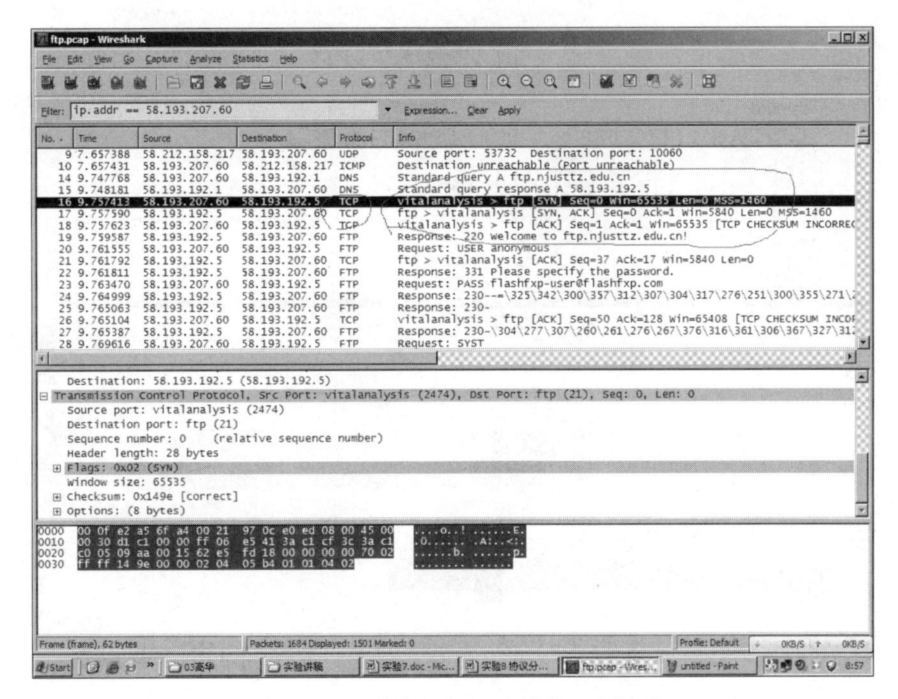

图 1-44　显示建立 TCP 连接的三次握手

(8) 分析 FTP 服务器对 FTP 用户进行身份验证过程，建立控制连接的过程，信息编码为 ASCII 模式，如图 1-45 所示。

(9) 分析 FTP 客户端与 FTP 服务器之间协商数据传输模式的过程，如图 1-46 所示。

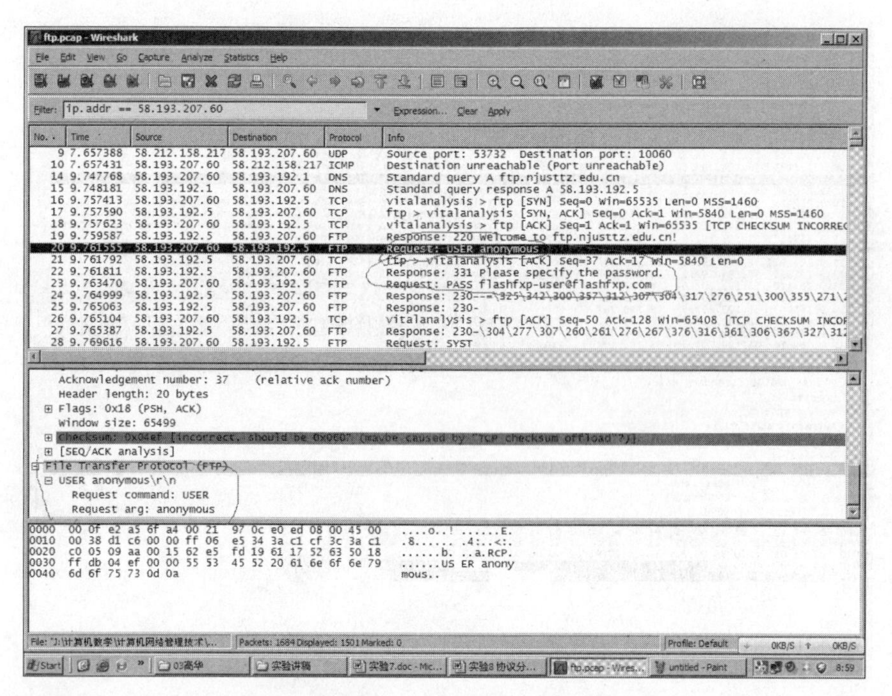

图 1-45　显示 FTP 服务器验证登录过程

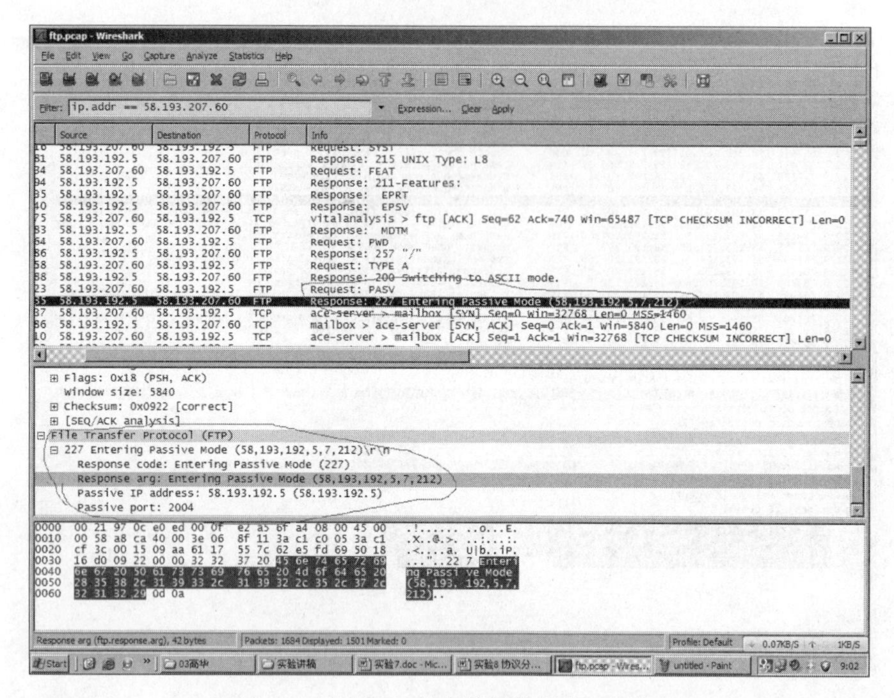

图 1-46　显示 FTP 协商传输数据的工作模式

(10) 分析 FTP 客户端与 FTP 服务器建立数据传输连接的过程,如图 1-47 所示。

(11) 单击“分析(Analyze)”菜单项,然后选择“跟踪 TCP 流(Follow TCP Stream)”命令,查看 TCP 流,如图 1-48 所示。

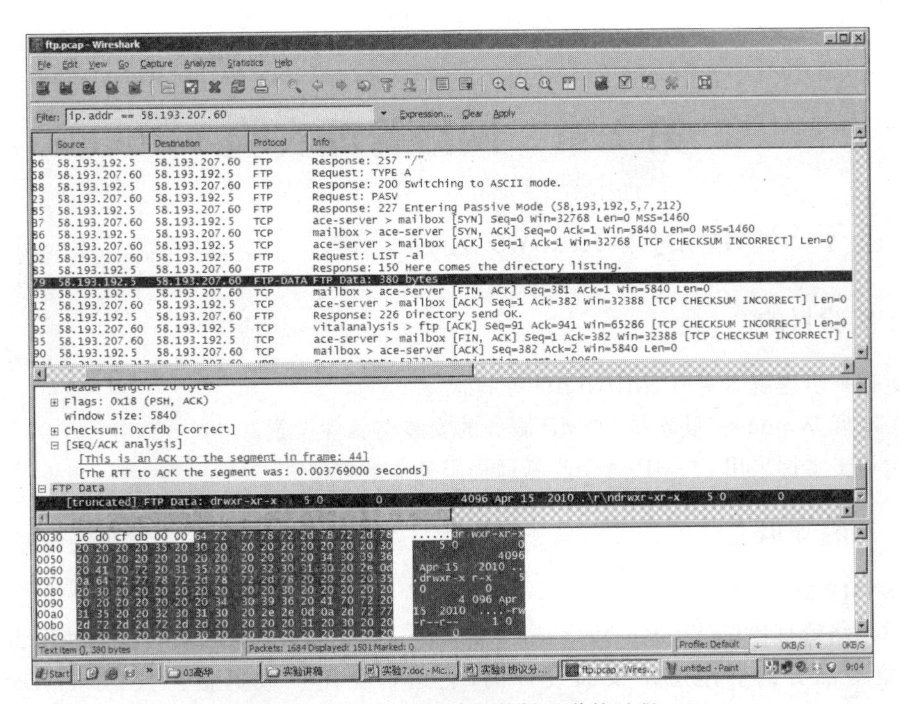

图 1-47　显示 FTP 建立数据通道的过程

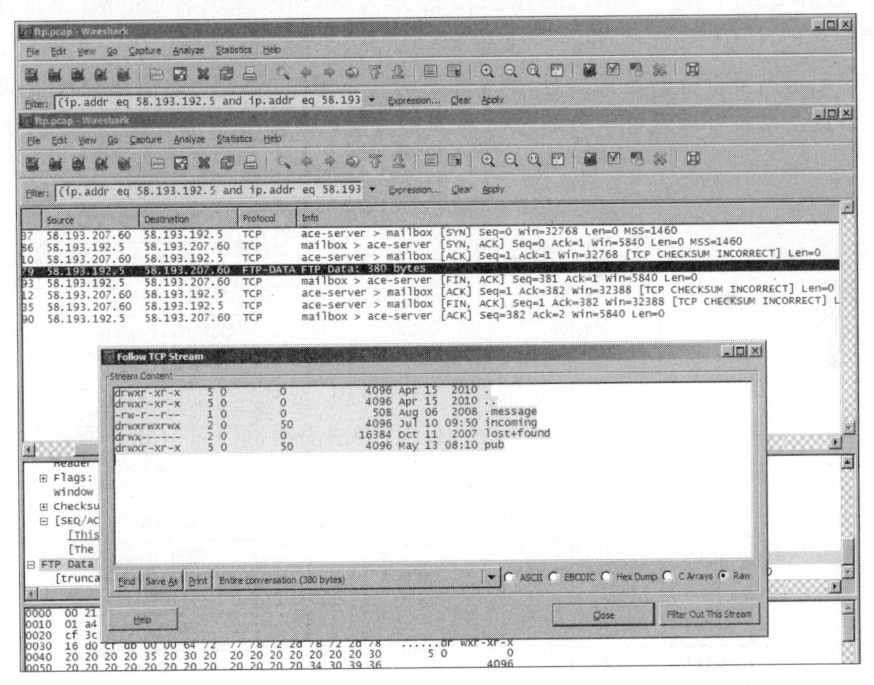

图 1-48　查看 TCP 流

第2章　网络管理实验

2.1　基于 SNMP 的 Windows 远程管理

2.1.1　实验目的

（1）进一步理解 SNMP、MIB、OID 等概念。

（2）掌握 Windows 服务器 SNMP 服务的安装与属性设置。

（3）初步掌握采用 SNMP 命令监测远程服务器的方法。

2.1.2　实验知识

1. SNMP 概述

简单网络管理协议（Simple Network Management Protocol，SNMP）是一种作为 TCP/IP 协议集一部分的应用层协议而设计的，它运行在用户数据报协议（User Datagram Protocol，UDP）之上，提供了一种从网络上的设备中收集网络管理信息的方法。SNMP 体系结构图如图 2-1 所示。SNMP 的体系结构分为 SNMP 管理者（SNMP Manager）和 SNMP 代理者（SNMP Agent），每一个支持 SNMP 的网络设备中都包含一个网管代理，网管代理随时记录网络设备的各种信息，网络管理程序再通过 SNMP 通信协议收集网管代理所记录的信息。从被管理设备中收集数据有两种方法：一种是轮询方法，另一种是基于中断的方法。

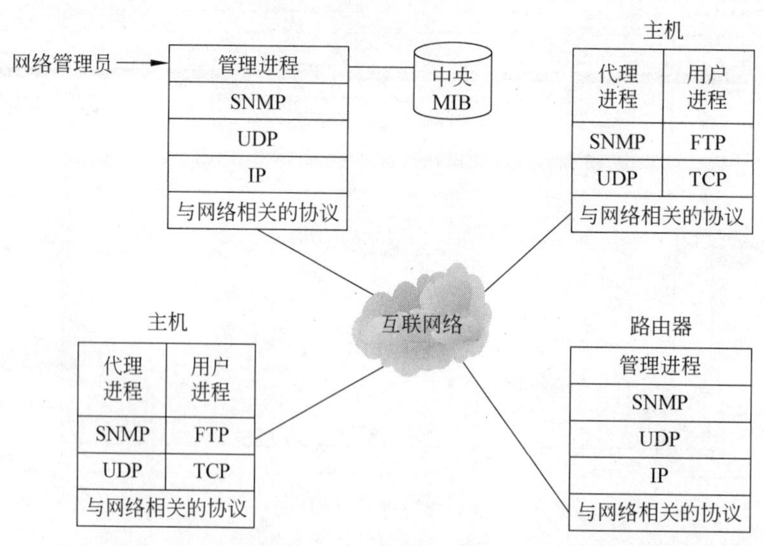

图 2-1　SNMP 体系结构图

SNMP 使用嵌入到网络设施中的代理软件来收集网络的通信信息和有关网络设备的统计数据。代理软件不断地收集统计数据，并把这些数据记录到一个管理信息库中。网络管理员通过向代理的MIB发出查询信号可以得到这些信息，这个过程称为轮询。为了能够全面地查看一天的通信流量和变化率，管理人员必须不断地轮询SNMP代理，每分钟就轮询一次。这样网络管理员可以使用SNMP来评价网络的运行状态，并分析出通信的趋势。例如，哪一个网段接近通信负载的最大能力或正在使用的通信出错等。先进的SNMP网管站甚至可以通过编程来自动关闭端口或采取其他矫正措施来处理历史的网络数据。

简单网络管理协议(SNMP)已经成为事实上的标准网络管理协议。由于SNMP首先是IETF的研究小组为了解决在因特网上的路由器管理问题提出的，因此许多人认为SNMP只能在IP上运行，但事实上，目前SNMP已经被设计成与协议无关的网管协议，所以它在IP、IPX、AppleTalk等协议上均可以使用。

2. 管理信息库

计算机网络管理涉及网络中的各种资源，包括两大类：硬件资源和软件资源。硬件资源是指物理介质、计算机设备和网络互联设备。软件资源主要包括操作系统、应用软件和通信软件。另外，软件资源还有路由器软件、网桥软件等。网络环境下资源的表示是网络管理的一个关键问题。

目前一般采用"被管对象(Managed Object)"来表示网络中的资源。被管对象的集合被称为管理信息库(Management Information DataBase，MIB)。不过应当注意的是，MIB仅是一个概念上的数据库，在实际网络中并不存在一个这样的库。目前网络管理系统的实现主要依靠被管对象和MIB，所以它们是网络管理中非常重要的概念。

MIB定义了一种对象数据库，由系统内的许多被管对象及其属性组成。通常，网络资源被抽象为对象进行管理。对象的集合被组织为MIB。MIB作为设在网管代理处的管理站访问点的集合，管理站通过读取MIB中对象的值来进行网络监控。管理站可以在网管代理处产生动作，也可以通过修改变量值改变网管代理处的配置。

MIB中的数据可大体分为三类：感测数据、结构数据和控制数据。

(1) 感测数据表示测量到的网络状态。感测数据是通过网络的监测过程获得的原始信息，包括结点队列长度、重发率、链路状态、呼叫统计等。这些数据是网络的计费管理、性能管理和故障管理的基本数据。

(2) 结构数据描述网络的物理和逻辑构成。对应感测数据，结构数据是静态的(变量缓慢的)网络信息，它包括网络拓扑结构、交换机和中继线的配置密钥、用户记录等。这些数据是网络的配置管理和安全管理的基本数据。

(3) 控制数据存储网络的操作设置。控制数据代表网络中的哪些可以调整参数的设置，如中继线的最大流、交换机输出链路业务分流比率、路由表等。控制数据主要用于网络的性能管理。

在现代网络管理模型中，管理信息库是网络管理系统的核心。网络操作员在管理网络时，只与MIB打交道，当他要对网络功能进行调整时，只需更新数据库中对应的数据即可，实际对物理网络的操作由数据库系统控制完成。现在有几种已经定义的通用的标准管理信息库，其中使用最广泛、最通用的MIB是MIB-II。

3. SNMP操作

SNMP管理体系结构由管理者(管理进程)、网管代理和管理信息库(MIB)3个部分组成。该体系结构的核心是MIB，MIB由网管代理维护并由管理者读写。管理者是管理指令的发出者,这些指令包括一些管理操作。管理者通过各设备的网管代理对网络内的各种设备、设施和资源实施监视和控制。网管代理负责管理指令的执行,并且以通知的形式向管理者报告被管对象发生的一些重要事件。代理具有两个基本功能:从 MIB 中读取各种变量值,在 MIB 中修改各种变量值。

SNMP 模型采用 ASN.1 语法结构描述对象以及进行信息传输。按照 ASN.1 命名方式,SNMP 代理维护的全部 MIB 对象组成一棵树(即 MIB-II 子树)。树中的每个结点都有一个标号(字符串)和一个数字,相同深度结点的数字按从左到右的顺序递增,而标号则互不相同。每个结点(MIB 对象)都是由对象标识符唯一确定的,对象标识符是从树根到该对象对应的结点的路径上的标号或数字序列。在传输各类数据时,SNMP 协议首先要把内部数据转换成 ASN.1 语法表示,然后发送出去,另一端收到此 ASN.1 语法表示的数据后也必须首先变成内部数据表示,然后才执行其他操作,这样就实现了不同系统之间的无缝通信。IETF RFC1155 的 SMI 规定了 MIB 能够使用的数据类型及如何描述和命名 MIB 中的管理对象类。SNMP 的 MIB 仅仅使用了 ASN.1 的有限子集。它采用了 4 种简单类型数据(INTEGER、OCTET STRING、NULL 和 OBJECT IDENTIFER)及两个构造类型数据(SEQUENCE 和 SEQUENCE OF)来定义 SNMP 的 MIB,所以 SNMP MIB 仅仅能够存储简单的数据类型:标量型和二维表型。SMI 采用 ASN.1 描述形式,定义了因特网 6 个主要的管理对象类:网络地址、IP 地址、时间标记、计数器、计量器和非透明数据类型。SMI 采用 ASN.1 中宏的形式来定义 SNMP 中对象的类型和值。

SNMP 实体不需要在发出请求后等待响应到来,是一个异步的请求/响应协议。SNMP 仅支持对管理对象值的检索和修改等简单操作,具体来讲,SNMPv1 支持以下 4 种操作。

(1) get:用于获取特定对象的值,提取指定的网络管理信息。

(2) get-next:通过遍历 MIB 树获取对象的值,提供扫描 MIB 树和依次检索数据的方法。

(3) set:用于修改对象的值,对管理信息进行控制。

(4) trap:用于通报重要事件的发生,代理通过它发送非请求性通知给一个或多个预配置的管理工作站,用于向管理者报告管理对象的状态变化。

以上 4 个操作中,前 3 个操作中的请求由管理员发给代理,需要代理发出响应给管理者;最后一个操作则由代理发给管理者,但并不需要管理者响应。

SNMP 在计算机网络应用非常广泛,虽已成为事实上的计算机网络管理的标准,但是 SNMP 还有许多自身难以克服的缺点:SNMP 不适合管理真正的大型网络,因为它是基于轮询机制的,在大型网络中效率很低;SNMP 的 MIB 模型不适合比较复杂的查询,不适合大量数据的查询;SNMP 的 trap 是无确认的,这样不能确保将那些非常严重的告警发送到管理者;SNMP 不支持如创建、删除等类型的操作,要完成这些操作,必须用 set 命令间接触发;SNMP 的安全管理较差;SNMP 定义了太多的管理对象类;管理者必须明白许多的管理对象类的准确含义。

2.1.3 实验内容与步骤

1. 实验设备

(1) Windows 主机一台,Windows Server 2003 服务器一台。

（2）H3C 3100 交换机一台，网络电缆若干。

2. 实验拓扑图

组建 SNMP 管理网络，如图 2-2 所示，使用二层交换机连接管理站和 SNMP 服务器。

图 2-2　SNMP 管理网络拓扑图

3. 配置 Windows Server 2003 服务器 SNMP 服务

（1）Windows Server 2003 服务器通过控制面板的添加或删除组件服务，选择安装 SNMP 服务组件，如图 2-3 所示。

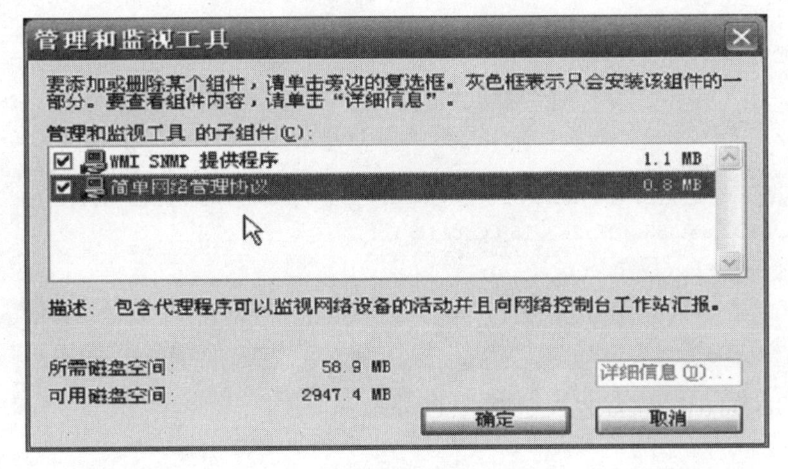

图 2-3　安装 SNMP 服务组件

（2）打开系统的"管理工具"→"服务"控制台，启动 SNMP Service 服务。

（3）配置 SNMP 服务属性，设置团体名称、监控主机 IP 地址列表，如图 2-4 所示。

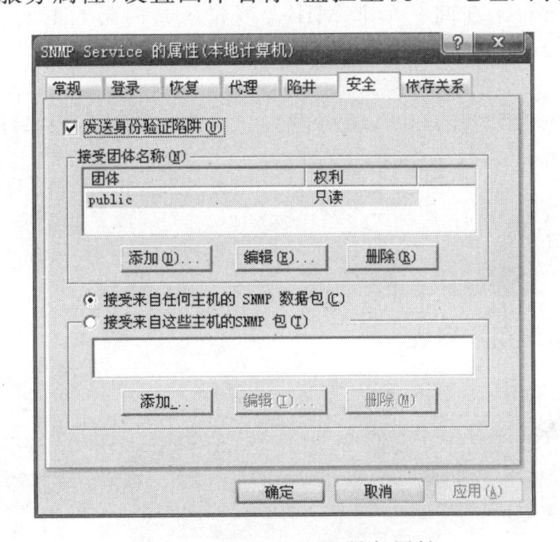

图 2-4　配置 SNMP 服务属性

4. 实验结果验证

MS-DOS命令行模式下,使用SNMP命令远程监控Windows 2003 Server服务器的信息。

(1) 测试远程主机存活状态。

```
C:\>ping 58.193.207.159
Pinging 58.193.207.159 with 32 bytes of data:
Reply from 58.193.207.159: bytes=32 time=1ms TTL=128
Ping statistics for 58.193.207.159:
    Packets: Sent=1, Received=1, Lost=0(0%loss),
Approximate round trip times in milli-seconds:
Minimum=1ms, Maximum=1ms, Average=1ms
```

(2) 了解MS-DOS命令行下snmputil命令的用法。

```
C:\>snmputil(按 Enter 键)
usage:  snmputil [get|getnext|walk] agent community oid [oid ...]
        snmputil trap

#用 GetRequest 查询变量 sysDescr(可省去 MIB-2 的标识符前缀  .1.3.6.1.2.1)
C:\>snmputil get 58.193.207.159 public 1.1.0
Variable =system.sysDescr.0
Value    =String Hardware: x86 Family 6 Model 15 Stepping 13 AT/AT COMPATIBLE -
Software: Windows Version 5.2(Build 3790 Multiprocessor Free)
```

(3) 用GetNextRequest查询变量sysDescr。

```
C:\>snmputil getnext 58.193.207.159 public 1.1.0
Variable =system.sysObjectID.0
Value    =ObjectID 1.3.6.1.4.1.311.1.1.3.1.2
```

(4) 用GetNextRequest查询一个非MIB-2变量(.1.3.6.1.4.1.77.0.1.3中的第一个“.”是必须的,否则程序就找到MIB-2中去了)。

```
C:\>snmputil getnext 58.193.207.159 public .1.3.6.1.4.1.77.0.1.3
Variable =. iso. org. dod. internet. private. enterprises. lanmanager. lanmgr - 2.
common.
comVersionMaj.0
Value    =String 5
```

(5) 用walk查看系统用户列表。

```
C:\>snmputil walk 58.193.207.159 public .1.3.6.1.4.1.77.1.2.25.1.1
Variable =. iso. org. dod. internet. private. enterprises. lanmanager. lanmgr - 2.
server.svUserTable.svUserEntry.svUserName.1.97
Value    =String a
```

```
Variable =.iso.org.dod.internet.private.enterprises.lanmanager.lanmgr-2.
server.svUserTable.svUserEntry.svUserName.1.98
Value    =String b

Variable =. iso. org. dod. internet. private. enterprises. lanmanager. lanmgr - 2.
server.svUserTable.svUserEntry.svUserName.5.71.117.101.115.116
Value    =String Guest

Variable =. iso. org. dod. internet. private. enterprises. lanmanager. lanmgr - 2.
server.svUserTable.svUserEntry.svUserName.13.65.100.109.105.110.105.115.116.
114.97.116.111.114
Value    =String Administrator

Variable =. iso. org. dod. internet. private. enterprises. lanmanager. lanmgr - 2.
server.svUserTable.svUserEntry.svUserName.16.83.85.80.80.79.82.84.95.51.56.56.
57.52.53.97.48
Value    =String SUPPORT_388945a0

End of MIB subtree.
```

(6) 用 walk 查看系统信息。

```
C:\>snmputil walk 58.193.207.159 public .1.3.6.1.2.1.1
Variable =system.sysDescr.0
Value    =String Hardware: x86 Family 6 Model 15 Stepping 13 AT/AT COMPATIBLE -
Software: Windows Version 5.2(Build 3790 Multiprocessor Free)

Variable=system.sysObjectID.0
Value    =ObjectID 1.3.6.1.4.1.311.1.1.3.1.2

Variable=system.sysUpTime.0
Value    =TimeTicks 29345

Variable=system.sysContact.0
Value    =String

Variable=system.sysName.0
Value    =String NEWYORK

Variable=system.sysLocation.0
Value    =String

Variable=system.sysServices.0
Value    =Integer32 76

End of MIB subtree.
```

2.2 三层交换机 VLAN 的配置与应用

2.2.1 实验目的

(1) 理解三层交换机的工作原理。

(2) 掌握三层交换机的功能和配置方法。

(3) 掌握二层交换机和三层交换机互联,实现不同 VLAN 之间的通信。

2.2.2 实验知识

VLAN(Virtual Local Area Network,虚拟局域网)是一种通过将局域网内的设备逻辑地划分几个网段,进行管理的技术。

按照交换机端口来定义 VLAN 用户,即 VLAN 从逻辑上把局域网交换机的端口进行了划分,然后对 VLAN 中 IP 地址进行子网的划分。VLAN 的划分分为单交换机 VLAN 的划分和多交换机 VLAN 的划分两种方式。单交换机 VLAN 是指在一台交换机上划分多个 VLAN,再将不同的端口指定到不同的 VLAN 中进行管理;多交换机 VLAN 的划分是同一个 VLAN 可以在多个交换机上,并且同一个交换机上的端口可以属于不同的 VLAN。

设置端口 VLAN 时需要考虑两个问题:一是 VLAN ID,每一个 VLAN 都需要一个唯一的 VLAN ID,不同类型的交换机在进行端口 VLAN 设置时,所提供的 VLAN ID 的值可能不同;二是 VLAN 所包含的成员。

单交换机所提供的端口数量有限,所以在实际应用中往往需要同时用到多台交换机,因此对多台交换机进行 VLAN 的划分管理是经常用到的技术。

多交换机之间 VLAN 实现通信,主要解决的问题是交换机端口之间的级联,需要将交换机级联的端口设置为 Trunk 端口。Trunk 端口的功能相当于一个公共通道,允许多个或者所有的 VLAN 数据帧通过。

划分了 VLAN 后,位于不同交换机的相同 VLAN 内的端口是可以通信的,而不同 VLAN 的端口之间是不能通信的。如果要实现不同 VLAN 之间的通信,则需要用到路由器或三层交换机实现不同 VLAN 之间的数据转发。

局域网内的通信是通过数据帧头部的目标主机的 MAC 地址来完成的。在使用 TCP/IP 协议的网络中,需要通过 ARP 地址解析协议来查找某一 IP 地址对应的 MAC 地址。而 ARP 是通过广播报文来实现的,如果广播报文无法到达目的地,那么就无法解析到 MAC 地址,进而无法直接通信。当计算机位于不同的 VLAN 时,就意味着计算机分别属于不同的广播域,所以不同 VLAN 中的计算机由于收不到彼此的广播报文就无法直接互相通信。

为了实现 VLAN 之间的通信,需要利用网络层的信息(IP 地址)来进行路由。在目前的网络互联设备中能完成路由功能的设备主要有路由器和三层交换机,在实际应用中三层交换机更为广泛。三层交换机是在二层交换机的基础上集成了路由功能,能够与二层交换机进行数据转发。与二层交换机不同的是,在三层交换机上可以设置 IP 地址。当给三层交换机虚接口配置 IP 地址后,就可以实现不同 VLAN 之间的通信了。三层交换机实现 VLAN 之间的通信是利用三层交换机的路由功能,通过识别数据包的 IP 地址,查找路由表进行路由选择。

本实验使用到的主要命令如下。

1. port *interface-list*

```
undo port interface-list
```

【视图】 VLAN 视图。

【参数】 *interface-list*：以太网端口列表，表示方式为 *interface-list*＝{*interface-type interface-number* [to *interface-type interface-number*]}<1-10>。

(1) interface-type 为端口类型，interface-number 为端口号。

(2) 关键字 to 表示指定一组连续的端口，to 之后的端口号要大于或等于 to 之前的端口号。

(3) <1-10>表示前面的参数最多可以重复输入 10 次。

【描述】 port 命令用来向 VLAN 中添加一个或一组端口，undo port 命令用来从 VLAN 中删除一个或一组端口。默认情况下，所有端口都已加入到系统默认的 VLAN 中。

2. interface *interface-type interface-number*

【视图】 系统视图。

【参数】

interface-type：端口类型。

interface-number：端口号，采用单板槽位号/子卡槽位号/端口号的格式。

【描述】 interface 命令用来进入以太网端口视图。用户要配置以太网端口的相关参数，必须先使用该命令进入以太网端口视图。

3. port access vlan *vlan-id*

```
undo port access vlan
```

【视图】 以太网端口视图。

【参数】 *vlan-id*：指定的 VLAN ID，取值范围为 1～4094。

【描述】 port access vlan 命令用来把 Access 端口加入到指定的 VLAN 中，undo port access vlan 命令用来把 Access 端口从指定 VLAN 中删除。

此命令使用时 vlan-id 所指定的 VLAN 必须存在。

4. port link-type {access|hybrid|trunk}

```
undo port link-type
```

【视图】 以太网端口视图。

【参数】

access：设置端口的链路类型为 Access。

hybrid：设置端口的链路类型为 Hybrid。

trunk：设置端口的链路类型为 Trunk。

【描述】 port link-type 命令用来设置以太网端口的链路类型，undo port link-type 命令用来将端口的链路类型恢复为默认的 Access。

3 种类型的端口可以共存在一台以太网交换机上，但 Trunk 端口和 Hybrid 端口之间不能直接切换，只能先设为 Access 端口，再设置为其他类型端口。例如，Trunk 端口不能直接被设置为 Hybrid 端口，只能先设置为 Access 端口，再设置为 Hybrid 端口。

默认情况下，所有端口的链路类型均为 Access。

5. port trunk permit vlan {vlan-id-list|all}

```
undo port trunk permit vlan {vlan-id-list|all}
```

【视图】 以太网端口视图。

【参数】

vlan-id-list：vlan-id-list=[vlan-id1 [to vlan-id2]]<1-10>，Trunk 端口加入 VLAN 的范围，可以是离散的，vlan-id 取值范围为 1～4094。<1-10>表示前面的参数最多可以重复输入 10 次。

all：将 Trunk 端口加入到所有 VLAN 中。

【描述】 port trunk permit vlan 命令用来将 Trunk 端口加入到指定的 VLAN，undo port trunk permit vlan 命令用来将 Trunk 端口从指定的 VLAN 中删除。

Trunk 端口可以属于多个 VLAN。如果多次使用 port trunk permit vlan 命令，那么 Trunk 端口上允许通过的 VLAN 是这些 vlan-id-list 的集合。

2.2.3 实验内容与步骤

1. 实验设备

(1) Windows XP 工作站 4 台，网络电缆若干。

(2) H3C S3610 交换机一台，H3C S3100 交换机两台。

2. 实验拓扑图

组建三层交换网络，如图 2-5 所示，将 PC1 的 NIC 连接到交换机 Switch1 的端口 Ethernet 1/0/1，PC2 的 NIC 连接到交换机端口 Switch1 的 Ethernet 1/0/2；再将 PC3 的 NIC 连接到 Switch2 的端口 Ethernet 1/0/2，PC4 的 NIC 连接到 Switch2 的端口 Ethernet

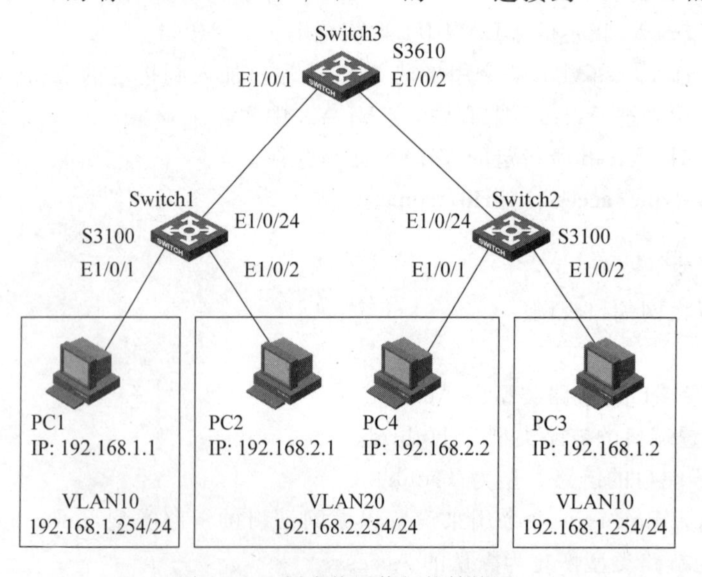

图 2-5 三层交换网络拓扑结构图

1/0/1;最后将交换机 Switch1 的端口 Ethernet 1/0/24 和交换机 Switch3 的端口 Ethernet 1/0/1 相连,交换机 Switch2 的端口 Ethernet 1/0/24 和交换机 Switch3 的端口 Ethernet 1/0/2 相连。

3. 三层交换机 Switch3 的配置

```
#进入系统视图
<Switch3 >system-view
#创建 VLAN 10
[Switch3]vlan 10
#配置 VLAN 10 接口 IP 地址
[Switch3-vlan10]interface vlan-interface 10
[Switch3 -Vlan-interface10]ip address 192.168.1.254 255.255.255.0
#创建 VLAN 2
[Switch3-vlan10]vlan 20
#配置 VLAN 20 接口 IP 地址
[Switch3-vlan20] interface vlan-interface 20
[Switch3 -Vlan-interface20]ip address 192.168.2.254 255.255.255.0
#在 Switch3 上用于与 Switch1 和 Switch2 级联的端口 Ethernet 1/0/1 和 Ethernet 1/0/2 分
别设为 Trunk 端口
[Switch3]interface ethernet 1/0/1
[Switch3-Ethernet1/0/1]port link-type trunk
[Switch3-Ethernet1/0/1]port trunk permit vlan 10 20
[Switch3-Ethernet1/0/1]quit
[Switch3]interface ethernet 1/0/2
[Switch3-Ethernet1/0/2]port link-type trunk
[Switch3-Ethernet1/0/2]port trunk permit vlan 10 20
[Switch3-Ethernet1/0/2]quit
```

4. 二层交换机 Switch1 的配置

```
#进入系统视图
<Switch1>system-view
#创建 VLAN 10,并将端口 Ethernet 1/0/1 添加到 VLAN 10 中
[Switch1]vlan 10
[Switch1-vlan10]port ethernet 1/0/1
#创建 VLAN 20,并将端口 Ethernet 1/0/2 添加到 VLAN 20 中
[Switch1-vlan10]vlan 20
[Switch1-vlan20]port ethernet 1/0/2
[Switch1-vlan20]quit
#在 Switch1 上将用于与 Switch3 进行级联的端口 Ethernet 1/0/24 设置为 Trunk 端口,并将
Trunk 端口加入到 VLAN 10 和 VLAN 20 中
[Switch1]interface Ethernet 1/0/24
[Switch1-Ethernet1/0/24]port link-type trunk
[Switch1-Ethernet1/0/24]port trunk permit vlan 10 20
[Switch1-Ethernet1/0/24]quit
```

5. 二层交换机 Switch2 的配置

```
#进入系统视图
<Switch2>system-view
#创建 VLAN 10,并将端口 Ethernet 1/0/2 添加到 VLAN 10 中
[Switch2]vlan 10
[Switch2-vlan10]port ethernet 1/0/2
#创建 VLAN 20,并将端口 Ethernet 1/0/1 添加到 VLAN 20 中
[Switch2-vlan10]vlan 20
[Switch2-vlan20]port ethernet 1/0/1
[Switch2-vlan20]quit
#在 Switch2 上将用于与 Switch3 进行级联的端口 Ethernet 1/0/24 设置为 Trunk 端口,并将
Trunk 端口加入到 VLAN 10 和 VLAN 20 中
[Switch2]interface ethernet 1/0/24
[Switch2-Ethernet1/0/24]port link-type trunk
[Switch2-Ethernet1/0/24]port trunk permit vlan 10 20
[Switch2-Ethernet1/0/24]quit
```

6. 实验结果验证

(1) 查看三层交换机 Switch3 的 VLAN 信息。

```
[Switch3]display vlan
Total 2 VLAN exist(s).
 The following VLANs exist:
  1(default), 10, 20
```

(2) 查看三层交换机 Switch3 的 MAC 地址表。

```
[Switch3]display mac-address
MAC ADDR        VLAN ID   STATE          PORT INDEX          AGING TIME(s)
000f-e219-d1cb   10       Learned        Ethernet1/0/1          AGING
000f-e226-1aeb   10       Learned        Ethernet1/0/2          AGING
000f-e226-1c29   20       Learned        Ethernet1/0/1          AGING
000f-e226-1d3a   20       Learned        Ethernet1/0/2          AGING
```

(3) 查看三层交换机 Switch3 的 ARP 表信息。

```
[Switch3]display arp
Type: S-Static     D-Dynamic
IP Address        MAC Address      VLAN ID     Interface               Aging Type
192.168.1.1      000f-e226-33b5     10          E1/0/1                   DIS   D
192.168.1.2      000f-e264-eb6b     10          E1/0/2                   DIS   D
192.168.2.1      000f-e264-ea5d     20          E1/0/1                   DIS   D
192.168.2.2      000f-e264-eb78     20          E1/0/2                   DIS   D
```

(4) 在 PC1 的“命令提示符”下输入“ping 192.168.1.2”,显示结果如下所示;反之,从

PC3 同样可以 ping 通 PC1。这说明两个相同子网的 PC 可以相互联通，VLAN 配置成功。

```
C:\Documents and Settings\Administrator>ping 192.168.1.2
Pinging 192.168.1.2 with 32 bytes of data:
Reply from 192.168.1.2: bytes=32 time=20ms TTL=253
Reply from 192.168.1.2: bytes=32 time=20ms TTL=253
Reply from 192.168.1.2: bytes=32 time=20ms TTL=253
Reply from 192.168.1.2: bytes=32 time=20ms TTL=253
Ping statistics for 192.168.2.1:
    Packets: Sent=4, Received=4, Lost=0(0%loss),
Approximate round trip times in milli-seconds:
    Minimum=20ms, Maximum=20ms, Average=20ms
```

(5) 在 PC1 的"命令提示符"下输入"ping 192.168.2.1"，显示结果如下所示；反之，从 PC2 同样可以 ping 通 PC1。这说明两个不同子网的 PC 可以相互联通，VLAN 配置成功。

```
C:\Documents and Settings\Administrator>ping 192.168.2.1
Pinging 192.168.2.1 with 32 bytes of data:
Reply from 192.168.2.1: bytes=32 time=20ms TTL=253
Reply from 192.168.2.1: bytes=32 time=20ms TTL=253
Reply from 192.168.2.1: bytes=32 time=20ms TTL=253
Reply from 192.168.2.1: bytes=32 time=20ms TTL=253
Ping statistics for 192.168.2.1:
    Packets: Sent=4, Received=4, Lost=0(0%loss),
Approximate round trip times in milli-seconds:
    Minimum=20ms, Maximum=20ms, Average=20ms
```

2.3　RIP 路由协议的配置与应用

2.3.1　实验目的

(1) 理解 RIP 路由协议的工作原理。
(2) 掌握 RIP 路由协议的配置方法。

2.3.2　实验知识

RIP 是路由信息协议(Routing Information Protocol)的缩写，采用距离向量(Distance-Vector, D-V)算法，通过 UDP 报文进行路由信息的交换，使用的端口号为 520，是应用最为广泛的内部网关协议。距离矢量算法就是相邻的路由器之间互相交换整个路由表，根据路由表进行矢量的叠加，从而最终计算出整个网络路由。RIP 协议通过使用 UDP 报文来发送和接收 RIP 分组。RIP 分组每隔 30 秒以广播的形式发送一次，为了防止出现"广播风暴"，其后续的分组将等待随机延时后发送。在 RIP 中，如果一个路由在 180 秒内未被刷新，则相应的距离就被设定成无穷大，并从路由表中删除该表项。

在默认情况下，RIP 协议使用跳数(Hop Count)作为度量值来衡量源和目的地之间的距离，路由器到与它直接相连网络的跳数为0，通过一个路由器可达的网络的跳数为1，其余以此类推。为限制收敛时间，RIP规定metric取值0～15之间的整数，跳数为16被定义为无穷大，即目的网络或主机不可达。

对于小型网络，RIP所占带宽开销小，易于配置、管理和实现。但RIP也有明显的不足，即当有多个网络时会出现环路问题。另外，若采用RIP协议，其网络内部所经过的链路数不能超过15，这使得RIP协议不适于大型网络。

RIP有两个版本：RIP-1和RIP-2。

RIP-1是有类别路由协议(Classful Routing Protocol)，只支持以广播方式发布协议报文。RIP-1的协议报文无法携带掩码信息，只能识别A、B、C类这样的自然网段的路由，因此RIP-1不支持不连续子网(Discontiguous Subnet)。

RIP-2是一种无类别路由协议(Classless Routing Protocol)，与RIP-1相比，它有以下优势。

(1) 支持路由标记，在路由策略中可根据路由标记对路由进行灵活的控制。

(2) 报文中携带掩码信息，支持路由聚合和CIDR(Classless Inter-Domain Routing，无类域间路由)。

(3) 支持指定下一跳，在广播网络上可以选择到最优下一跳地址。

(4) 支持组播路由发送更新报文，减少资源消耗。

(5) 支持对协议报文进行验证，并提供明文验证和MD5验证两种方式，增强安全性。

在本书中，如无特殊说明，都采用RIP-2协议进行实验。

本实验使用到的命令如下。

1. rip [*process-id*] [vpn-instance *vpn-instance-name*]

```
undo rip [process-id] [vpn-instance vpn-instance-name]
```

【视图】 系统视图。

【参数】

process-id：RIP进程号，取值范围为1～65535，默认值为1。

vpn-instance *vpn-instance-name*：指定VPN实例名，取值范围为1～31个字符，区分大小写。本参数的支持情况与设备的型号有关，以设备的实际情况为准。

【描述】 rip命令用来创建RIP进程并进入RIP视图，undo rip命令用来关闭RIP进程。

2. network *network-address*

```
undo network network-address
```

【视图】 RIP视图。

【参数】 *network-address*：指定网段的地址，其取值可以为各个接口的IP网络地址。

【描述】 network命令用来在指定网段接口上使能RIP，undo network命令用来对指定网段接口禁用RIP。RIP只在指定网段的接口上运行，对于不在指定网段上的接口，RIP既不在它上面接收和发送路由，也不将它的接口路由转发出去。因此，RIP启动后必须指定其工作网段。

3. version {1|2}

undo version

【视图】 RIP 视图。

【参数】

1：指定为 RIP-1 版本。

2：指定为 RIP-2 版本，RIP-2 报文的发送方式为组播方式。

【描述】 version 命令用来配置全局 RIP 版本，undo version 命令用来取消配置 RIP 全局版本。默认情况下，如果接口配置了 RIP 版本，以接口配置的为准；如果接口没有配置，接口只能发送 RIP-1 广播报文，可以接收 RIP-1 广播报文、RIP-1 单播报文、RIP-2 广播报文、RIP-2 组播报文、RIP-2 单播报文。

2.3.3　实验内容与步骤

1. 实验设备

(1) Windows 主机两台。

(2) H3C S3610 交换机一台，MSR2020 路由器两台，网络电缆若干。

2. 实验拓扑图

组建 RIP 网络，如图所 2-6 示，其中路由器 Router1 和 Router2 之间使用 V.35 DTE/DCE 线缆进行连接，三层交换机 Switch 中端口 Ethernet1/0/1～Ethernet1/0/2 属于 VLAN 20，而端口 Ethernet 1/0/24 属于 VLAN 10。

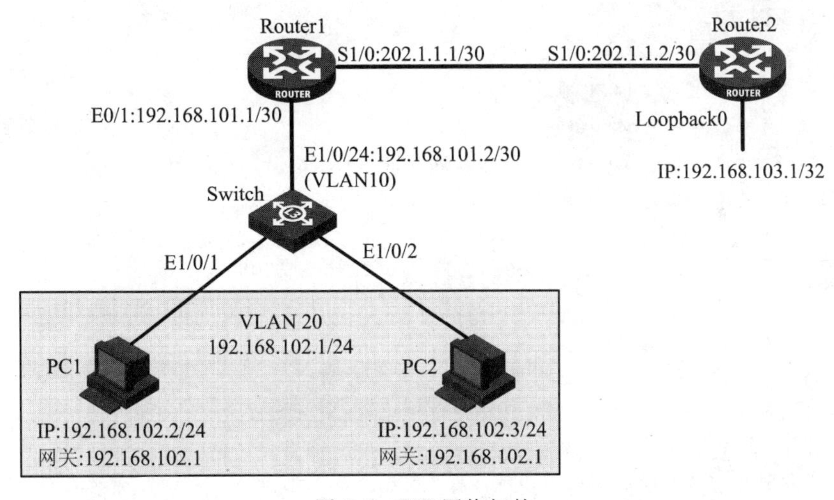

图 2-6　RIP 网络拓扑

3. 三层交换机 Switch 的配置

```
#进入系统视图
<Switch>system-view
#创建 VLAN 10,并配置接口 IP 地址
[Switch]vlan 10
```

```
#将端口 Ethernet 1/0/24 加入到 VLAN 10 中
[Switch-vlan10] port Ethernet 1/0/24
#配置 VLAN 10 接口 IP 地址
[Switch-vlan10]interface vlan-interface 10
[Switch -Vlan-interface10]ip address 192.168.101.2 255.255.255.252
#创建 VLAN 20,并配置接口 IP 地址
[Switch-vlan10]vlan 20
#将端口 Ethernet 1/0/1～Ethernet 1/0/2 加入到 VLAN 20 中
[Switch-vlan20] port Ethernet 1/0/1 to Ethernet 1/0/2
#配置 VLAN 20 接口 IP 地址
[Switch-vlan20] interface vlan-interface 20
[Switch -Vlan-interface20]ip address 192.168.102.1 255.255.255.0
#创建 RIP 进程 1 并进入 RIP 视图
[Switch]rip 1
#配置全局 RIP 版本为 version 2,并取消路由自动汇总功能
[Switch-rip-1]version 2
[Switch-rip-1]undo summary
#指定与三层交换机相连的网络地址加入 RIP 协议计算
[Switch-rip-1]network 192.168.101.0
[Switch-rip-1]network 192.168.102.0
```

4. 路由器 Router1 的配置

```
#进入系统视图
<Router1>system-view
#配置端口 Ethernet 0/1 的 IP 地址
[Router1]interface ethernet 0/1
[Router1-Ethernet0/1]ip address 192.168.101.1 255.255.255.252
#配置端口 Serial 1/0 的 IP 地址
[Router1-Ethernet0/1]interface serial 1/0
[Router1-Serial1/0]ip address 202.1.1.1 255.255.255.252
#创建 RIP 进程 1
[Router1-Serial1/0]rip 1
#配置全局 RIP 版本为 version 2,并取消路由自动汇总功能
[Router1-rip-1]version 2
[Router1-rip-1]undo summary
#指定与路由器相连的网段加入 RIP 协议计算
[Router1-rip-1]network 192.168.101.0
[Router1-rip-1]network 202.1.1.0
```

5. 路由器 Router2 的配置

```
#进入系统视图
<Router2>system-view
#配置设备环回接口 loopback 0 的 IP 地址
```

```
[Router2]interface loopback 0
[Router2-Loopback0]ip address 192.168.103.1 255.255.255.255
#配置端口 Serial 1/0 的 IP 地址
[Router2]interface serial 1/0
[Router2-Serial1/0]ip address 202.1.1.2 255.255.255.252
#创建 RIP 进程
[Router2-Serial1/0]rip
#配置全局 RIP 版本为 version 2,并取消路由自动汇总功能
[Router2-rip-1]version 2
[Router2-rip-1]undo summary
#指定与路由器相连的网段加入 RIP 协议计算
[Router2-rip-1]network 192.168.103.0
[Router2-rip-1]network 202.1.1.0
```

6. 实验结果验证

(1) 查看三层交换机 Switch 的路由表。

```
[Switch]display ip routing-table
Routing Tables: Public
        Destinations : 8        Routes : 8
Destination/Mask     Proto    Pre  Cost        NextHop          Interface
127.0.0.0/8          Direct    0    0          127.0.0.1        InLoop0
127.0.0.1/32         Direct    0    0          127.0.0.1        InLoop0
192.168.101.0/24     Direct    0    0          192.168.101.2    Vlan10
192.168.101.2/32     Direct    0    0          127.0.0.1        InLoop0
192.168.102.0/24     Direct    0    0          192.168.102.1    Vlan20
192.168.102.1/32     Direct    0    0          127.0.0.1        InLoop0
192.168.103.0/24     RIP      100   2          192.168.101.1    Vlan10
202.1.1.0/30         RIP      100   1          192.168.101.1    Vlan10
```

从上面的信息中可以看出,交换机 Switch 的路由表中有两条协议类型为 RIP 的路由项,目的网络地址分别为 192.168.103.0/24 和 202.1.1.0/24,下一跳 IP 地址都为 192.168.101.1,另外 RIP 协议的路由优先级为 100。

(2) 查看路由器 Router1 的路由表。

```
[Router1] display ip routing-table
Routing Tables: Public
        Destinations : 9        Routes : 9
Destination/Mask     Proto    Pre  Cost        NextHop          Interface
127.0.0.0/8          Direct   0     0          127.0.0.1        InLoop0
127.0.0.1/32         Direct   0     0          127.0.0.1        InLoop0
192.168.101.0/24     Direct   0     0          192.168.101.1    Eth0/1
192.168.101.1/32     Direct   0     0          127.0.0.1        InLoop0
192.168.102.0/24     RIP      100   1          192.168.101.2    Eth0/1
```

```
192.168.103.0/24     RIP    100   1            202.1.1.2        S1/0
202.1.1.0/24         Direct  0    0            202.1.1.1        S1/0
202.1.1.1/32         Direct  0    0            127.0.0.1        InLoop0
202.1.1.2/32         Direct  0    0            202.1.12         S1/0
```

(3) 查看路由器 Router2 的路由表。

```
[Router2] display ip routing-table
Routing Tables: Public
       Destinations : 9        Routes : 9
Destination/Mask     Proto    Pre  Cost      NextHop          Interface
127.0.0.0/8          Direct     0  0         127.0.0.1        InLoop0
127.0.0.1/32         Direct     0  0         127.0.0.1        InLoop0
192.168.101.0/24     RIP      100  1         202.1.1.1        S1/0
192.168.102.0/24     RIP      100  2         202.1.1.1        S1/0
192.168.103.1/32     Direct     0  0         127.0.0.1        InLoop0
202.1.1.0/24         Direct     0  0         202.1.1.2        S1/0
202.1.1.1/32         Direct     0  0         202.1.1.1        S1/0
202.1.1.2/32         Direct     0  0         127.0.0.1        InLoop0
```

(4) 在 PC1 的"命令提示符"下输入"ping 192. 168. 103. 1",显示结果如下所示;反之,从 PC3 同样可以 ping 通 PC1 和 PC2。这说明两个不同子网的 PC 可以相互联通,RIP 路由配置成功。

```
C:\Documents and Settings\Administrator>ping 192.168.103.1
Pinging 192.168.103.1 with 32 bytes of data:
Reply from 192.168.103.1: bytes=32 time=20ms TTL=253
Reply from 192.168.103.1: bytes=32 time=20ms TTL=253
Reply from 192.168.103.1: bytes=32 time=20ms TTL=253
Reply from 192.168.103.1: bytes=32 time=20ms TTL=253
Ping statistics for 192.168.103.1:
    Packets: Sent=4, Received=4, Lost=0(0%loss),
Approximate round trip times in milli-seconds:
    Minimum=20ms, Maximum=20ms, Average=20ms
```

2.4 OSPF 路由协议的配置与应用

2.4.1 实验目的

(1) 理解 OSPF 路由协议的工作原理。

(2) 掌握 OSPF 路由协议的配置方法。

2.4.2 实验知识

OSPF(Open Shortest Path First,开放最短路径优先)是 IETF 组织开发的一个基于链路状态的内部网关协议。目前针对 IPv4 协议使用的是 OSPF Version 2(RFC 2328)。

OSPF 协议相比于 RIP 协议具有许多先进特征。OSPF 的核心就是使用一个链路状态信息洪泛的链路状态协议和 Dijkstra 最短路径算法。在 OSPF 中,一台路由器构建了一幅关于整个自治系统的完整拓扑图,接着路由器在本地运行 Dijkstra 算法,以确定自身到各子网的最短路径。

使用 OSPF 协议时,路由器向自治系统内除自身外的所有路由器广播路由信息。每当有链路的状态发生变化时,路由器就会再次广播链路状态信息;另外,如果链路状态没有改变,路由器也要周期性地广播链路状态。

本实验使用到的命令如下。

1. ospf [*process-id* | router-id *router-id* | vpn-instance *instance-name*] *

```
undo ospf [process-id]
```

【视图】 系统视图。

【参数】

process-id:OSPF 进程号,取值范围为 1～65535,默认值为 1。

router-id:OSPF 进程使用的 Router ID,点分十进制形式。

instance-name:OSPF 进程绑定的 VPN 实例名称,为 1～31 个字符的字符串。该参数的支持情况与设备的型号有关,以设备的实际情况为准。

【描述】 ospf 命令用来启动 OSPF 进程,undo ospf 命令用来关闭 OSPF 进程。

默认情况下,系统没有运行 OSPF 协议。通过指定不同的进程号,可以在一台路由器上运行多个 OSPF 进程。这种情况下,建议使用命令中的 router-id 为不同进程指定不同的 Router ID。如果将 OSPF 用于 MPLS VPN 解决方案的 VPN 内部路由协议,需要将 OSPF 进程与 VPN 实例进行绑定。必须先运行 OSPF 协议才能配置相关参数。

2. area *area-id*

```
undo area area-id
```

【视图】 OSPF 视图。

【参数】 *area-id*:区域的标识,可以是十进制整数(取值范围为 0～4294967295,系统会将其处理成 IP 地址格式)或者 IP 地址格式。

【描述】 area 命令用来创建 OSPF 区域并进入 OSPF 区域视图,undo area 命令用来删除指定区域。默认情况下,没有配置 OSPF 区域。

3. network *ip-address wildcard-mask*

```
undo network ip-address wildcard-mask
```

【视图】 OSPF 区域视图。

【参数】

ip-address:接口所在的网段地址。

wildcard-mask:IP 地址掩码的反码,相当于将 IP 地址的掩码取反(0 变 1,1 变 0)。其中,“1”表示忽略 IP 地址中对应的位,“0”表示必须保留此位(例如,子网掩码为 255.0.0.0,该掩码的通配符掩码为 0.255.255.255)。

【描述】 network 命令用来配置 OSPF 区域所包含的网段并在指定网段的接口上使能 OSPF，undo network 命令用来删除运行 OSPF 协议的接口。默认情况下，接口不属于任何区域且 OSPF 功能处于关闭状态。该命令可以在一个区域内配置一个或多个接口。在接口上运行 OSPF 协议，此接口的主 IP 地址必须在 network 命令指定的网段范围之内。如果此接口只有从 IP 地址在 network 命令指定的网段范围之内，接口不运行 OSPF 协议。

2.4.3 实验内容与步骤

1. 实验设备

(1) Windows 主机一台，安装超级终端程序。

(2) H3C S3610 交换机一台，MSR2020 路由器 3 台，网络电缆若干。

2. 实验拓扑图

组建 OSPF 网络，如图 2-7 所示，自治系统 AS 被划分为 3 个区域，其中路由器 Router1 和 Router2 之间使用 V.35 DTE/DCE 线缆进行连接，路由器 Router2 和 Router3 之间使用双绞线连接，三层交换机 S3610 和路由器 MSR2020 均配置设备环回接口 loopback x 模拟终端主机。

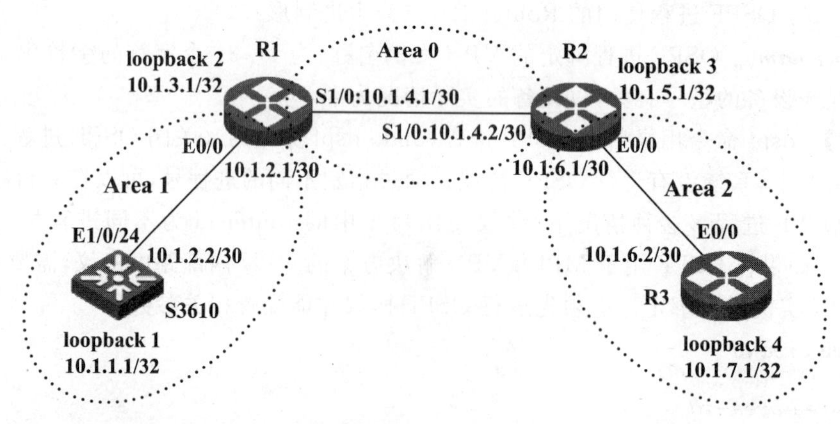

图 2-7 OSPF 网络拓扑图

3. 三层交换机 Switch 的配置

```
#进入系统视图
<S3610>system-view
#创建 VLAN 10,并配置接口 IP 地址
[S3610]vlan 10
[S3610-vlan10] interface vlan-interface 10
[S3610-Vlan-interface10]ip address 10.1.2.2 30
#将端口 Ethernet 1/0/24 加入到 VLAN 10 中
[S3610-Vlan-interface10]vlan 10
[S3610-vlan10]port Ethernet 1/0/24
#配置设备环回接口 loopback 1 的 IP 地址
[S3610]interface loopback 1
[S3610-Loopback1]ip address 10.1.1.1 32
```

```
#配置交换机 Router-ID
[S3610]router id 1.1.1.1
#创建 OSPF 进程 1 并进入 OSPF 视图
[S3610]ospf 1
#向 OSPF 路由表中引入直连路由
[S3610-ospf-1]import-route direct
#在 OSPF 视图下创建区域 1 并进入区域视图
[S3610-ospf-1]area 1
#指定属于该区域的接口网段
[S3610-ospf-1-area-1.1.1.1]network 10.1.2.0 0.0.0.3
```

4．路由器 Router1 的配置

```
#进入系统视图
<Router1>system-view
#配置端口 Ethernet 0/0 的 IP 地址
[Router1]interface ethernet 0/0
[Router1-Ethernet0/0]ip address 10.1.2.1 30
#配置端口 Serial 1/0 的 IP 地址
[Router1-Ethernet0/1]interface serial 1/0
[Router1-Serial1/0]ip address 10.1.4.1 30
#配置设备环回接口 loopback 2 的 IP 地址
[Router1]interface loopback 2
[Router1-Loopback2]ip address 10.1.3.1 32

#配置路由器 Router-ID
[Router1]router id 2.2.2.2
#创建 OSPF 进程 1 并进入 OSPF 视图
[Router1]ospf 1
#向 OSPF 路由表中引入直连路由
[Router1-ospf-1]import-route direct
#在 OSPF 视图下创建区域 0 并进入区域视图
[Router1-ospf-1]area 0
#指定属于该区域的接口网段
[Router1-ospf-1-area-0.0.0.0]network 10.1.4.0 0.0.0.3
#在 OSPF 视图下创建区域 1 并进入区域视图
[Router1-ospf-1]area 1
#指定属于该区域的接口网段
[Router1-ospf-1-area-1.1.1.1]network 10.1.2.0 0.0.0.3
```

5．路由器 Router2 的配置

```
#进入系统视图
<Router2>system-view
#配置端口 Ethernet 0/0 的 IP 地址
```

```
[Router2]interface ethernet 0/0
[Router2-Ethernet0/0]ip address 10.1.6.1 30
#配置端口 Serial 1/0 的 IP 地址
[Router2]interface serial 1/0
[Router2-Serial1/0]ip address 10.1.4.2 30
#配置设备环回接口 loopback 3 的 IP 地址
[Router2]interface loopback 3
[Router2-Loopback3]ip address 10.1.5.1 32

#配置路由器 Router-ID
[Router2-Serial1/0]quit
[Router2]router id 3.3.3.3
#创建 OSPF 进程 1 并进入 OSPF 视图
[Router2]ospf 1
#向 OSPF 路由表中引入直连路由
[Router2-ospf-1]import-route direct
#在 OSPF 视图下创建区域 0 并进入区域视图
[Router2-ospf-1]area 0
#指定属于该区域的接口网段
[Router2-ospf-1-area-0.0.0.0]network 10.1.4.0 0.0.0.3
#在 OSPF 视图下创建区域 1 并进入区域视图
[Router2-ospf-1]area 2
#指定属于该区域的接口网段
[Router2-ospf-1-area-2.2.2.2]network 10.1.6.0 0.0.0.3
```

6. 路由器 Router3 的配置

```
#进入系统视图
<Router3>system-view
#配置端口 Ethernet 0/0 的 IP 地址
[Router3]interface ethernet 0/0
[Router3-Ethernet0/0]ip address 10.1.6.2 30
#配置设备环回接口 loopback 4 的 IP 地址
[Router3]interface loopback 3
[Router3-Loopback3]ip address 10.1.7.1 32

#配置路由器 Router-ID
[Router3-Serial1/0]quit
[Router3]router id 4.4.4.4
#创建 OSPF 进程 1 并进入 OSPF 视图
[Router3]ospf 1
#向 OSPF 路由表中引入直连路由
[Router3-ospf-1]import-route direct
#在 OSPF 视图下创建区域 2 并进入区域视图
```

```
[Router3-ospf-1]area 2
#指定属于该区域的接口网段
[Router3-ospf-1-area-2.2.2.2]network 10.1.6.0 0.0.0.3
```

7. 实验结果验证

(1) 查看三层交换机 S3610 的路由表。

```
[S3610] display ip routing-table
    Destinations : 12     Routes : 12
Destination/Mask     Proto     Pre     Cost          NextHop         Interface
10.1.1.1/32          Direct    0       0             127.0.0.1       InLoop0
10.1.2.0/30          Direct    0       0             10.1.2.2        Vlan10
10.1.2.2/32          Direct    0       0             127.0.0.1       InLoop0
10.1.3.1/32          O_ASE     150     1             10.1.2.1        Vlan10
10.1.4.0/30          OSPF      10      1563          10.1.2.1        Vlan10
10.1.4.1/32          O_ASE     150     1             10.1.2.1        Vlan10
10.1.4.2/32          O_ASE     150     1             10.1.2.1        Vlan10
10.1.5.1/32          O_ASE     150     1             10.1.2.1        Vlan10
10.1.6.0/30          OSPF      10      1564          10.1.2.1        Vlan10
10.1.7.1/32          O_ASE     150     1             10.1.2.1        Vlan10
127.0.0.0/8          Direct    0       0             127.0.0.1       InLoop0
127.0.0.1/32         Direct    0       0             127.0.0.1       InLoop0
```

(2) 查看路由器 Router1 的路由表。

```
[Router1] display ip routing-table
Routing Tables: Public
        Destinations : 12        Routes : 12
Destination/Mask     Proto     Pre     Cost          NextHop         Interface
10.1.1.1/32          O_ASE     150     1             10.1.2.2        Eth0/0
10.1.2.0/30          Direct    0       0             10.1.2.1        Eth0/0
10.1.2.1/32          Direct    0       0             127.0.0.1       InLoop0
10.1.3.1/32          Direct    0       0             127.0.0.1       InLoop0
10.1.4.0/30          Direct    0       0             10.1.4.1        S1/0
10.1.4.1/32          Direct    0       0             127.0.0.1       InLoop0
10.1.4.2/32          Direct    0       0             10.1.4.2        S1/0
10.1.5.1/32          O_ASE     150     1             10.1.4.2        S1/0
10.1.6.0/30          OSPF      10      1563          10.1.4.2        S1/0
10.1.7.1/32          O_ASE     150     1             10.1.4.2        S1/0
127.0.0.0/8          Direct    0       0             127.0.0.1       InLoop0
127.0.0.1/32         Direct    0       0             127.0.0.1       InLoop0
```

(3) 查看路由器 Router2 的路由表。

```
[Router2] display ip routing-table
Routing Tables: Public
```

```
    Destinations : 12    Routes : 12
Destination/Mask    Proto   Pre   Cost        NextHop        Interface
10.1.1.1/32         O_ASE   150   1           10.1.4.1       S1/0
10.1.2.0/30         OSPF    10    1563        10.1.4.1       S1/0
10.1.3.1/32         O_ASE   150   1           10.1.4.1       S1/0
10.1.4.0/30         Direct  0     0           10.1.4.2       S1/0
10.1.4.1/32         Direct  0     0           10.1.4.1       S1/0
10.1.4.2/32         Direct  0     0           127.0.0.1      InLoop0
10.1.5.1/32         Direct  0     0           127.0.0.1      InLoop0
10.1.6.0/30         Direct  0     0           10.1.6.1       Eth0/0
10.1.6.1/32         Direct  0     0           127.0.0.1      InLoop0
10.1.7.1/32         O_ASE   150   1           10.1.6.2       Eth0/0
127.0.0.0/8         Direct  0     0           127.0.0.1      InLoop0
127.0.0.1/32        Direct  0     0           127.0.0.1      InLoop0
```

（4）查看路由器 Router3 的路由表。

```
[Router3] display ip routing-table
Routing Tables: Public
        Destinations : 12       Routes : 12
Destination/Mask    Proto   Pre   Cost        NextHop        Interface
10.1.1.1/32         O_ASE   150   1           10.1.6.1       Eth0/0
10.1.2.0/30         OSPF    10    1564        10.1.6.1       Eth0/0
10.1.3.1/32         O_ASE   150   1           10.1.6.1       Eth0/0
10.1.4.0/30         OSPF    10    1563        10.1.6.1       Eth0/0
10.1.4.1/32         O_ASE   150   1           10.1.6.1       Eth0/0
10.1.4.2/32         O_ASE   150   1           10.1.6.1       Eth0/0
10.1.5.1/32         O_ASE   150   1           10.1.6.1       Eth0/0
10.1.6.0/30         Direct  0     0           10.1.6.2       Eth0/0
10.1.6.2/32         Direct  0     0           127.0.0.1      InLoop0
10.1.7.1/32         Direct  0     0           127.0.0.1      InLoop0
127.0.0.0/8         Direct  0     0           127.0.0.1      InLoop0
127.0.0.1/32        Direct  0     0           127.0.0.1      InLoop0
```

上述路由表的信息显示，OSPF 协议规定了自治系统的内部路由和通过 OSPF 协议获知的路由的优先级要高于通过 ASBR 引入的路由的优先级。

（5）查看路由器 Router1 的 OSPF 进程信息和路由表。

```
<R1>display ospf 1 peer
                   OSPF Process 1 with Router ID 2.2.2.2
                         Neighbor Brief Information
 Area: 0.0.0.0
 Router ID      Address        Pri  Dead-Time  Interface      State
 3.3.3.3        10.1.4.2       1    39         S1/0           Full/ -
```

```
 Area: 0.0.0.1
 Router ID       Address          Pri  Dead-Time  Interface       State
 1.1.1.1         10.1.2.2         1    35         Eth0/0          Full/BDR
<R1>display ospf 1 lsdb

        OSPF Process 1 with Router ID 2.2.2.2
                Link State Database
                        Area: 0.0.0.0
 Type      LinkState ID    AdvRouter          Age  Len   Sequence   Metric
 Router    3.3.3.3         3.3.3.3            1390  48   80000003       0
 Router    2.2.2.2         2.2.2.2            1389  48   80000003       0
 Sum-Net   10.1.2.0        2.2.2.2            1395  28   80000001       1
 Sum-Net   10.1.6.0        3.3.3.3            1396  28   80000001       1
 Sum-Asbr 1.1.1.1          2.2.2.2            1395  28   80000001       1
 Sum-Asbr 4.4.4.4          3.3.3.3            1351  28   80000001       1
                        Area: 0.0.0.1
 Type      LinkState ID    AdvRouter          Age  Len   Sequence   Metric
 Router    1.1.1.1         1.1.1.1            1399  36   80000003       0
 Router    2.2.2.2         2.2.2.2            1395  36   80000005       0
 Network   10.1.2.1        2.2.2.2            1400  32   80000001       0
 Sum-Net   10.1.6.0        2.2.2.2            1376  28   80000001    1563
 Sum-Net   10.1.4.0        2.2.2.2            1395  28   80000001    1562
 Sum-Asbr 3.3.3.3          2.2.2.2            1376  28   80000001    1562
 Sum-Asbr 4.4.4.4          2.2.2.2            1350  28   80000001    1563

                AS External Database
 Type      LinkState ID    AdvRouter          Age  Len   Sequence   Metric
 External  10.1.4.0        2.2.2.2            1401  36   80000001       1
 External  10.1.4.2        2.2.2.2            1401  36   80000001       1
 External  10.1.2.0        2.2.2.2            1457  36   80000001       1
 External  10.1.3.1        2.2.2.2            1457  36   80000001       1
 External  10.1.6.0        3.3.3.3            1404  36   80000001       1
 External  10.1.6.0        4.4.4.4            1402  36   80000001       1
 External  10.1.7.1        4.4.4.4            1427  36   80000001       1
 External  10.1.4.1        3.3.3.3            1402  36   80000001       1
 External  10.1.4.0        3.3.3.3            1403  36   80000001       1
 External  10.1.5.1        3.3.3.3            1405  36   80000001       1
 External  10.1.2.0        1.1.1.1            1446  36   80000001       1
 External  10.1.1.1        1.1.1.1            1446  36   80000001       1

<R1>display ospf 1 routing
        OSPF Process 1 with Router ID 2.2.2.2
                Routing Tables
 Routing for Network
```

```
Destination         Cost      Type     NextHop          AdvRouter       Area
10.1.6.0/30         1563      Inter    10.1.4.2         3.3.3.3         0.0.0.0
10.1.2.0/30         1         Transit  10.1.2.1         2.2.2.2         0.0.0.1
10.1.4.0/30         1562      Stub     10.1.4.1         2.2.2.2         0.0.0.0

Routing for ASEs
Destination         Cost      Type     Tag          NextHop          AdvRouter
10.1.1.1/32         1         Type2    1            10.1.2.2         1.1.1.1
10.1.4.1/32         1         Type2    1            10.1.4.2         3.3.3.3
10.1.5.1/32         1         Type2    1            10.1.4.2         3.3.3.3
10.1.7.1/32         1         Type2    1            10.1.4.2         4.4.4.4

Total Nets: 7
Intra Area: 2  Inter Area: 1  ASE: 4  NSSA: 0

<R1>dis ospf 1 abr-asbr
        OSPF Process 1 with Router ID 2.2.2.2
                Routing Table to ABR and ASBR

Type     Destination      Area            Cost      Nexthop          RtType
Inter    4.4.4.4          0.0.0.0         1563      10.1.4.2         ASBR
Intra    3.3.3.3          0.0.0.0         1562      10.1.4.2         ABR/ASBR
Intra    1.1.1.1          0.0.0.1         1         10.1.2.2         ASBR
```

(6) 在 S3610 的用户视图下测试达到 Router3 上设备环回接口 loopback 4 的连通性，输出结果如下所示；反之，从 Router3 同样可以 ping 通 S3610 上的设备环回接口。这说明不同区域的主机可以相互访问，多区域 OSPF 路由配置成功。

```
<S3610>ping -a 10.1.1.1 10.1.7.1
  PING 10.1.1.1: 56   data bytes, press CTRL_C to break
    Reply from 10.1.7.1: bytes=56 Sequence=1 ttl=253 time=29 ms
    Reply from 10.1.7.1: bytes=56 Sequence=2 ttl=253 time=29 ms
    Reply from 10.1.7.1: bytes=56 Sequence=3 ttl=253 time=30 ms
    Reply from 10.1.7.1: bytes=56 Sequence=4 ttl=253 time=29 ms
    Reply from 10.1.7.1: bytes=56 Sequence=5 ttl=253 time=29 ms

  ---10.1.7.1 ping statistics ---
    5 packet(s)transmitted
    5 packet(s)received
    0.00%packet loss
    round-trip min/avg/max=29/29/30 ms
```

2.5　无线局域网的配置与应用

2.5.1　实验目的

（1）理解 IEEE 802.11 无线局域网的结构与工作原理。

（2）掌握 IEEE 802.11 无线局域网的配置方法。

2.5.2　实验知识

1. 无线局域网概述

无线局域网（Wireless Local Area Networks，WLAN）利用无线技术在空中传输数据、话音和视频信号。作为传统布线网络的一种替代方案或延伸，无线局域网把个人从办公桌边解放了出来，使他们可以随时随地获取信息，提高了员工的办公效率。

1990 年 IEEE 802 标准化委员会成立 IEEE 802.11WLAN 标准工作组。IEEE 802.11 是 1997 年 6 月审定通过的标准，该标准定义物理层和媒体访问控制（MAC）规范。IEEE 802.11 作为早期制定的无线局域网标准，主要用于解决办公室局域网和校园网中用户与用户终端的无线接入，业务主要限于数据访问，速率最高只能达到 2Mbps。由于它在速率和传输距离上都不能满足人们的需要，因此 IEE E802.11 标准被 IEEE 802.11b 所取代了。

1999 年 9 月 IEEE 802.11b 被正式批准，该标准规定 WLAN 工作频段为 2.4G～2.4835GHz，数据传输速率达到 11Mbps，传输距离控制在 50～150 英尺。该标准是对 IEEE 802.11 的一个补充，采用补偿编码键控调制方式、点对点模式和基本模式，在数据传输速率方面可以根据实际情况在 11Mbps、5.5Mbps、2Mbps、1Mbps 的不同速率间自动切换。IEEE 802.11b 已成为当前主流的 WLAN 标准，被多数厂商所采用，所推出的产品广泛应用于办公室、家庭、宾馆、车站、机场等众多场合。但是由于许多 WLAN 新标准的出现，IEEE 802.11a 和 IEEE 802.11g 更是倍受业界关注。

1999 年 IEEE 802.11a 标准制定完成，该标准规定 WLAN 工作频段为 5.15G～5.825GHz，数据传输速率达到 54Mbps/72Mbps（Turbo），传输距离控制在 10～100 米。该标准也是 IEEE 802.11 的一个补充，扩充了标准的物理层，采用正交频分复用（OFDM）的独特扩频技术，采用 QFSK 调制方式，可提供 25Mbps 的无线 ATM 接口和 10Mbps 的以太网无线帧结构接口，支持多种业务如话音、数据和图像等，一个扇区可以接入多个用户，每个用户可带多个用户终端。IEEE 802.11a 标准是 IEEE 802.11b 的后续标准，其设计初衷是取代 802.11b 标准，然而工作于 2.4GHz 频带是不需要执照的，是公开的，工作于 5.15G～8.825GHz 频带需要执照的。部分公司仍没有表示对 802.11a 标准的支持，使得人们更加看好混合标准——802.11g。

2003 年 IEEE 802.11g 标准拥有 IEEE 802.11a 的传输速率，安全性较 IEEE 802.11b 好，采用两种调制方式，含 802.11a 中采用的 OFDM 与 802.11b 中采用的 CCK，做到与 802.11a 和 802.11b 兼容。虽然 802.11a 较适用于企业，但 WLAN 运营商为了兼顾现有 802.11b 设备投资，选用 802.11g 的可能性极大。

2. 无线局域网的组成

IEEE 802.11 无线局域网的主要部件包括工作站（Station）、接入点（Access Point）、分发系统(Distribution System)和无线介质(Wireless Media)。

根据IEEE 802.11无线局域网提供的服务,可以分为以下两种服务集类型。

(1) 基本服务集BSS(Basic Service Set)。

① 独立基本服务集IBSS(Ad Hoc网络)。

② Infrastructure基本服务集。

(2) 延伸服务集ESS(Extended Service Set)。

2.5.3 实验内容与步骤

1. 实验设备

(1) 带无线网卡笔记本电脑一台。

(2) H3C S3610交换机一台,WA1208E一台,网络电缆若干。

2. 实验拓扑图

组建无线局域网,如图2-8所示,H3C S3610交换机作为三层交换机,H3C WA1208E作为无线AP,交换机的以太网接口采用Trunk模式连接AP以太网接口。笔记本电脑启用无线网卡连接无线AP,获得三层交换机上DHCP服务器自动分发的IP地址,接入局域网。本实验不对申请的接入进行认证。

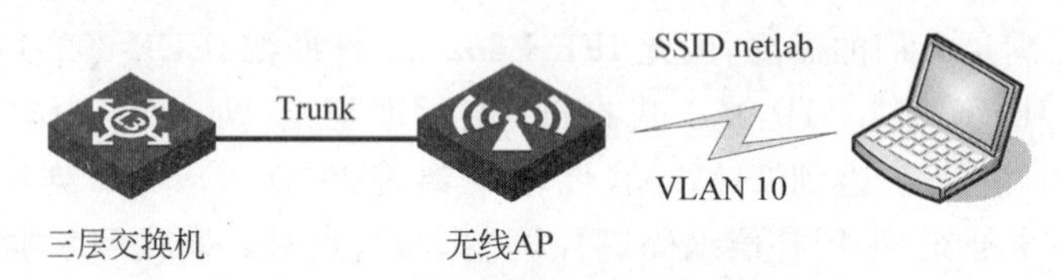

图2-8 无线局域网网络拓扑图

3. 配置无线AP

```
#进入系统视图
<H3C>system-view
#设置服务集标识符SSID
[H3C]ssid netlab
[H3C-ssid-netlab]quit

#将SSID绑定到指定无线接口
[H3C]interface Wireless-access 1/1
[H3C-Wireless-access 1/1]bind ssid netlab
bind the ssid successfully!

#设置射频模块的频道数
[H3C]radio module 1
[H3C-module1]channel 2

#配置无线接口的用户VLAN
[H3C]vlan 10
```

```
[H3C-vlan10]quit
[H3C]interface Wireless-access 1/1
[H3C-Wireless-access 1/1]port access 10

#设置以太网接口的链路模式
[H3C]interface Ethernet0/1
[H3C-Ethernet0/1] port link-type trunk
port trunk permit vlan all

#设置无线 AP 的系统 IP 和默认路由
[H3C]interface vlan-interface 1
[H3C-vlan1]ip address 192.168.1.1 255.255.255.0
[H3C-vlan1]quit
[H3C]ip route-static 0.0.0.0 0.0.0.0 192.168.1.254

#配置 SSID 链路级认证方式为 Open System 方式,不对申请的接入进行认证
[H3C-ssid-test]authentication link open-system
```

4. 实验结果验证

(1) 在笔记本电脑的命令行提示符下输入“ipconfig”命令,查看 IP 地址等信息。

```
C:\Users\Administrator>ipconfig
Windows IP 配置
以太网适配器 本地连接:
   连接特定的 DNS 后缀 . . . . . . . :
   IPv4 地址 . . . . . . . . . . . . : 58.193.196.92
   子网掩码  . . . . . . . . . . . . : 255.255.255.0
   默认网关. . . . . . . . . . . . . : 58.193.196.254
```

(2) 继续输入“ping”命令,测试到达三层交换机上用户 VLAN 虚接口(网关)IP 地址的连通性。

```
C:\Users\Administrator>ping 58.193.196.254
正在 Ping 58.193.196.254 具有 32 字节的数据:
来自 58.193.196.254 的回复:字节=32 时间=130ms TTL=64
来自 58.193.196.254 的回复:字节=32 时间=44ms TTL=64
来自 58.193.196.254 的回复:字节=32 时间=1ms TTL=64
来自 58.193.196.254 的回复:字节=32 时间=2ms TTL=64
58.193.196.254 的 Ping 统计信息:
    数据包:已发送=4,已接收=4,丢失=0(0%丢失),
往返行程的估计时间(以毫秒为单位):
    最短=1ms,最长=130ms,平均=44ms
```

由输出信息可知,笔记本电脑已经成功接入无线局域网,无线 AP 的基本配置完全正确。

2.6 PPP 协议的配置与应用

2.6.1 实验目的

(1) 理解 PPP 协议的工作原理、PPP 帧格式及帧各个字段的功能。

(2) 掌握路由器中 PPP 协议的配置与应用。

2.6.2 实验知识

PPP 协议是目前广域网上应用最广泛的数据链路层协议之一，它的优点在于结构简单，具备用户验证能力，可以解决 IP 分配等。PPP 在经过多年的发现和扩充后，已成为一个功能相当完备，而且涵盖了许多其他协议的庞大协议系统。PPP 封装用于消除上层多种协议数据包的歧义，加入帧头、帧尾，使之成为互相独立的串行数据帧——PPP 帧，如图 2-9 所示。

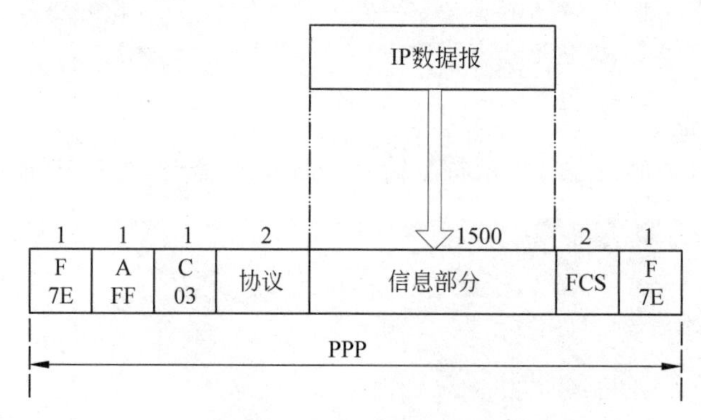

图 2-9　PPP 帧格式图示

(1) 标志字段(F)：作为一个帧的边界达到帧同步的目的。标志字段 F 为 6 个连续 1 加上两边各一个 0 共 8 位。在接收端，只要找到标志字段，就可以很容易地确定一个帧的位置。

(2) 地址字段(A)：占用 8 位，为固定不变的 0xFF。

(3) 控制字段(C)：占用 8 位，为固定不变的 0x03。

(4) 协议字段：用于区分信息字段。当协议字段为 0x0021 时，信息字段就是 IP 数据报；若为 0xC021 时，则信息字段是链路控制数据，而 0x8021 表示这是网络控制数据。

(5) 信息字段：占用的字节随数据量而定。当用户输入的数据中碰巧出现了和标志字段一样的比特(0x7E)组合时，PPP 采用一种特殊的字符填充法使一帧中两个 F 字段之间不会出现同样的比特组合，从而区分标志字段。

(6) 帧校验序列 FCS：占用 16 位。采用 CRC-CCITT 方式，所校验的范围从 A 字段的第一位起，到数据区的最后一位为止。

PPP 协议主要包括：用于建立、配置和检测数据链路连接的链路控制协议(LCP)、不同网络层协议的网络控制协议(NCP)协议和认证协议。

LCP 负责创建、维护或终止一次物理连接。NCP 负责解决物理连接上运行什么网络协议，以及解决上层网络协议发生的问题。PPP 链路的建立过程如图 2-10 所示。一个典型的链路建立过程分为 3 个阶段：创建链路、用户认证和调用网络层协议。

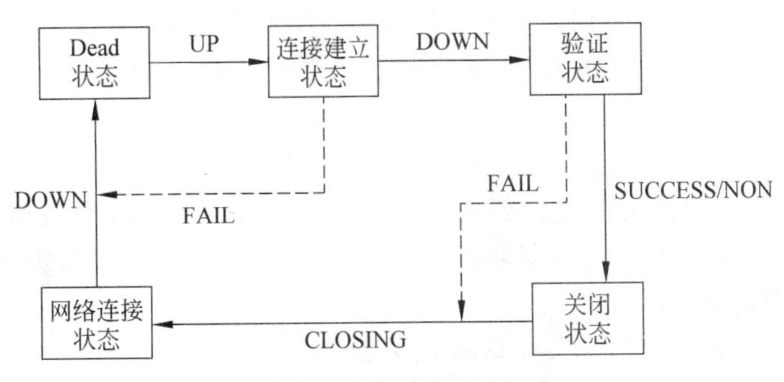

图 2-10　PPP 链路建立过程

阶段 1：创建链路

PPP 使用链路控制协议（LCP）创建、维护或终止一次物理连接。在 LCP 阶段的初期，将对基本的通信方式进行选择。应当注意在链路创建阶段，只是对验证协议进行选择，用户验证将在第 2 阶段实现。同样，在 LCP 阶段还将确定链路对等双方是否要对使用数据压缩或加密进行协商。实际对数据压缩/加密算法和其他细节的选择将在第 4 阶段实现。

阶段 2：用户验证

客户端将用户的身份信息发给远端的接入服务器。该阶段使用一种安全验证方式避免第三方窃取数据或冒充远程客户接管与客户端的连接。在认证完成之前，禁止从认证阶段前进到网络层协议阶段。如果认证失败，认证者应跃迁到链路终止阶段。PPP 提供的验证方式包括口令验证协议（PAP）和挑战握手验证协议（CHAP）。

PAP 是一种简单的明文验证方式。要求用户提供用户名和口令，PAP 以明文方式返回用户信息。很明显，这种验证方式的安全性较差，第三方可以很容易地获取被传送的用户名和口令，并利用这些信息与服务器建立连接，获取服务器提供的所有资源。所以，一旦用户密码被第三方窃取，PAP 无法提供避免受到第三方攻击的保障措施。PAP 验证为两次握手验证，验证过程如下。

① 被验证方发送用户名和口令到验证方。

② 验证方根据本端用户表查看是否有此用户及口令是否正确，然后返回不同的响应（Acknowledge or Not Acknowledge）。

CHAP 是一种加密的验证方式，能够避免建立连接时传送用户的真实密码。CHAP 验证为三次握手验证，验证过程如下。

① 验证方主动发起验证请求，验证方向被验证方发送一些随机产生的报文（Challenge），并同时将本端的用户名附带上一起发送给被验证方。

② 被验证方接到验证方的验证请求后，被验证方根据此报文中验证方的用户名查找用户口令字，如找到用户表中与验证方用户名相同的用户，就利用报文 ID、此用户的密钥（口令字）和 MD5 算法对该随机报文进行加密，将生成的密文和自己的用户名发回验证方（Response）；如果被验证方没有在本端用户表中找到匹配的用户名，则检查本端接口上是否配置了 ppp chap password 命令，在成功配置此命令后，被验证方再利用报文 ID、此用户的密钥（口令字）和 MD5 算法对该随机报文进行加密，将生成的密文和自己的用户名发回

验证方(Response)。

③ 验证方接收到该报文后,根据此报文中被验证方的用户名,在自己的本地用户数据库(local-user)中查找被验证方用户名对应的被验证方口令字,利用该口令和 MD5 算法对原随机报文加密,比较两者的密文,根据比较结果返回不同的响应(Acknowledge or Not Acknowledge)。

阶段 3:调用网络层协议

认证完成后,PPP 将调用在链路创建阶段(阶段 1)选定的各种网络控制协议(NCP)。选定的 NCP 解决 PPP 链路上的高层协议问题,例如,在该阶段 IP 控制协议(IPCP)可以向拨入用户分配动态地址。

这样,经过 3 个阶段以后,一条完整的 PPP 链路就建立起来了。

本实验所使用到的命令如下。

1. link-protocol ppp

【视图】 接口视图。

【参数】 无。

【描述】 link-protocol ppp 命令用来配置接口封装链路层的 PPP 协议。默认情况下,除以太网接口外,其他接口封装的链路层协议均为 PPP。

2. ppp authentication-mode {chap|pap} [[call-in] domain *isp-name*]

```
undo ppp authentication-mode
```

【视图】 接口视图。

【参数】

chap:采用 CHAP 验证方式。

pap:采用 PAP 验证方式。

call-in:表示只在远端用户呼入时才验证对方。

domain *isp-name*:表示用户认证采用的域名,为 1~24 个字符的字符串。

【描述】

ppp authentication-mode 命令用来配置本端 PPP 协议对对端设备的验证方式。undo ppp authentication-mode 命令用来取消配置的验证方式,即不进行验证。

默认情况下,PPP 协议不进行验证。

需要注意的问题如下。

① 如果配置时指定了 domain,则使用指定域进行认证,地址分配必须使用该域下配置的地址池(通过 display domain 命令可以查看该域的配置)。

② 如果配置时没有指定 domain,则判断用户名中是否带有 domain 信息。如果用户名中带有 domain 信息,则以用户名中的 domain 为准(若该 domain 名不存在,则认证被拒绝);如果用户名中不带 domain,则使用系统默认的域(默认域可以通过命令 domain default 配置,若不配置,则默认域为 system)。

3. local-user *user-name*

```
undo local-user {user-name|all}
```

【视图】 系统视图。

【参数】

user-name：本地用户名。为不超过 80 个字符的字符串，字符串中不能包括“/”、“:”、“*”、“?”、“<”及“>”等字符，并且“@”出现的次数不能多于一次，纯用户名（“@”以前部分，即用户标识）不能超过 55 个字符。用户名不区分大小写，输入 UserA 和 usera，系统视为同一用户。用户名不能以“P”开头。

all：所有的用户。

【描述】

local-user 命令用来添加本地用户并进入本地用户视图，undo local-user 命令用来删除指定的本地用户。

默认情况下，无本地用户。

4. ppp pap local-user ***username*** **password** {**cipher**|**simple**} ***password***

```
undo ppp pap local-user
```

【视图】　接口视图。

【参数】

username：本地设备被对端设备采用 PAP 方式验证时发送的用户名，为 1～80 个字符的字符串。

simple：表示密码为明文显示。

cipher：表示密码为密文显示。

password：本地设备被对端设备采用 PAP 方式验证时发送的口令，为 1～48 个字符的字符串。对于 simple 方式，*password* 必须是明文密码；对于 cipher 方式，*password* 可以是密文密码也可以是明文密码。明文密码可以是长度小于等于 48 的连续字符串，如 aabbcc。密文密码的长度必须是 24 位或 64 位，如_(TT8F]Y\5SQ=^Q`MAF4<1!! 或 VV-F]7R%,TN$C1D*)O<-;<IX)aV\KMFAM(0=0\)*5WWQ=^Q`MAF4<<"TX$_S#6.N。

【描述】

ppp pap local-user 命令用来配置本地设备被对端设备采用 PAP 方式验证时发送的用户名和口令。

undo ppp pap local-user 命令用来取消配置的用户名和口令。

默认情况下，被对端以 PAP 方式验证时，本地设备发送的用户名和口令均为空。

当本地设备被对端以 PAP 方式验证时，本地设备发送的用户名 *username* 和口令 *password* 应与对端设备的 *username*（通过命令 local-user *username* 配置）和 *password*（通过命令 password{cipher|simple} *password* 配置）一致。

5. password {{**simple**|**cipher**} ***password***|**sha-256** ***shapassword***}

```
undo password
```

【视图】　本地用户视图。

【参数】

simple：表示密码为明文。

cipher：表示密码为密文。

sha-256：表示密码为 sha-256 摘要。

simple *password*：配置明文密码。长度为 1～48 个字符的字符串。

cipher *password*：配置密文密码。如果以明文形式输入，长度为 1～48 个字符的字符串；如果以密文形式输入，长度必须为 24 或 64 个字符。由于验证时需要输入明文密码，故建议用户以明文形式输入。

shapassword：本地用户的密码，长度为 1～256 个字符的字符串。

【描述】

password 命令用来设置本地用户的密码，undo password 命令用来取消本地用户的密码。

需要注意的是，当采用 local-user password-display-mode cipher-force 命令后，即使用户通过 password 命令指定密码显示方式为明文显示（即 simple 方式）后，也不起作用。

6. service-type {dvpn|telnet|ssh|terminal|pad}

```
undo service-type {dvpn|telnet|ssh|terminal|pad}
```

【视图】 本地用户视图。

【参数】

dvpn：授权用户可以使用 DVPN 服务。

telent：授权用户可以使用 Telnet 服务。

ssh：授权用户可以使用 SSH 服务。

terminal：授权用户可以使用 terminal 服务（即从 Console 口、AUX 口、Asyn 口登录）。

pad：授权用户可以使用 PAD 服务。

【描述】 service-type 命令用来设置用户可以使用的服务类型，undo service-type 命令用来删除用户可以使用的服务类型。

默认情况下，系统不对用户授权任何服务。

7. ppp chap user *username*

```
undo ppp chap user
```

【视图】 接口视图。

【参数】

username：CHAP 验证用户名，长度为 1～80 的字符串，该名称是发送到对端设备进行 CHAP 验证的用户名。

【描述】 ppp chap user 命令用来配置采用 CHAP 认证时的用户名称，undo ppp chap user 命令用来删除已有的配置。

默认情况下，CHAP 认证的用户名为“H3C”。

当使用 CHAP 认证方式时，通过 local-user 命令配置的非域用户名与通过 ppp chap user 配置的用户名的长度必须完全一致，否则会由于在服务器端找不到相应的用户而导致客户端认证失败。

配置 CHAP 验证时，要将各自的 *username* 配置为对端的 *local-user*，而且对应的 *password* 要一致。

2.6.3　实验内容与步骤

1. 实验设备

(1) Windows 主机两台,安装有超级终端程序。

(2) H3C MSR2020 路由器两台,网络电缆若干。

2. 实验拓扑图

组建 PPP 网络,如图 2-11 所示,路由器 Router1 和 Router2 之间使用 V.35 DTE/DCE 线缆进行连接,路由器 Router1 和 Router2 的端口 Ethernet 0/0 分别使用双绞线连接终端主机 PC1 和 PC2。最后用电缆线将 PC1 和 PC2 的串口与路由器 Router1 和 Router2 的 Console 端口分别相连,对 Router1 和 Router2 进行配置。

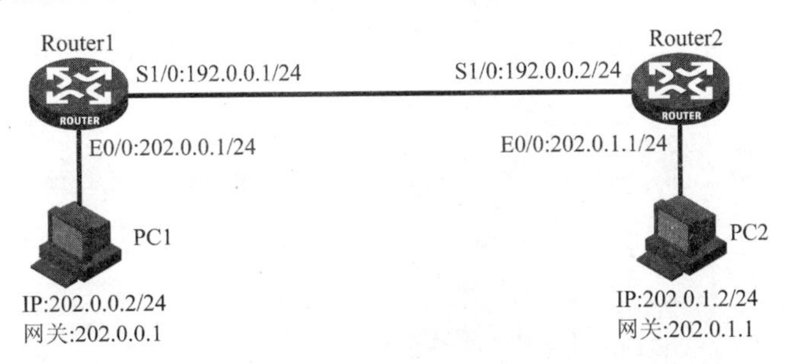

图 2-11　PPP 网络拓扑图

3. 路由器 Router1 的配置

```
#进入系统视图
<Router1>system-view
#配置端口 Ethernet 0/0 的 IP 地址
[Router1]interface ethernet 0/0
[Router1-Ethernet0/0]ip address 202.0.0.1 255.255.255.0
[Router1-Ethernet0/0]quit
#配置端口 Serial 1/0 的 IP 地址
[Router1]interface serial 1/0
[Router1-Serial1/0]ip address 192.0.0.1 255.255.255.0
#创建 RIP 进程
[Router1-Serial1/0]rip
#指定与路由器相连的网段加入 RIP
[Router1-rip-1]version 2
[Router1-rip-1]network 192.0.0.0
[Router1-rip-1]network 202..0.0.0
```

4. 路由器 Router2 的配置

```
#进入系统视图
<Router2>system-view
#配置端口 Ethernet 0/0 的 IP 地址
[Router2]interface ethernet 0/0
```

```
[Router2-Ethernet0/0]ip address 202.0.1.1 255.255.255.0
[Router2-Ethernet0/0]quit
#配置端口 Serial 1/0 的 IP 地址
[Router2] interface serial 1/0
[Router2-Serial1/0]ip address 192.0.0.2 255.255.255.0
#创建 RIP 进程
[Router2-Serial1/0]rip
#指定与路由器相连的网段加入 RIP
[Router2-rip-1]version 2
[Router2-rip-1]network 192.0.0.0
[Router2-rip-1]network 202.0.1.0
```

5. PPP 协议的配置

1）PAP 验证配置

```
#配置路由器 Router1,指定用户名为 H3C,验证密码为 H3C,验证方式采用 PAP 方式
[Router1]interface serial 1/0
[Router1-Serial1/0] link-protocol ppp
[Router1-Serial1/0]ppp authentication-mode pap
[Router1-Serial1/0]quit
[Router1]local-user H3C
[Router1-luser-H3C]password simple H3C
[Router1-luser-H3C]service-type ppp
#配置路由器 Router2,配置发送用户名和密码
[Router2]interface Serial 1/0
[Router2-Serial1/0]ppp pap local-user H3C password simple H3C
```

2）CHAP 验证配置

```
#配置路由器 Router1,设置对端用户名为 Router2,密码 H3C,并用 CHAP 方式验证路由器
Router2
[Router1]local-user router2
[Router1-luser-Router2]password simple H3C
[Router1-luser-Router2]service-type ppp
[Router1-luser-Router2]quit
[Router1]interface Serial 1/0
[Router1-Serial1/0]ppp chap user router1
[Router1-Serial1/0] ppp authentication-mode chap
#配置路由器 Router2,设置对端用户名为 Router1,密码 H3C
[Router2]local-user router1
[Router2-luser-Router1]password simple H3C
[Router2-luser-Router1]service-type ppp
[Router2-luser-Router1]quit
[Router2]interface Serial 1/0
[Router2-Serial1/0]ppp chap user router2
```

6. 实验结果验证

通过查看 display interface Serial 1/0 信息，接口的物理层和链路层的状态都是 up 状态，并且 PPP 的 LCP 和 IPCP 都是 opened 状态，说明链路的 PPP 协商已经成功，并且都可以互相 ping 通对方的 IP 地址。

```
[Router1] display interface Serial 1/0
Serial1/0 current state: UP
Line protocol current state: UP
Description: Serial1/0 Interface
The Maximum Transmit Unit is 1500, Hold timer is 10(sec)
Internet Address is 192.0.0.2/24 Primary
Link layer protocol is PPP
LCP opened, IPCP opened
Output queue :(Urgent queuing : Size/Length/Discards) 0/50/0
Output queue :(Protocol queuing : Size/Length/Discards) 0/500/0
Output queue :(FIFO queuing : Size/Length/Discards) 0/75/0
Physical layer is synchronous, Virtual baudrate is 64000 bps
Interface is DTE, Cable type is V35, Clock mode is DTECLK1
Last clearing of counters: Never
    Last 300 seconds input rate 5.11 bytes/sec, 40 bits/sec, 0.24 packets/sec
    Last 300 seconds output rate 4.93 bytes/sec, 39 bits/sec, 0.24 packets/sec
    Input: 708 packets, 12830 bytes
           0 broadcasts, 0 multicasts
           0 errors, 0 runts, 0 giants
           0 CRC, 0 align errors, 0 overruns
           0 dribbles, 0 aborts, 0 no buffers
           0 frame errors
    Output:754 packets, 15718 bytes
           0 errors, 0 underruns, 0 collisions
           0 deferred
 DCD=UP  DTR=UP  DSR=UP  RTS=UP  CTS=UP
[Router2] display interface Serial 1/0
Serial1/0 current state: UP
Line protocol current state: UP
Description: Serial1/0 Interface
The Maximum Transmit Unit is 1500, Hold timer is 10(sec)
Internet Address is 192.0.0.1/24 Primary
Link layer protocol is PPP
LCP opened, IPCP opened
Output queue :(Urgent queuing : Size/Length/Discards) 0/50/0
Output queue :(Protocol queuing : Size/Length/Discards) 0/500/0
Output queue :(FIFO queuing : Size/Length/Discards) 0/75/0
Physical layer is synchronous, Baudrate is 64000 bps
Interface is DCE, Cable type is V35, Clock mode is DCECLK
```

```
Last clearing of counters: Never
     Last 300 seconds input rate 4.93 bytes/sec, 39 bits/sec, 0.24 packets/sec
     Last 300 seconds output rate 5.30 bytes/sec, 42 bits/sec, 0.25 packets/sec
     Input: 792 packets, 16438 bytes
            0 broadcasts, 0 multicasts
            0 errors, 0 runts, 0 giants
            0 CRC, 0 align errors, 0 overruns
            0 dribbles, 0 aborts, 0 no buffers
            0 frame errors
     Output:746 packets, 13474 bytes
            0 errors, 0 underruns, 0 collisions
 0 deferred
     DCD=UP  DTR=UP  DSR=UP  RTS=UP  CTS=UP
```

2.7 ACL与NAT的配置与应用

2.7.1 实验目的

(1) 理解访问控制列表ACL的基本原理。

(2) 理解网络地址转换NAT的基本原理。

(3) 掌握路由器中ACL和NAT的配置与应用。

2.7.2 实验知识

1. ACL概述

ACL(Access Control List,访问控制列表)是路由器和防火墙接口的指令列表,用来控制端口进出的数据包。ACL适用于所有的被路由协议,如IP、IPX等。这张表中包含了匹配关系、条件和查询语句,表只是一个框架结构,其目的是为了对某种访问进行控制。

ACL主要包括以下几种类型。

(1) 基本ACL:是只根据报文的源IP地址信息来制定规则的。

(2) 高级ACL:根据报文的源IP地址、目的IP地址、IP承载的协议类型、协议的特征等信息制定规则。

(3) 二层ACL:根据报文的源MAC地址、目的MAC地址、VLAN优先级、二层协议类型等信息制定规则。

(4) 用户自定义ACL:可以以报文的首部、IP首部等为基准,指定从第几个字节开始与掩码进行"与"操作,将报文提取出来的字符串和用户定义的字符串进行比较,找到匹配的报文。

2. NAT概述

Internet面临着最紧迫的问题是IP地址枯竭。针对这个问题,有NAT和IPv6两种解决方案。NAT通过地址重用的方式来满足IP地址的需要,它主要是利用了这样一个事实:在一些域中(像一个公司的网络),在一段给定的时间内只有很少的主机需要访问域外的网络，80%左右的网络流量都局限于域内部。因此，这些域内的主机都使用私网IP地址(IANA保留了3个网段作为私网地址：10.0.0.0/8、172.16.0.0/12、192.168.0.0/16)，私网地址无须全球唯一，在不同的私网内可以重复使用，当需要访问域外的网络时，它们的IP地址转换成公网IP地址。

NAT(Network Address Translation，网络地址转换)是将IP数据报报头中的IP地址转换为另一个IP地址的过程。在实际应用中，NAT主要用于实现私有网络访问公共网络的功能。这种通过使用少量的公有IP地址代表较多的私有IP地址的方式，将有助于减缓可用IP地址空间的枯竭。NAT是一种私网地址与公网地址之间的转换，NAT设备需要准备一定数量的公网地址，公网地址的多少取决于内网用户的数量。NAT可以最大化地利用IPv4地址资源，可以节约IPv4地址数量，还可以隐藏局域网的拓扑结构，保护内网安全。

常用的NAT技术包括以下几种。

(1) NAT：一种将私网IP地址映射成公网IP地址技术，从而实现私网主机对公网或者公网对私网主机的访问。

(2) NAPT(Network Address and Port Translation，网络地址和端口转换)：利用了TCP/UDP的端口号来区别不同的内部网主机，对于ICMP则是利用ICMP报文的Identifier来区别。除非特别说明，本文中IP报文的端口号指TCP/UDP的端口号或ICMP报文的Identifier。采用NAPT技术则可以更加充分地利用IP地址资源，实现更多的内部网主机对Internet的同时访问。

(3) EASY IP：即直接使用路由接口的IP地址作为NAT转换的公网地址，其对报文转换使用NAPT方式，能够最大程度地节省IP地址资源。

2.7.3 实验内容与步骤

1. 实验设备

(1) Windows主机两台，WWW服务器一台。

(2) H3C S3610交换机一台，H3C MSR2020路由器一台，网络电缆若干。

2. 实验拓扑图

组建NAT网络，如图2-12所示，路由器端口Ethernet0/0连接Internet上主机PC2，三层交换机以太网端口分别连接内网PC1和WWW服务器。路由器配置NAT转换，实现PC1和WWW服务器可以与外网PC2通信；路由器配置NAT Server功能，实现外网PC2可以访问内网WWW服务器提供的WWW服务。

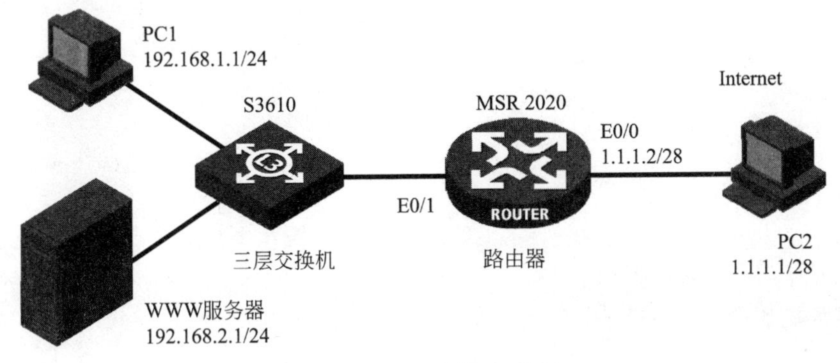

图2-12　NAT网络拓扑图

3. 路由器 Router 的配置

```
#进入系统视图
<Router>system-view
#配置允许进行 NAT 转换的内网地址段
[Router]acl 2000
[Router-acl-basic-2000]rule 0 permit source 192.168.1.0 0.0.0.255
[Router-acl-basic-2000]rule 1 permit source 192.168.2.0 0.0.0.255
[Router-acl-basic-2000]quit

#配置用户 NAT 的地址池
[Router]nat address-group 1 1.1.1.3 1.1.1.4

#配置路由器出接口上 NAT 转换
[Router]interface Ethernet 0/0
[Router-Ethernet0/0]nat outbound 2000 address-group 1

#配置路由器出接口上 NAT Server,对外提供 WWW 服务
[Router-Ethernet0/0]nat server protocol tcp global 1.1.1.2 www inside 192.168.2.
1 www
```

4. 实验结果验证

(1) 在 PC1 上测试到达外网 PC2 的连通性。

```
C:\Users\Administrator>ping 1.1.1.1
正在 ping 1.1.1.1 具有 32 字节的数据:
来自 1.1.1.1 的回复:字节=32 时间=2ms TTL=64
来自 1.1.1.1 的回复:字节=32 时间=3ms TTL=64
来自 1.1.1.1 的回复:字节=32 时间=1ms TTL=64
来自 1.1.1.1 的回复:字节=32 时间=2ms TTL=64
1.1.1.1 的 ping 统计信息:
    数据包:已发送=4,已接收=4,丢失=0(0%丢失),
往返行程的估计时间(以毫秒为单位):
    最短=1ms,最长=3ms,平均=2ms
```

(2) 在 WWW 服务器上测试到达外网 PC2 的连通性。

```
C:\Users\Administrator>ping 1.1.1.1
正在 Ping 1.1.1.1 具有 32 字节的数据:
来自 1.1.1.1 的回复:字节=32 时间=1ms TTL=64
来自 1.1.1.1 的回复:字节=32 时间=2ms TTL=64
来自 1.1.1.1 的回复:字节=32 时间=2ms TTL=64
来自 1.1.1.1 的回复:字节=32 时间=3ms TTL=64
1.1.1.1 的 Ping 统计信息:
    数据包:已发送=4,已接收=4,丢失=0(0%丢失),
```

```
往返行程的估计时间(以毫秒为单位):
    最短=1ms,最长=3ms,平均=2ms
```

(3) 在外网 PC2 上测试访问内网 WWW 服务器上的 WWW 服务。

根据如图 2-13 所示的测试结果可知,路由器上 NAT 配置正确,内网用户经过 NAT 转换可以与外网用户通信,外网用户也可以访问内网 WWW 服务器提供(映射)的 WWW 服务。

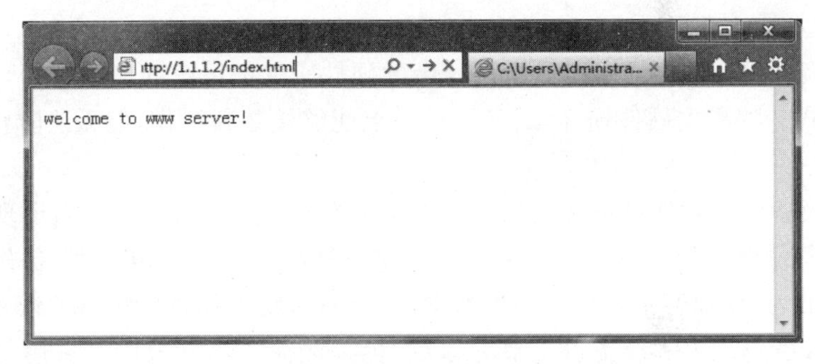

图 2-13　外网用户访问内网服务器

2.8　网络数据的备份与恢复

2.8.1　实验目的

(1) 理解数据存储备份技术中软件备份技术的基本原理。

(2) 熟悉使用专业软件工具进行网络数据备份与恢复的操作方法。

2.8.2　实验知识

1. 备份的基本概念

随着计算机技术和网络技术的迅猛发展,人们已使用计算机及网络在处理一切事务,包括国家计划、军事机密、日常事务处理和家庭开支。在提高工作效率的同时,系统安全、数据安全的问题也越来越突出。一旦系统崩溃或数据丢失,企业就会陷入困境。客户资料、技术文件和财务账目等数据可能被破坏,严重时会导致系统和数据无法恢复,其后果不堪设想。

解决上述问题的最佳方案就是进行数据备份,备份的主要目的是一旦系统崩溃或数据丢失,就能用备份的系统和数据进行及时地恢复,使损失减少到最小。现代备份技术涉及的备份对象有操作系统、应用软件及其数据。对计算机系统进行全面的备份,并不只是简单地进行文件复制。一个完整的系统备份方案,应由备份硬件、备份软件、日常备份制度和灾难恢复措施 4 个部分组成。选择了备份硬件和软件后,还需要跟进本单位的具体情况制定日常备份制度和灾难恢复措施,并由系统管理人员切实执行备份制度。

2. 系统备份的设计目标

系统备份的最终目的是保障网络系统的顺利运行,所以一份优秀的网络备份方案应能够备份系统的所有数据,在网络出现故障甚至损坏时,能够及时地恢复网络系统和数据。从发现故障到完全恢复系统，理想的备份方案耗时不应超过半个工作日。这样，如果系统出现灾难性故障，就可以把损失降到最低。

要做到灾难恢复，首先备份系统时要做到满足系统容量不断增加的需求，并且备份软件必须能支持多平台系统，网络中的其他应用服务器只需要安装客户端软件就可以将数据备份到存储设备中。其次，网络数据存储管理系统是指在分布式网络环境下，通过专业的数据存储管理软件，结合相应的硬件和存储设备来对全网络的数据备份进行集中管理，从而能实现自动化的备份、文件归档、数据分级存储及灾难恢复等功能。

3. 备份技术的3个层次

(1) 硬件级备份。硬件级备份是指用冗余的硬件来保证系统的连续运行，如磁盘镜像、双机容错等方式。如果主硬件损坏，后备硬件马上能够接替其工作，但无法防止数据的逻辑损坏。

(2) 软件级备份。软件级备份是指将系统数据保存到其他介质上，当出现错误时可以将系统恢复到备份前的状态。用这种方法备份和恢复都要花费一定时间，备份介质和计算机系统是分开的，只要保存足够长的历史数据，就能对系统数据进行完整的恢复。

(3) 人工级备份。人工级备份是最为原始，也是最简单和有效的。采用手工方式备份或恢复所有数据，需要消耗管理人员很长的时间。

4. 数据备份模式

(1) 本地备份。传统的企业业务数据存储备份主要就是每天将企业业务数据备份到本地的存储设备中。但是，在遇到不可抗力如自然灾难等时，这种数据备份和灾难恢复模式将无法有效实施。

(2) 异地备份。为了有效地进行灾难恢复，重要的网络系统和应用系统的数据库必须进行异地备份。异地指的是在两个以上不同城市甚至是不同国家之间进行实时备份。

2.8.3 实验内容与步骤

1. 实验设备

(1) Windows 主机一台，FTP 服务器一台。

(2) H3C S3100 交换机一台，网络电缆若干。

2. 实验拓扑图

组建数据备份网络，如图 2-14 所示，需要进行系统数据备份的主机 PC1 通过交换机与远程的 FTP 服务器相连，相互之间可以通信。

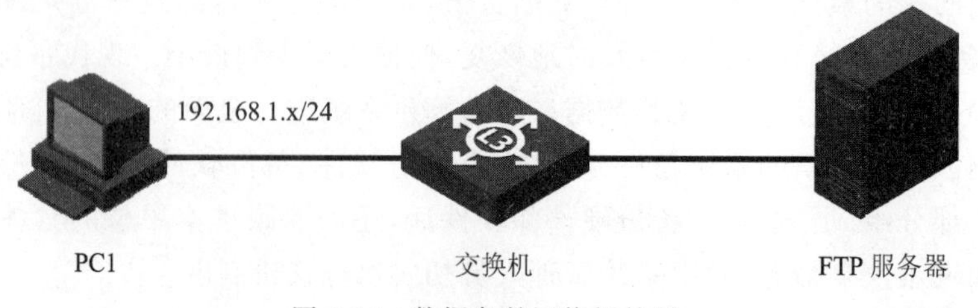

图 2-14 数据备份网络拓扑图

3. 下载安装数据备份软件

登录网站 http://www.secondcopy.com/，下载 Second Copy 8.1（试用版）软件，安装并运行 Second Copy 8.1，其系统主界面如图 2-15 所示。Second Copy 8.1 软件的备份功能支持本地系统备份与异地 FTP 备份。用户可以通过分别创建不同的备份策略文件，选择手工或自动执行备份策略文件来实现不同的备份功能。

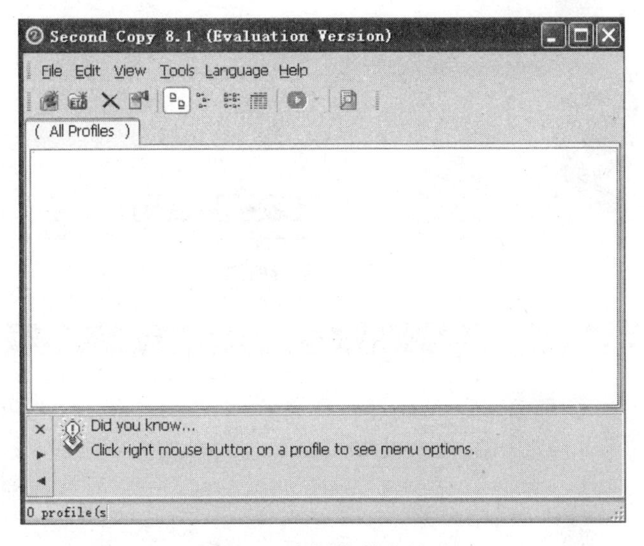

图 2-15　备份软件主界面

4. 制定本地系统备份策略

新建一个标准的本地备份配置文件，将本地指定文件夹内容备份到本地存储设备上指定目录下。

(1) 启动本地备份配置向导，如图 2-16 所示。

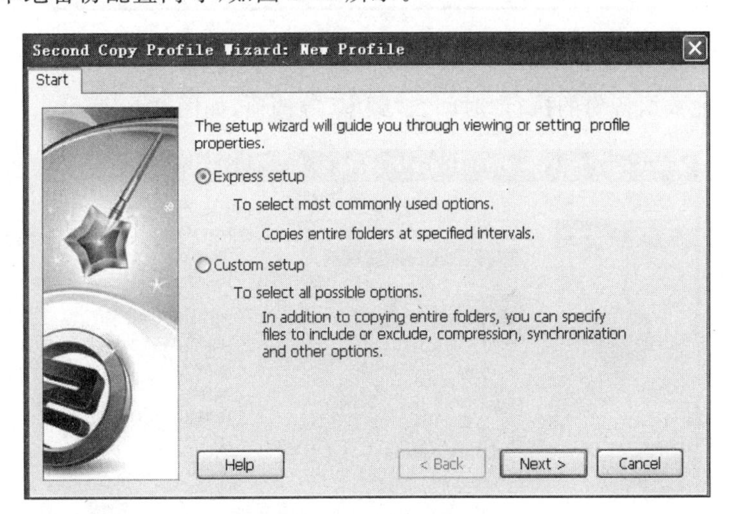

图 2-16　本地备份配置向导

(2) 设置本地备份的"源文件夹"名称，如图 2-17 所示。

(3) 设置本地备份的"目标文件夹"路径，如图 2-18 所示。

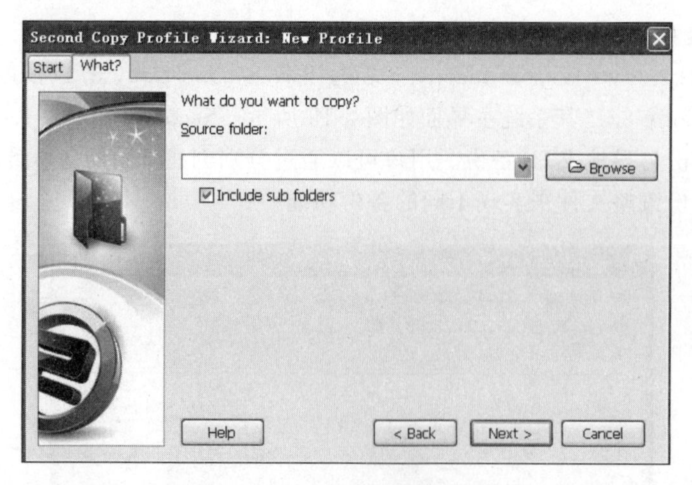

图 2-17 指定本地备份的源文件夹

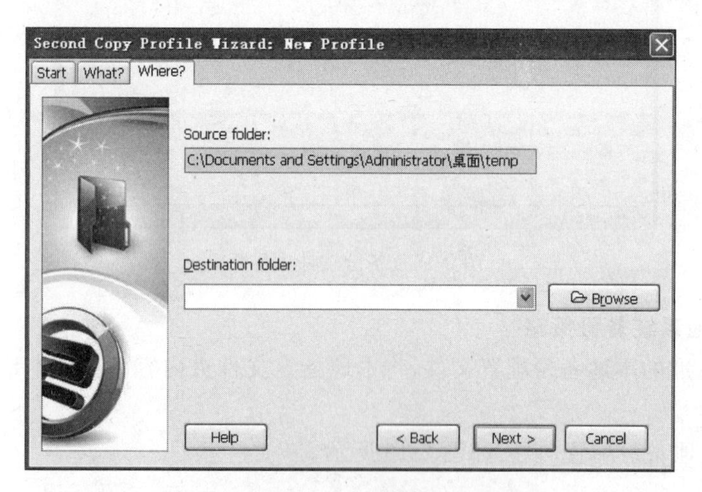

图 2-18 指定本地备份的目标文件夹

(4) 设置本地数据备份的执行"时间"、"频率"等选项,如图 2-19 所示。

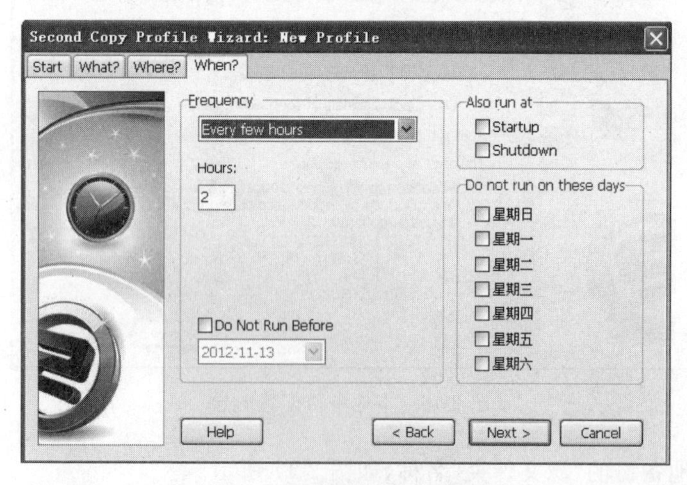

图 2-19 设置数据备份时间机制

（5）设置本地备份“配置文件”名称，如图 2-20 所示。

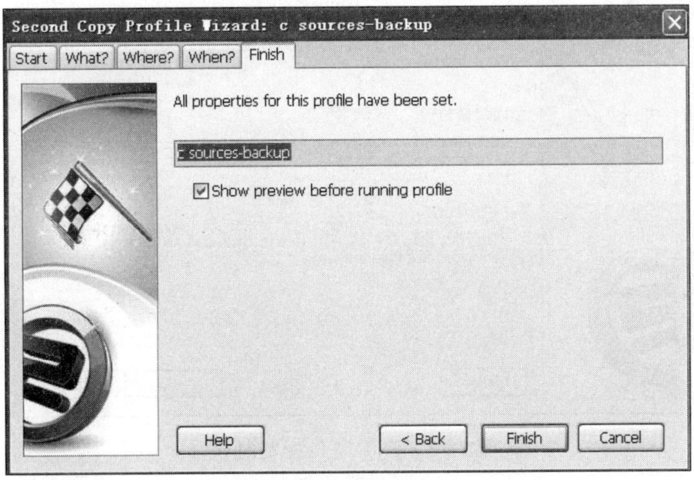

图 2-20　设置本地备份配置文件名称

（6）查看本地备份配置文件的执行结果，如图 2-21 所示。

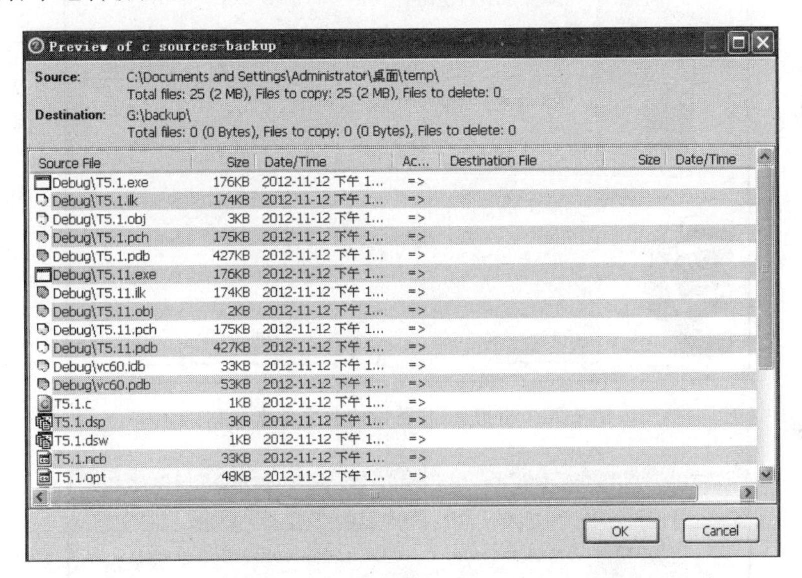

图 2-21　执行本地备份配置文件的结果

5. 制定异地 FTP 备份策略

新建一个 FTP 备份配置文件，采用合法的 FTP 用户账号将本地指定文件夹内容备份到 FTP 服务器上指定目录下。

（1）启动 FTP 备份配置向导，选择 FTP 备份模式，如图 2-22 所示。

（2）设置 FTP 备份的“源文件夹”名称及“源文件夹”选项，如图 2-23 与图 2-24 所示。

（3）指定 FTP 备份的目标选项，设置 FTP 服务器域名、FTP 用户账号等，如图 2-25 所示。

（4）设置 FTP 数据备份的执行“时间”、“频率”等选项，如图 2-26 所示。

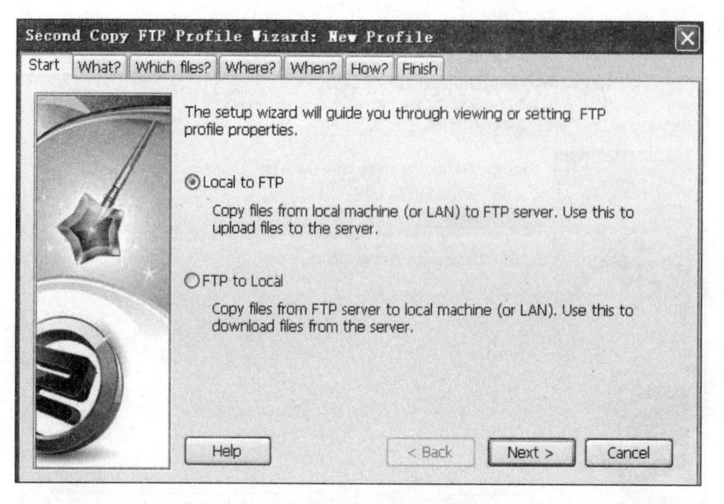

图 2-22 FTP 备份配置向导

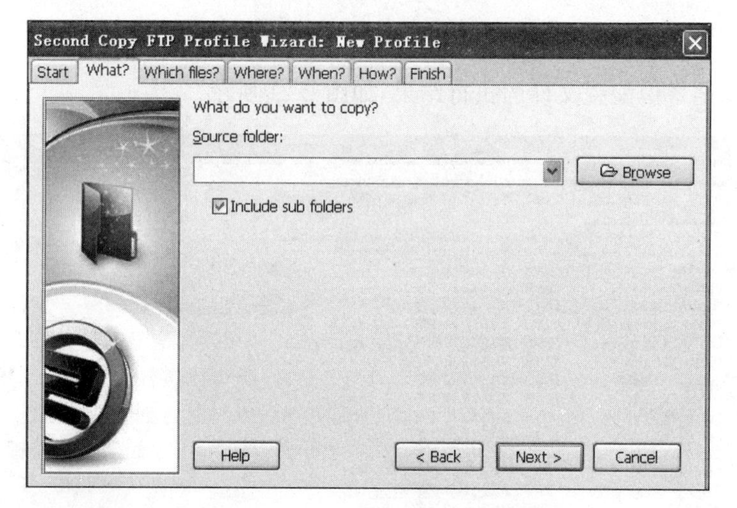

图 2-23 指定 FTP 备份的源文件夹名称

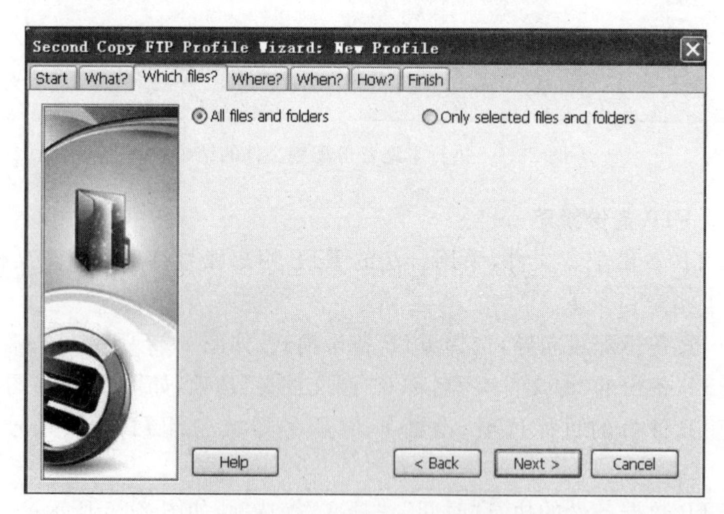

图 2-24 设置源文件夹选项

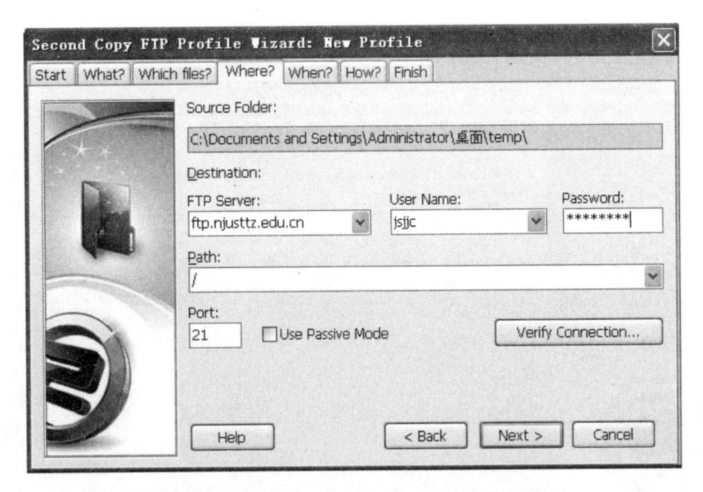

图 2-25　设置 FTP 服务器域名和用户账号

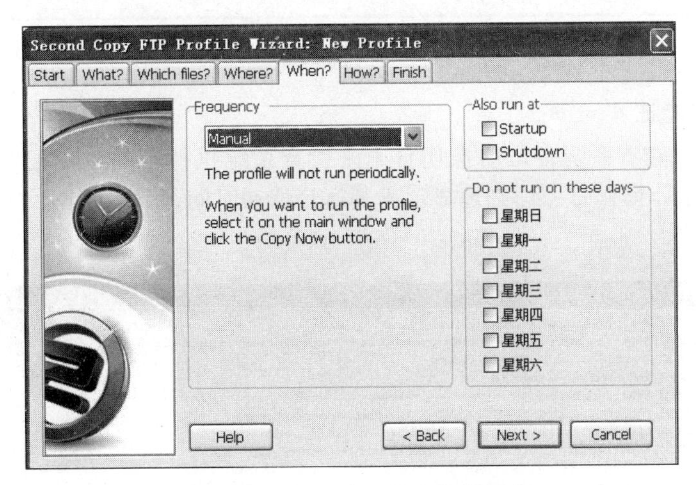

图 2-26　配置数据备份时间与频率

(5) 设置 FTP 数据备份的执行模式，如图 2-27 所示。

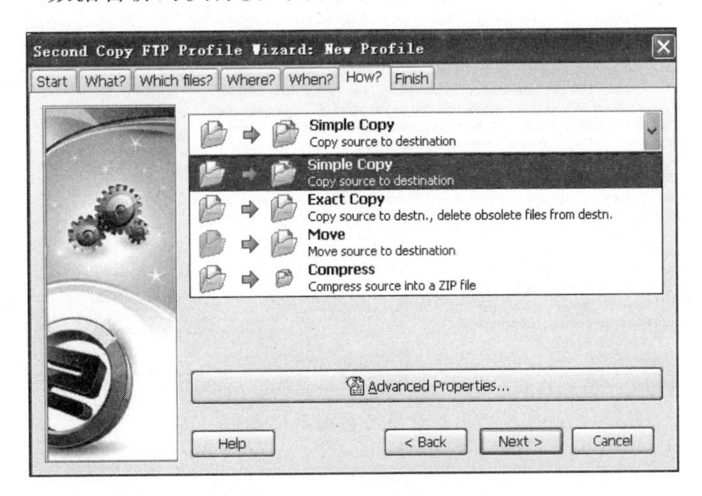

图 2-27　设置数据备份模式

(6) 设置 FTP 备份“配置文件”名称,如图 2-28 所示。

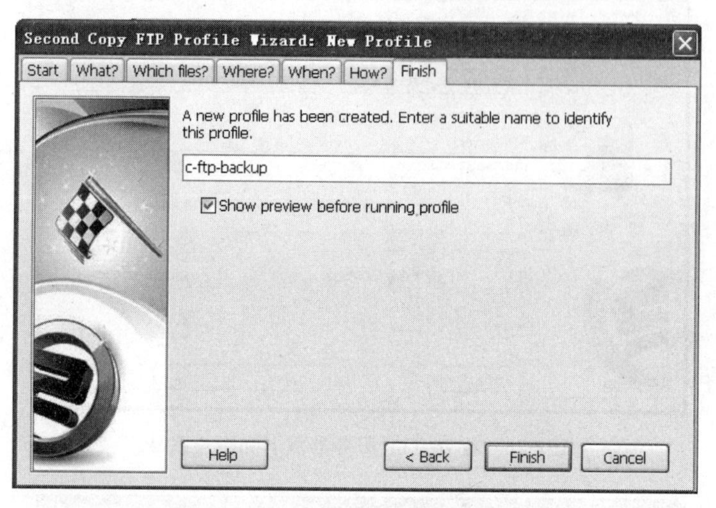

图 2-28　设置 FTP 备份配置文件名称

6. 实验结果验证

用户可以通过查看系统备份的操作日志来检查系统执行不同备份配置文件的执行效果,如图 2-29 所示。操作日志详细地显示出具体日期和时间,哪些文件备份成功,哪些文件备份失败。

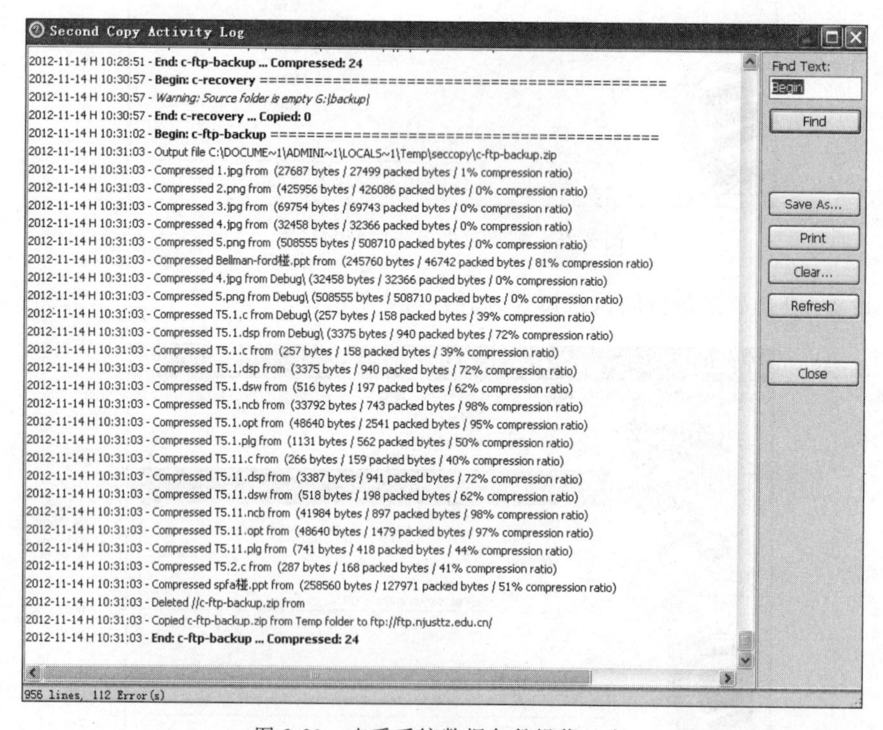

图 2-29　查看系统数据备份操作日志

第 3 章　IPv6 网络实验

3.1　IPv6 地址配置与解析

3.1.1　实验目的

（1）理解全球单播地址和链路本地地址的概念，掌握在 PC 及路由器上配置 IPv6 地址的方法。

（2）理解 NS 邻居发现和 NA 邻居通告的工作原理，掌握在 PC 及路由器上查看 IPv6 邻居信息的方法。

（3）理解 on-link 地址情况下 IPv6 地址解析的过程。

3.1.2　实验知识

随着因特网的迅猛发展，采用 32 位地址长度定义的 IPv4 有限地址空间已经被耗尽，必将极大地阻碍因特网的进一步发展。1995 年开始，因特网工程任务小组（IETF）就开始着手研究开发下一代 IP 协议，即 IPv6（IP version 6）。IPv6 是下一版本的因特网协议，也可以说是下一代因特网协议。IPv6 优势明显，具有长达 128 位的地址空间、采用分级地址模式、高效 IP 包头、服务质量的保证、IPSec 的强制机制、主机地址自动配置、认证和加密等许多新技术。

在 RFC2373 中定义了 IPv6 的 3 种 IP 地址类型：单播地址、多播地址和任播地址。

1. 单播地址

单播地址是一个单接口的标识符，送往一个单播地址的数据包将被传送至该地址标识的接口。一个网络结点可以具有多个 IPv6 网络接口，每个接口必须具有一个与之相关的单播地址。在 RFC1884 中给出了几种不同类型的 IPv6 单播地址。

（1）全球单播地址。全球单播地址是一种具有分层结构的 IP 地址，即在 IP 地址中能反映出结点所在的路由信息，包括地址格式的起始 3 位为 001 的所有地址。地址格式如图 3-1 所示。

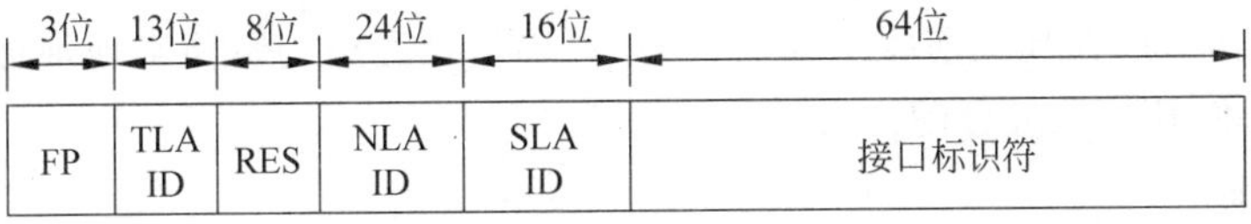

3位	13位	8位	24位	16位	64位
FP	TLA ID	RES	NLA ID	SLA ID	接口标识符

图 3-1　全球单播地址结构

（2）嵌有 IPv4 地址的 IPv6 地址。IPv6 提供两类嵌有 IPv4 地址的特殊地址（在 RFC1884 及 RFC2373 中定义）。这两类地址高 80 位均为 0，低 32 位包含 IPv4 地址。当中间的 16 位被置为全 1 时，表示该地址为 IPv4 映像地址；当中间的 16 位被置为全 0 时，表示该地址为 IPv4 兼容地址。IPv4 兼容地址用于访问既理解 IPv4 又理解 IPv6 的结点，IPv4

映像地址则用于访问只支持 IPv4 而不支持 IPv6 的结点。

(3) 链路本地地址和站点本地地址。IPv6 从全球唯一的 Internet 空间中分出两个不同的地址段：链路本地地址和站点本地地址，其地址结构如图 3-2 所示。

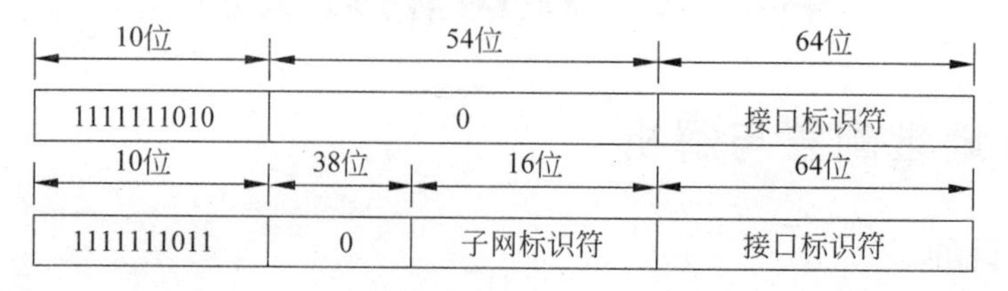

图 3-2　全球单播地址结构

链路本地地址用于单网络链路上给主机编号。前缀的前 10 位为 1111111010 标识的地址即链路本地地址。路由器在它们的源端和目的端对具有链路本地地址的包不予处理，永远不会转发这些包。该地址的中间 54 位置为 0，接口标识符为符合 EUI-64 位的 MAC 地址。

从图 3-2 可以看出，链路本地址由一个特定的前缀和接口标识符两部分组成：其前缀为 FE80::/64，同时将接口标符添加在后面作为地址的低 64 位。该 64 位接口标识使用的是 EUI-64 地址格式。

IPv6 地址中的接口 ID 是 64 位，而 MAC 地址是 48 位，因此需要在 MAC 地址的中间插入一个 16 位编码“11111111 11111110”。并根据实际情况，设置 U/L 位和 I/G 位的值，如图 3-3 所示。

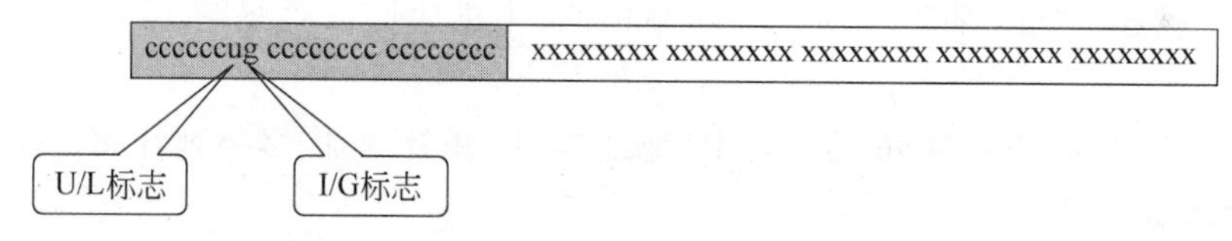

图 3-3　EUI-64 地址格式

U/L(统一/本地标识)：又称为全球/本地标识符，位于图 3-3 中的 u 位，用于指定该地址是统一管理地址还是本地管理地址。U/L=1 表示本地管理地址方式，U/L=0 则表示统一管理地址方式。

I/G(单播/组播标识)：位于图 3-3 中的 g 位，用于指定该地址是单播地址还是组播地址。I/G=0 表示单播，I/G=1 表示组播。

在 EUI-64 格式前面加上前缀 FE80::/64，可以得到完整的链路本地地址。

(4) NSAP 和 IPX 地址分配。

2. 多播地址

多播地址是一组接口(一般属于不同结点)的标识符。送往一个多播地址的数据包将被传送至该地址标识的所有接口之上。

3. 任播地址

任播地址也是一组接口(一般属于不同结点)的标识符。送往一个任播地址的数据包将被送至该地址标识的所有接口上，但只有一个接口能接收到这一数据包，通常是路由协议认为最近的一个接口。地址格式如图 3-4 所示。

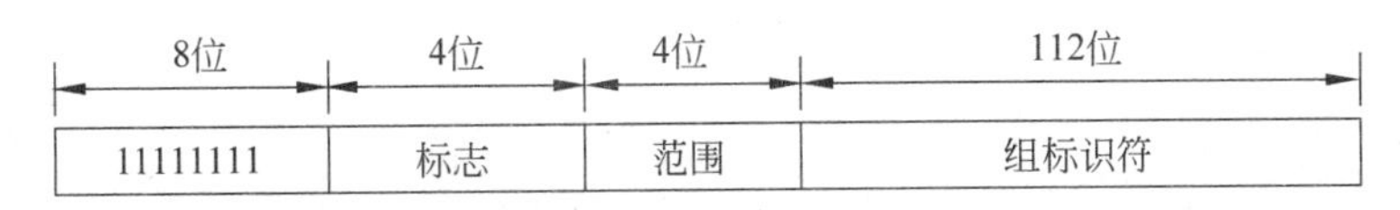

图 3-4　任播地址结构

3.1.3　实验内容与步骤

本实验使用命令查看 IPv6 邻居缓存信息，并通过分析地址解析中的报文，理解 on-link 地址解析的过程。

1. 实验设备

(1) H3C MSR2020 路由器一台，H3C S3100 交换机一台。

(2) Windows 主机一台，安装有超级终端程序，网络电缆若干。

2. 实验拓扑图

组建 Pv6 地址解析网络，如图 3-5 所示，PC 使用直连双绞线连接交换机以太网端口，交换机以太网端口使用直连双绞线连接路由器以太网端口 Ethernet 0/0。

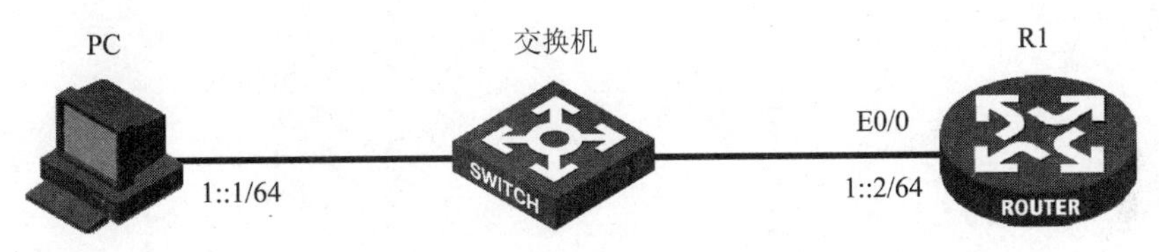

图 3-5　Pv6 地址解析网络拓扑图

3. 配置链路本地地址

无论是在 PC 上还是在路由器上，链路本地地址都可以由系统自动生成，也可以手动配置。Windows 系统提供的一个内嵌命令 netsh，使用 netsh 工具可以对网络相关参数进行查看、配置。在"命令行提示符"窗口下输入"netsh"命令并按 Enter 键后进入 netsh 工具界面，如下所示。

```
C:\>netsh
netsh>
```

1) PC 配置链路本地地址

本实验 PC 的操作系统为 Windows XP，在"命令行提示符"窗口输入"netsh interface ipv6 install"命令，安装并启动 IPv6 协议栈，如下所示。

```
C:\>netsh interface ipv6 install
确定。
```

PC 上启用了 IPv6 协议栈后，系统会自动给网络接口配置一个符合 EUI-64 规范的链路本地地址，同时 Windows 系统会创建一些逻辑接口，使用"show interface"命令来查看系统上的所有接口的信息，如下所示。

```
netsh interface ipv6>show interface
正在查询活动状态...
索引    Met   MTU    状态            名称
--------  -----  ------------  -----
  5     0   1500  已连接          本地连接
  4     2   1280  已断开          Teredo Tunneling Pseudo-Interface
  3     1   1280  已连接          6to4 Tunneling Pseudo-Interface
  2     1   1280  已连接          Automatic Tunneling Pseudo-Interface
  1     0   1500  已连接          Loopback Pseudo-Interface
```

根据输出信息可知，每一个接口都有一个唯一的索引号。在以上输出中，本地接口的索引号是 5，索引号 1～4 的接口为系统自带生成的逻辑接口，其中接口 1 为环回接口，其他的为隧道接口，每个接口还显示了各自的 MTU 值。

用“show address”命令可以查看本地接口的详细地址信息，如下所示。

```
netsh interface ipv6>show address 5
正在查询活动状态...
接口 5: 本地连接
单一广播地址        : fe80::67d:7bff:fe48:4a23
类型                : 链接
DAD 状态            : 首选项
有效寿命            : infinite
首选寿命            : infinite
作用域              : 链接
前缀起源            : 著名
后缀起源            : 链路层地址
没有找到项目。
```

根据输出信息可知，“单一广播地址”是链路本地地址。还可以在“命令行提示符”窗口中使用“ipconfig /all”命令来查看接口的地址信息，如下所示。

```
C:\>ipconfig /all
Ethernet adapter 本地连接:
        Connection-specific DNS Suffix  . :
        Description . . . . . . . . . . . : Realtek PCIe GBE Family Controller
        Physical Address. . . . . . . . . : 04-7D-7B-48-4A-23
        Dhcp Enabled. . . . . . . . . . . : No
        IP Address. . . . . . . . . . . . : 58.193.207.61
        Subnet Mask . . . . . . . . . . . : 255.255.255.0
        IP Address. . . . . . . . . . . . : fe80::67d:7bff:fe48:4a23%5
        Default Gateway . . . . . . . . . : 58.193.207.254
        DNS Servers . . . . . . . . . . . : 58.193.192.1
                                            fec0:0:0:ffff::1%1
                                            fec0:0:0:ffff::2%1
                                            fec0:0:0:ffff::3%1
```

根据输出信息可知，系统自动生成了链路本地地址，前缀为 FE80::/64，48 位的 MAC 地址自动转变为 EUI-64 格式的接口标识符。

可以手动给本地接口配置另一个链路本地地址。在 netsh 工具的 IPv6 接口界面，使用“add address”命令来给接口手动增加一个链路本地地址，如下所示。

```
netsh interface ipv6>add address 5 fe80::2
确定。

netsh interface ipv6>show address 5
正在查询活动状态...
接口 5: 本地连接
单一广播地址              : fe80::2
类型                      : 手动
DAD 状态                  : 首选项
有效寿命                  : infinite
首选寿命                  : infinite
作用域                    : 链接
前缀起源                  : 手动
后缀起源                  : 手动

单一广播地址              : fe80::67d:7bff:fe48:4a23
类型                      : 链接
DAD 状态                  : 首选项
有效寿命                  : infinite
首选寿命                  : infinite
作用域                    : 链接
前缀起源                  : 著名
后缀起源                  : 链路层地址
没有找到项目。
```

根据输出信息可知，本地接口现在有两个前缀为 FE80::/64 的链路本地地址，一个是手动配置的，另一个是系统自动生成的。

2）路由器配置链路本地地址

同样，可以通过上述的两种方法给路由器配置链路本地地址，一种是由系统自动生成符合 EUI-64 格式的地址，另一种是手动配置一个链路本地地址。

路由器配置如下：

```
#进入路由器的系统视图模式。
R1>system-view
#启用路由器的 IPv6 单播路由功能。
[R1] ipv6
#配置接口 Ethernet 0/0 自动生成链路本地地址。
[R1] interface Ethernet 0/0
```

```
[R1-Ethernet0/0] ipv6 address auto link-local
#启用 IPv6 地址自动广播功能(默认关闭)
[R1-Ethernet0/0] undo ipv6 nd ra halt
#配置完成后,查看接口的配置信息。
[R1-Ethernet0/0] display ipv6 interface Ethernet 0/0
Ethernet0/0 is up, line protocol is up
  IPv6 is enabled, link-local address is FE80::CE00:10FF:FE58:0
  No global unicast address is configured
  Joined group address(es):
    FF02::1
    FF02::2
    FF02::1:FF58:0
  MTU is 1500 bytes
  ICMP error messages limited to one every 100 milliseconds
  ICMP redirects are enabled
  ND DAD is enabled, number of DAD attempts: 1
  ND reachable time is 30000 milliseconds
  ND advertised reachable time is 0 milliseconds
  ND advertised retransmit interval is 0 milliseconds
  ND router advertisements are sent every 200 seconds
  ND router advertisements live for 1800 seconds
  Hosts use stateless autoconfig for addresses.
```

根据输出信息可知,路由器上自动生成了一个链路本地地址。

```
#手动给接口 Ethernet 0/0 配置链路本地地址
[R1-Ethernet0/0] ipv6 address fe80::1 link-local
#配置完成后,查看接口的配置信息
[R1-Ethernet0/0] display ipv6 interface Ethernet 0/0
Ethernet0/0 is up, line protocol is up
  IPv6 is enabled, link-local address is FE80::1
  No global unicast address is configured
  Joined group address(es):
    FF02::1
    FF02::2
    FF02::1:FF00:1
  MTU is 1500 bytes
  ICMP error messages limited to one every 100 milliseconds
  ICMP redirects are enabled
  ND DAD is enabled, number of DAD attempts: 1
  ND reachable time is 30000 milliseconds
  ND advertised reachable time is 0 milliseconds
  ND advertised retransmit interval is 0 milliseconds
  ND router advertisements are sent every 200 seconds
```

```
  ND router advertisements live for 1800 seconds
  Hosts use stateless autoconfig for addresses.
```

根据输出信息可知，路由器上生成了一个链路本地地址 FE80::1/64。

4. 配置全球单播地址

与配置链路本地地址的方法相同，在 PC 及路由器上分别配置全球单播地址。

```
#配置 PC
netsh interface ipv6>add address 5 1::2
确定。
#配置路由器 R1
[R1-Ethernet0/0] ipv6 address 1::1/64
```

5. 测试 IPv6 地址的可达性

```
#在路由器上使用 ping ipv6 address 命令来测试 IPv6 地址的可达性。
[R1] ping ipv6 fe80::2
  PING fe80::2 : 56   data bytes, press CTRL_C to break
    Reply from fe80::2
    bytes=56 Sequence=0 hop limit=64   time=5 ms
    Reply from fe80::2
    bytes=56 Sequence=1 hop limit=64   time=1 ms
    Reply from fe80::2
    bytes=56 Sequence=2 hop limit=64   time=1 ms
    Reply from fe80::2
    bytes=56 Sequence=3 hop limit=64   time=1 ms
    Reply from fe80::2
    bytes=56 Sequence=4 hop limit=64   time=1 ms

  ---fe80::2 ping statistics ---
    5 packet(s) transmitted
    5 packet(s) received
    0.00%packet loss
    round-trip min/avg/max=1/1/5 ms

[R1] ping ipv6 1::2
  PING 1::2 : 56   data bytes, press CTRL_C to break
    Reply from 1::2
    bytes=56 Sequence=0 hop limit=64   time=4 ms
    Reply from 1::2
    bytes=56 Sequence=1 hop limit=64   time=1 ms
    Reply from 1::2
    bytes=56 Sequence=2 hop limit=64   time=1 ms
    Reply from 1::2
    bytes=56 Sequence=3 hop limit=64   time=1 ms
```

```
    Reply from 1::2
    bytes=56 Sequence=4 hop limit=64   time=1 ms

  ---1::2 ping statistics ---
    5 packet(s) transmitted
    5 packet(s) received
    0.00%packet loss
    round-trip min/avg/max=1/1/4 ms

#在 PC 上使用 ping address 命令测试路由器的链路本地地址
C:\>ping fe80::1
Pinging fe80::1 with 32 bytes of data:
Reply from fe80::1: time<1ms
Reply from fe80::1: time<1ms
Reply from fe80::1: time<1ms
Reply from fe80::1: time<1ms
Ping statistics for fe80::1:
    Packets: Sent=4, Received=4, Lost=0(0%loss),
Approximate round trip times in milli-seconds:
    Minimum=0ms, Maximum=0ms, Average=0ms

#同样,PC 测试路由器的 IPv6 全球单播地址
C:\>ping 1::1
Pinging 1::1 with 32 bytes of data:
Reply from 1::1: time=20ms
Reply from 1::1: time=6ms
Reply from 1::1: time=6ms
Reply from 1::1: time=4ms
Ping statistics for 1::1:
    Packets: Sent=4, Received=4, Lost=0(0%loss),
Approximate round trip times in milli-seconds:
    Minimum=4ms, Maximum=20ms, Average=9ms
```

6. 查看 IPv6 邻居信息

路由器已经启用了 IPv6 报文转发功能,并且接口已经配置了 IPv6 地址 1::1/64。IPv6 地址解析中有两种情况,分别是 on-link 和 off-link。on-link 是指该地址存在于与接口相同的链路上。例如,在 PC 的邻居表中,1::1 地址就应该是 on-link,而在路由器的邻居表中,1::2 地址应该是 on-link。

需要说明,下面进行的测试是 PC 与路由器之间没有进行过任何可达性测试的情况下开展的。

首先通过命令行在 PC 及路由器上查看邻居表,如下所示。

```
netsh interface ipv6>show neighbors interface=5
接口 5: 本地连接
```

```
Internet 地址                                 物理地址            类型
--------------------------------  ---------------  -----
fe80::67d:7bff:fe48:4a23                      04-7d-7b-48-4a-23  永久
1::2                                          04-7d-7b-48-4a-23  永久
fe80::2                                       04-7d-7b-48-4a-23  永久
```

根据输出信息可知,PC 的邻居表中没有路由器的邻居信息。

```
[R1] dispaly ipv6 neighbors
IPv6 Address                              Age Link-layer Addr State Interface
```

同样,路由器的邻居表中也没有 PC 的邻居信息。

为了分析报文交互的过程,可以在 PC 上先启动协议分析软件 Wireshark,然后再在 PC 上执行 ping 命令。

```
C:\>ping 1::1
```

PC 会对目标地址 1::1 进行地址解析。完成命令后,再查看 PC 及路由器上的邻居表,如下所示。

```
netsh interface ipv6>show neighbors interface=5
接口 5: 本地连接
Internet 地址                                 物理地址            类型
--------------------------------  ---------------  -----
1::1                                      cc-00-12-5c-00-00  停滞(路由器)
fe80::67d:7bff:fe48:4a23                  04-7d-7b-48-4a-23  永久
1::2                                      04-7d-7b-48-4a-23  永久
fe80::2                                   04-7d-7b-48-4a-23  永久
fe80::1                                   cc-00-12-5c-00-00  停滞(路由器)
[R1] dispaly ipv6 neighbors all
IPv6 Address                          Age Link-layer Addr State Interface
1::2                                    0 047d.7b48.4a23  STALE E0/0
FE80::67D:7BFF:FE48:4A23                0 047d.7b48.4a23  STALE E0/0
FE80::492C:25D:C594:FCB1                0 0021.970c.e39d  REACH E0/0
```

根据输出信息可知,在 PC 及路由器的邻居表中都已经有了对方的邻居信息。

再查看 PC 上的目的缓存表,可以看到下一跃点地址,如下所示。

```
netsh interface ipv6>show destinationcache
接口 5: 本地连接
PMTU 目标地址                                    下一跃点地址
---------------------------------------  -----------
1500 1::1                                        1::1
```

7. 查看 NS 报文和 NA 报文

协议分析软件 Wireshark 捕获了很多 PC 与路由器之间的交互报文，可以在 Filter 文本框中输入“icmpv6”过滤条件，只查看 Protocol 为 ICMPv6 类型的报文，如图 3-6 所示。

```
Realtek 10/100/1000 Ethernet NIC                                   (Microsoft's Packet Scheduler)
File  Edit  View  Go  Capture  Analyze  Statistics  Telephony  Tools  Internals  Help
Filter: icmpv6                                  Expression...  Clear  Apply  Save
```

No.	Time	Source	Destination	Protocol	Length	Info
81	4.017	1::2	ff02::1:ff00:1	ICMPv6	86	Neighbor Solicitation f
85	4.086	1::1	1::2	ICMPv6	86	Neighbor Advertisement
86	4.086	1::2	1::1	ICMPv6	94	Echo (ping) request id=
87	4.102	1::1	1::2	ICMPv6	94	Echo (ping) reply id=0x
98	5.023	1::2	1::1	ICMPv6	94	Echo (ping) request id=
99	5.039	1::1	1::2	ICMPv6	94	Echo (ping) reply id=0x
137	6.023	1::2	1::1	ICMPv6	94	Echo (ping) request id=
138	6.040	1::1	1::2	ICMPv6	94	Echo (ping) reply id=0x

图 3-6　IPv6 地址解析过程报文

由图 3-6 可以看出，序列号为 81 和 85 的报文显示了 PC 发出的邻居发现和路由器应答的邻居通告，可以查看 IPv6 地址解析过程的详细信息。

(1) 查看 PC 发出的 NS 报文，如图 3-7 所示。

```
⊞ Frame 81: 86 bytes on wire (688 bits), 86 bytes captured (688 bits) on
⊟ Ethernet II, Src: QuantaCo_48:4a:23 (04:7d:7b:48:4a:23), Dst: IPv6mcas
  ⊞ Destination: IPv6mcast_ff:00:00:01 (33:33:ff:00:00:01)
  ⊞ Source: QuantaCo_48:4a:23 (04:7d:7b:48:4a:23)
    Type: IPv6 (0x86dd)
⊟ Internet Protocol Version 6, Src: 1::2 (1::2), Dst: ff02::1:ff00:1 (ff
  ⊞ 0110 .... = Version: 6
  ⊞ .... 0000 0000 .... .... .... .... .... = Traffic class: 0x00000000
    .... .... .... 0000 0000 0000 0000 0000 = Flowlabel: 0x00000000
    Payload length: 32
    Next header: ICMPv6 (58)
    Hop limit: 255
    Source: 1::2 (1::2)
    Destination: ff02::1:ff00:1 (ff02::1:ff00:1)
    [Source GeoIP: Unknown]
    [Destination GeoIP: Unknown]
⊟ Internet Control Message Protocol v6
    Type: Neighbor Solicitation (135)
    Code: 0
    Checksum: 0xafb0 [correct]
    Reserved: 00000000
    Target Address: 1::1 (1::1)
  ⊟ ICMPv6 Option (Source link-layer address : 04:7d:7b:48:4a:23)
      Type: Source link-layer address (1)
      Length: 1 (8 bytes)
      Link-layer address: QuantaCo_48:4a:23 (04:7d:7b:48:4a:23)
```

图 3-7　NS 报文

由图 3-7 可以看出，NS 报文是以组播方式发送，地址 FF02::1:FF00::1 是路由器接口 1::1 的被请求结点单播地址，ICMPv6 选项 Source link-layer address 携带了 PC 自己的链路层地址。

(2) 查看路由器应答的 NA 报文，如图 3-8 所示。

由图 3-8 可以看出，NA 报文是以单播方式发送，Flags 标志位字段中的 3 个标志位都 Set，Router 字段表示发送者是路由器，Solicited 字段表示此报文是对 NS 的应答，Override 字段表示本地地址解析结果将覆盖以前的结果。

```
⊞ Frame 85: 86 bytes on wire (688 bits), 86 bytes captured (688 bits) on
⊟ Ethernet II, Src: cc:00:12:5c:00:00 (cc:00:12:5c:00:00), Dst: QuantaCo
  ⊞ Destination: QuantaCo_48:4a:23 (04:7d:7b:48:4a:23)
  ⊞ Source: cc:00:12:5c:00:00 (cc:00:12:5c:00:00)
    Type: IPv6 (0x86dd)
⊟ Internet Protocol Version 6, Src: 1::1 (1::1), Dst: 1::2 (1::2)
  ⊞ 0110 .... = Version: 6
  ⊞ .... 1110 0000 .... .... .... .... .... = Traffic class: 0x000000e0
    .... .... .... 0000 0000 0000 0000 0000 = Flowlabel: 0x00000000
    Payload length: 32
    Next header: ICMPv6 (58)
    Hop limit: 255
    Source: 1::1 (1::1)
    Destination: 1::2 (1::2)
    [Source GeoIP: Unknown]
    [Destination GeoIP: Unknown]
⊟ Internet Control Message Protocol v6
    Type: Neighbor Advertisement (136)
    Code: 0
    Checksum: 0xb73f [correct]
  ⊟ Flags: 0xe0000000
      1... .... .... .... .... .... .... .... = Router: Set
      .1.. .... .... .... .... .... .... .... = Solicited: Set
      ..1. .... .... .... .... .... .... .... = Override: Set
      ...0 0000 0000 0000 0000 0000 0000 0000 = Reserved: 0
    Target Address: 1::1 (1::1)
  ⊟ ICMPv6 Option (Target link-layer address : cc:00:12:5c:00:00)
      Type: Target link-layer address (2)
      Length: 1 (8 bytes)
      Link-layer address: cc:00:12:5c:00:00 (cc:00:12:5c:00:00)
```

图 3-8　NA 报文

3.2　RIPng 路由协议的配置与应用

3.2.1　实验目的

（1）理解 RIPng 路由协议的工作原理。

（2）掌握 RIPng 路由协议的配置方法。

3.2.2　实验知识

根据路由协议作用的范围，IPv6 单播路由协议可以分为以下两类。

（1）域内路由选择协议，也称为 IGP（Intranet Gateway Protocol，内部网关协议），用于单个 AS（Autonomous System，自治系统）内部互联，常用的有 RIPng、OSPFv3 和 IPv6 IS-IS。

（2）域间路由选择协议，也称为 EGP（Exterior Gateway Protocol，外部网关协议），用于多个 AS 的网关之间交换路由信息，常用的是 BGP4＋。

RIPng（RIP next generation）是支持 IPv6 的距离矢量路由选择协议，在 RIPv2 的基础上发展而来。

1. RIPng 的新特性

RIPng 的新特性主要体现在 7 个方面：①采用 UDP 521 端口进行通信；②地址是 128 位；③使用前缀长度代替子网掩码，RIPng 不再区分网络路由、子网路由和主机路由；④RIPng 使用一个单独的 RTE 表示下一跳字段；⑤每个 RIPng 包所携带的最大路由表项（RTE）个数不再限制为 25 个，而是由介质 MTU 决定的；⑥RIPng 只限定于 TCP/IP 协议簇；⑦直接使用 IPv6 的安全性进行验证。

2. RIPng 的工作机制

RIPng 的基本工作原理与 RIP 相同，也是采用距离矢量(Distance Vector)算法。路由器之间互相交换信息的过程如图 3-9 所示。

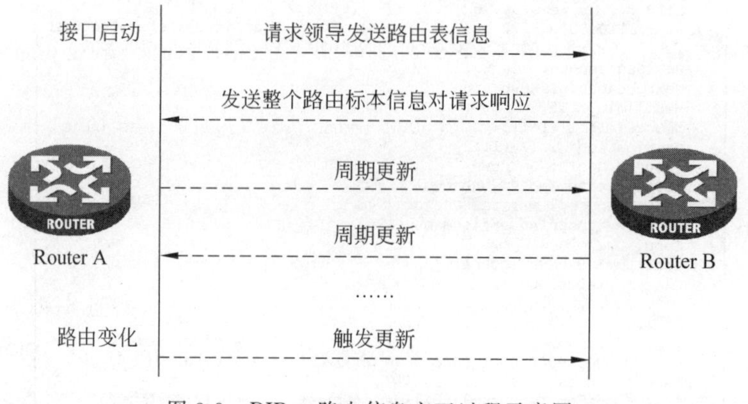

图 3-9　RIPng 路由信息交互过程示意图

定时器在 RIPng 中起着非常重要的作用，RIPng 通过定时器来实现路由表的更新、报文的发送、周期性的报文广播。RIPng 使用的定时器主要包括周期更新定时器、超时定时器、清除定时器和延迟定时器。

RIPng 对于每一个路由项维护两个定时器，即 180s 的“超时定时器”与 120s 的“清除定时器”。一条路由在“超时定时器”超时以后，将不再有效，但是仍然保存在路由表中。一条路由的“超时定时器”超时以后，该路由器将会针对此路由执行如下操作。

(1) 启动一个 120s 的“清除定时器”。

(2) 置路由 Cost 为 16。

(3) 发起一个 Response，并且在“清除定时器”超时以前使所有 Response 中都包含这个路由项。

(4) 如果一条路由的“清除定时器”超时，该路由将会从路由表中清除。

3.2.3　实验内容与步骤

1. 实验设备

(1) Windows 主机一台，安装有超级终端程序。

(2) H3C MSR2020 路由器 3 台，网络电缆若干。

2. 实验拓扑图

组建 RIPng 网络，如图 3-10 所示，设置 3 台路由器互联组成一个小型的局域网，每台路

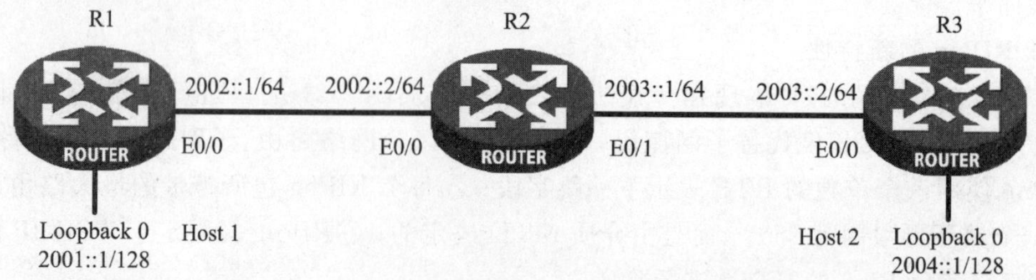

图 3-10　RIPng 网络拓扑图

由器设置一个本地环回接口，用于模拟连接的终端主机 Host1 和 Host2。在每台路由器上使能运行 RIPng 协议，使得网络互联互通，实现模拟终端主机 Host1 与 Host2 之间通信。

3. 配置 RIPng 路由协议

(1) 配置各接口的 IPv6 地址(略)。

(2) 配置 RIPng 基本功能。

① 配置 R1。

```
<R1>system-view
[R1] ipv6
[R1] ripng 1
[R1] interface ethernet 0/0
[R1-Ethernet0/0] ripng 1 enable
[R1] interface loopback 0
[R1-Loopback0] ripng 1 enable
```

② 配置 R2。

```
<R2>system-view
[R2] ipv6
[R2] ripng 1
[R2] interface ethernet 0/0
[R2-Ethernet0/0]  ripng 1 enable
[R2] interface ethernet 0/1
[R2-Ethernet0/1] ripng 1 enable
```

③ 配置 R3。

```
<R3>system-view
[R3] ipv6
[R3] ripng 1
[R3] interface ethernet 0/0
[R1-Ethernet0/0] ripng 1 enable
[R3] interface loopback 0
[R3-Loopback0] ripng 1 enable
```

3. 实验结果验证

(1) 查看 R1 的 RIPng 进程状态。

```
[R1]display ripng 1
    Public vpn-instance name :
      RIPng process : 1
         Preference : 100
         Checkzero : Enabled
         Default Cost : 0
         Maximum number of balanced paths : 8
```

```
    Update time     :   30 sec(s) Timeout time          :  180 sec(s)
    Suppress time  :  120 sec(s) Garbage-Collect time :  120 sec(s)
    Number of periodic updates sent : 73
    Number of trigger updates sent : 2
```

（2）查看 R1 的 IPv6 路由表信息。

```
[R1]display ipv6 routing-table
Routing Table : Public
        Destinations : 6        Routes : 6

Destination : ::1/128                                    Protocol   : Direct
NextHop     : ::1                                         Preference: 0
Interface   : InLoop0                                     Cost       : 0

Destination : 2001::1/128                                Protocol   : Direct
NextHop     : ::1                                         Preference: 0
Interface   : InLoop0                                     Cost       : 0

Destination : 2002::/64                                  Protocol   : Direct
NextHop     : 2002::1                                     Preference: 0
Interface   : Eth0/0                                      Cost       : 0

Destination : 2002::1/128                                Protocol   : Direct
NextHop     : ::1                                         Preference: 0
Interface   : InLoop0                                     Cost       : 0

Destination: 2003::/64                                   Protocol   : RIPng
NextHop    : FE80:: 20F:E2FF:FE5C:E29D                     Preference: 100
Interface  : Eth0/0                                        Cost        : 1

Destination: 2004::1/128                                 Protocol   : RIPng
NextHop    : FE80:: 20F:E2FF:FE5C:E29D                     Preference: 100
Interface  : Eth0/0                                        Cost        : 2

Destination: FE80::/10                                    Protocol   : Direct
NextHop    : ::                                            Preference: 0
Interface  : NULL0                                         Cost       : 0
```

由 IPv6 路由表可知，R1 已经学习到了 R2、R3 上的网络路由和特定主机路由。

（3）测试网络的连通性。在 R1 上测试到达 R3 的模拟终端主机的连通性。

```
<R1>ping ipv6 2004::1
  PING 2004::1 : 56   data bytes, press CTRL_C to break
    Reply from 2004::1
```

```
    bytes=56 Sequence=0 hop limit=64  time=2 ms
    Reply from 2004::1
    bytes=56 Sequence=1 hop limit=64  time=1 ms
    Reply from 2004::1
    bytes=56 Sequence=2 hop limit=64  time=2 ms
    Reply from 2004::1
    bytes=56 Sequence=3 hop limit=64  time=1 ms
    Reply from 2004::1
    bytes=56 Sequence=4 hop limit=64  time=2 ms

  ---2004::1 ping statistics ---
    5 packet(s)transmitted
    5 packet(s)received
    0.00%packet loss
    round-trip min/avg/max=1/1/2 ms
```

由 ping 命令的执行结果可以看出，R1 可以访问 R3 上终端主机。

3.3　OSPFv3 路由协议的配置与应用

3.3.1　实验目的

（1）理解 OSPFv3 路由协议的工作原理。
（2）掌握 OSPFv3 路由协议的配置方法。

3.3.2　实验知识

OSPFv3(Open Shortest Path First Version 3)是 1999 年 IETF 在 OSPFv2 的基础上重新设计，使其能够支持 IPv6。OSPFv3 一般用于大中型网络内部互联。

1. OSPFv3 的总体框架设计

OSPFv3 采用了模块化的设计思想，其功能模块之间的关系如图 3-11 所示。

2. OSPFv3 的新特性

OSPFv3 继承了 OSPF 最基本的工作机制，如 AREA 划分、DR 选取、可靠泛洪、SPF 算法等，同时增加了许多新的功能，主要包括：①OSPFv3 分组的目的地址是链路本地地址而非全球单播地址，LSA 头部不携带地址信息，路由器 LSA 和网络 LSA 不携带任何网络地址信息，只能使用路由器 ID 来标识或查找邻居路由器，采用域内前缀 LSA 生成域内路由的地址信息；②增加了 24 种扩展功能，如多播 OSPF 等；③OSPFv3 消息可以被验证和加密，OSPF 的多个实例可以运行在同一链路上等。

3. OSPFv3 的工作机制

OSPFv3 依靠邻接协议、交换协议和扩散协议来实现 OSPF 分组的交换过程，并最终达到同一路由区域中所有路由器的 LSDB 同步一致。相邻路由器之间通过交换 OSPF 分组来建立邻居关系，OSPF 分组基本交换过程如图 3-12 所示。

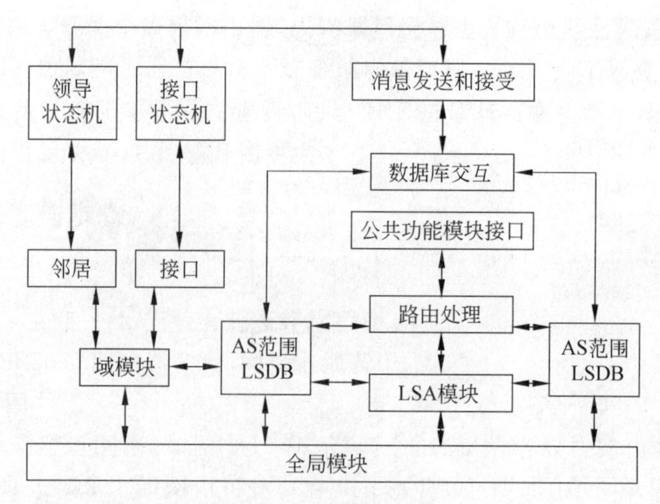

图 3-11 OSPFv3 的功能模块及其关系示意图

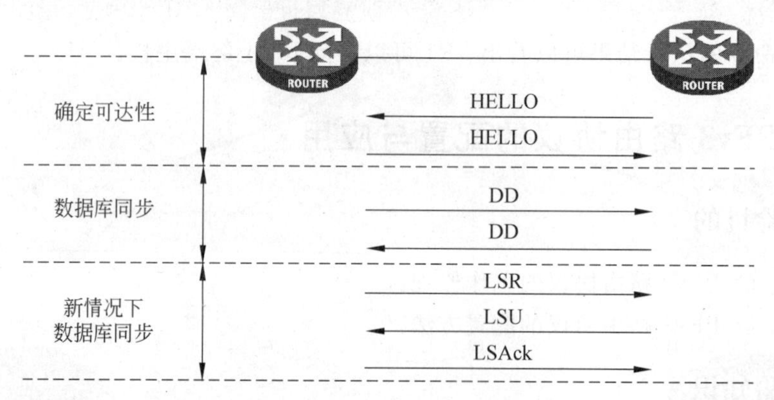

图 3-12 OSPFv3 分组基本交换过程

3.3.3 实验内容与步骤

1. 实验设备

(1) Windows 主机一台,安装有超级终端程序。

(2) H3C MSR2020 路由器 4 台,网络电缆若干。

2. 实验拓扑图

组建 OSPFv3 网络,如图 3-13 所示,所有的路由器都使能 IPv6,运行 OSPFv3 协议。整个自治系统划分为 3 个区域,Area 0 是主干区域,Area 1 是普通区域,Area 2 是存根区域。其中,R2 和 R3 作为 ABR 来转发区域之间的路由。要求将 Area2 配置为 Stub 区域,减少通告到此区域内的 LSA 数量,但不影响路由的可达性。

3. 配置 OSPFv3 路由协议

(1) 配置各接口的 IPv6 地址(略)。

(2) 配置 OSPFv3 基本功能。

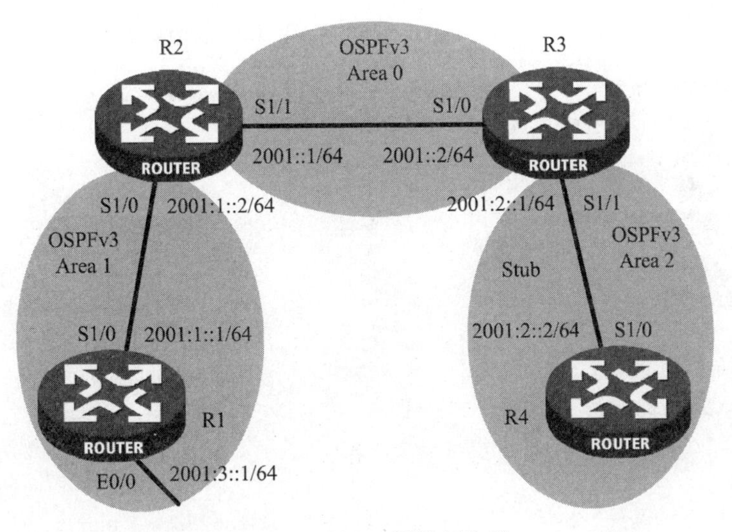

图 3-13 OSPv3 网络拓扑图

① 配置 R1。

```
<R1>system-view
[R1] ipv6
[R1] ospfv3 1
[R1-ospfv3-1] router-id 1.1.1.1
[R1-ospfv3-1] quit
[R1] interface ethernet 0/1
[R1-Ethernet0/1] ospfv3 1 area 1
[R1-Ethernet0/1] quit
[R1] interface serial 1/0
[R1-Serial1/0] ospfv3 1 area 1
[R1-Serial1/0] quit
```

② 配置 R2。

```
<R2>system-view
[R2] ipv6
[R2] ospfv3 1
[R2-ospf-1] router-id 2.2.2.2
[R2-ospf-1] quit
[R2] interface serial 1/1
[R2-Serial1/1] ospfv3 1 area 0
[R2-Serial1/1] quit
[R2] interface serial 1/0
[R2-Serial1/0] ospfv3 1 area 1
[R2-Serial1/0] quit
```

③ 配置 R3。

```
<R3>system-view
[R3] ipv6
[R3] ospfv3 1
[R3-ospfv3-1] router-id 3.3.3.3
[R3-ospfv3-1] quit
[R3] interface serial 1/0
[R3-Serial1/0] ospfv3 1 area 0
[R3-Serial1/0] quit
[R3] interface serial 1/1
[R3-Serial1/1] ospfv3 1 area 2
[R3-Serial1/1] quit
```

④ 配置 R4。

```
<R4>system-view
[R4] ipv6
[R4] ospfv3 1
[R4-ospfv3-1] router-id 4.4.4.4
[R4-ospfv3-1] quit
[R4] interface serial 1/0
[R4-Serial1/0] ospfv3 1 area 2
[R4-Serial1/0] quit
```

4. 验证 OSPFv3 配置结果

(1) 查看 R2 的 OSPFv3 邻居状态。

```
[R2] display ospfv3 peer
                     OSPFv3 Area ID 0.0.0.0(Process 1)
--------------------------------------------------------------
Neighbor ID Pri State Dead Time Interface Instance ID
3.3.3.3   1 Full/Backup 00:00:34 S1/1 0
                     OSPFv3 Area ID 0.0.0.1(Process 1)
--------------------------------------------------------------
Neighbor ID Pri State Dead Time Interface Instance ID
1.1.1.1   1 Full/DR 00:00:35 S1/0 0
```

(2) 查看 R3 的 OSPFv3 邻居状态。

```
[R3] display ospfv3 peer
                     OSPFv3 Area ID 0.0.0.0(Process 1)
--------------------------------------------------------------
Neighbor ID Pri State Dead Time Interface Instance ID
2.2.2.2   1 Full/DR 00:00:35 S1/0 0
```

```
                OSPFv3 Area ID 0.0.0.2(Process 1)
---------------------------------------------------------------
Neighbor ID Pri State Dead Time Interface Instance ID
4.4.4.4   1 Full/Backup 00:00:36 S1/1 0
```

(3) 查看 R4 的 OSPFv3 路由表信息。

```
[R4] display ospfv3 routing
E1-Type 1 external route, IA-Inter area route, I-Intra area route
E2-Type 2 external route, * -Seleted route
          OSPFv3 Router with ID(4.4.4.4)(Process 1)
---------------------------------------------------------------
 * Destination : 2001::/64
Type           : IA                         Cost : 2
NextHop        : FE80::F40D:0:93D0:1       Interface: S1/0
 * Destination : 2001:1::/64
Type           : IA                         Cost : 3
NextHop        : FE80::F40D:0:93D0:1       Interface: S1/0
 * Destination : 2001:2::/64
Type           : I                          Cost : 1
NextHop        : directly-connected        Interface: S1/0
 * Destination : 2001:3::/64
Type           : IA                         Cost : 4
NextHop        : FE80::F40D:0:93D0:1       Interface: S1/0
```

5．配置 Stub 区域

(1) 配置 R4 的 Stub 区域。

```
[R4] ospfv3
[R4-ospfv3-1] area 2
[R4-ospfv3-1-area-0.0.0.2] stub
```

(2) 配置 R3 的 Stub 区域,设置发送到 Stub 区域的默认路由的开销为 10。

```
[R3] ospfv3
[R3-ospfv3-1] area 2
[R3-ospfv3-1-area-0.0.0.2] stub
[R3-ospfv3-1-area-0.0.0.2] default-cost 10
```

6．验证 Stub 配置结果

```
#查看 R4 的 OSPFv3 路由表信息,可以看到路由表中多了一条默认路由,它的开销值为直连路由的开销和所配置的开销值之和
[R4] display ospfv3 routing
E1-Type 1 external route, IA-Inter area route, I-Intra area route
E2-Type 2 external route, * -Seleted route
```

```
          OSPFv3 Router with ID(4.4.4.4) (Process 1)
------------------------------------------------------------------
 * Destination : ::/0
Type          : IA                                Cost : 11
NextHop       : FE80::F40D:0:93D0:1             Interface: S1/0
 * Destination : 2001::/64
Type          : IA Cost : 2
NextHop       : FE80::F40D:0:93D0:1             Interface: S1/0
 * Destination : 2001:1::/64
Type          : IA                                Cost : 3
NextHop       : FE80::F40D:0:93D0:1             Interface: S1/0
 * Destination : 2001:2::/64
Type          : I                                 Cost : 1
NextHop       : directly-connected               Interface: S1/0
 * Destination : 2001:3::/64
Type          : IA                                Cost : 4
NextHop       : FE80::F40D:0:93D0:1             Interface: S1/0
#进一步减少 Stub 区域路由表规模,将 Area 2 配置为 Totally Stub 区域
#配置 Router C,设置 Area2 为 Totally Stub 区域
[R3-ospfv3-1-area-0.0.0.2] stub no-summary
#查看 Router D 的 OSPFv3 路由表,可以发现路由表项数目减少了,其他非直连路由都被抑制,只有默认路由被保留
[R4] display ospfv3 routing
E1-Type 1 external route, IA-Inter area route, I-Intra area route
E2-Type 2 external route, * -Seleted route
OSPFv3 Router with ID(4.4.4.4) (Process 1)
------------------------------------------------------------------
 * Destination : ::/0
Type          : IA                                Cost : 11
NextHop       : FE80::F40D:0:93D0:1             Interface: S1/0
 * Destination : 2001:2::/64
Type          : I                                 Cost : 1
NextHop       : directly-connected               Interface: S1/0
```

3.4 IPv6 IS-IS 路由协议的配置与应用

3.4.1 实验目的

(1) 理解 IPv6 IS-IS 路由协议的工作原理。

(2) 掌握 IPv6 IS-IS 路由协议的配置方法。

3.4.2 实验知识

IS-IS(Intermediate System-Intermediate System intra-domain routing information exchange protocol,IS-IS 域内路由信息交换协议)支持包括 IPv6 的多种网络层协议,支持 IPv6 协议的 IS-IS 路由协议又称为 IPv6 IS-IS 动态路由协议。

1. IPv6 IS-IS 的新特性

IETF 的 draft-ietf-isis-ipv6-05 中规定了 IS-IS 为支持 IPv6 所新增的内容,主要是新添加的支持 IPv6 协议的两个 TLV(Type-Length-Value)和一个新的 NLPID(Network Layer Protocol Identifier,网络层协议标识符)。

2. IPv6 IS-IS 的工作机制

与 OSPFv3 相似,IPv6 IS-IS 也是基于链路状态算法的动态路由选择协议,其路由信息交换机制与 OSPFv3 基本相同,这里不再详细叙述。

3.4.3 实验内容与步骤

1. 实验设备

(1) Windows 主机一台,安装有超级终端程序。

(2) H3C MSR2020 路由器 4 台,网络电缆若干。

2. 实验拓扑图

组建 IPv6 IS-IS 网络,如图 3-14 所示,所有的路由器都使能 IPv6,运行 IPv6 IS-IS 协议,属于同一自治系统 AS。AS 有两个区域,R1、R2 和 R3 属于 Area 10,而 R4 属于 Area 20。要求 R1 和 R2 是 Level-1 路由器,R4 是 Level-2 路由器,R3 是 Level-1-2 路由器。所有路由器通过 IPv6 IS-IS 协议达到 IPv6 网络互联的目的。

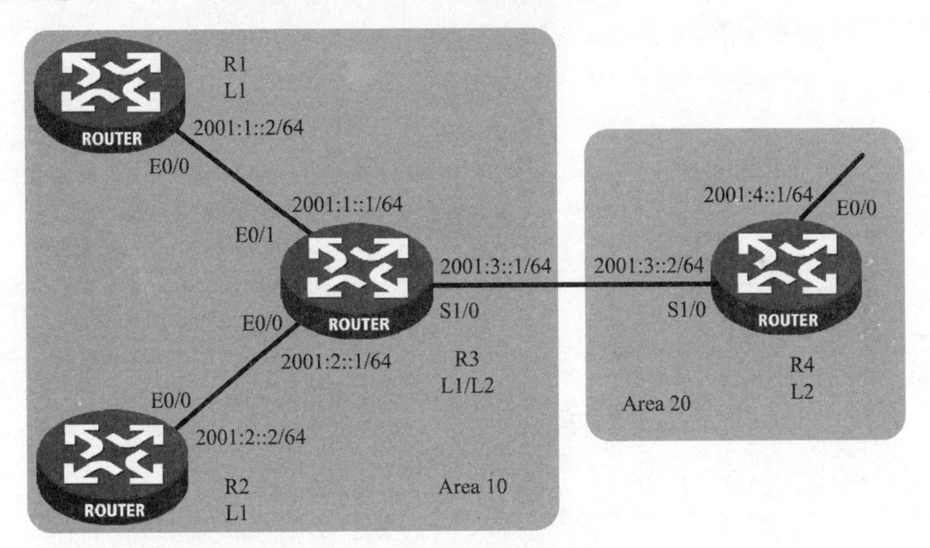

图 3-14　IPv6 IS-IS 网络拓扑图

3. 配置 IPv6 IS-IS 路由协议

(1) 配置各接口的 IPv6 地址(略)。

(2) 配置 IPv6 IS-IS 基本功能。

① 配置 R1。

```
<R1>system-view
[R1] IPv6
[R1] isis 1
[R1-isis-1] is-level level-1
[R1-isis-1] network-entity 10.0000.0000.0001.00
[R1-isis-1] ipv6 enable
[R1-isis-1] quit
[R1] interface ethernet 0/0
[R1-Ethernet0/0] isis ipv6 enable 1
[R1-Ethernet0/0] quit
```

② 配置 R2。

```
<R2>system-view
[R1] IPv6
[R2] isis 1
[R2-isis-1] is-level level-1
[R2-isis-1] network-entity 10.0000.0000.0002.00
[R2-isis-1] ipv6 enable
[R2-isis-1] quit
[R2] interface ethernet 0/0
[R2-Ethernet0/0] isis ipv6 enable 1
[R2-Ethernet0/0] quit
```

③ 配置 R3。

```
<R3>system-view
[R1] IPv6
[R3] isis 1
[R3-isis-1] network-entity 10.0000.0000.0003.00
[R3-isis-1] ipv6 enable
[R3-isis-1] quit
[R3] interface serial 1/0
[R3-Serial1/0] isis ipv6 enable 1
[R3-Serial1/0] quit
[R3] interface ethernet 0/0
[R3-Ethernet0/1] isis ipv6 enable 1
[R3-Ethernet0/1] quit
[R3] interface ethernet 0/1
[R3-Ethernet0/0] isis ipv6 enable 1
[R3-Ethernet0/0] quit
```

④ 配置 R4。

```
<R4>system-view
```

```
[R1] IPv6
[R4] isis 1
[R4-isis-1] is-level level-2
[R4-isis-1] network-entity 20.0000.0000.0004.00
[R4-isis-1] ipv6 enable
[R4-isis-1] quit
[R4] interface serial 1/0
[R4-Serial1/0] isis ipv6 enable 1
[R4-Serial1/0] quit
[R4] interface ethernet 0/0
[R4-Ethernet0/0] isis ipv6 enable 1
[R4-Ethernet0/0] quit
```

4. 实验结果验证

(1) 查看 R3 的邻居信息，可以看到另外 3 个路由器信息。

```
[R3]display isis peer
                        Peer information for ISIS(1)
----------------------------------------------------------------------------

  System Id: 0000.0000.0002
  Interface: Eth0/0                  Circuit Id:  0000.0000.0003.01
  State: Up      HoldTime: 24s       Type: L1           PRI: 64

  System Id: 0000.0000.0001
  Interface: Eth0/1                  Circuit Id:  0000.0000.0003.02
  State: Up      HoldTime: 27s       Type: L1           PRI: 64

  System Id: 0000.0000.0004
  Interface: S1/0                    Circuit Id:  003
  State: Up      HoldTime: 30s       Type: L2           PRI: --
```

(2) 查看 R1 的 IPv6 路由表信息。

```
[R1]display ipv6 routing-table
Routing Table : Public
                 Destinations : 7        Routes : 7

Destination : ::/0                                  Protocol   : ISISv6
NextHop     : FE80::20F:E2FF:FE76:9C45              Preference: 15
Interface   : Eth0/0                                Cost       : 10

Destination : ::1/128                               Protocol   : Direct
NextHop     : ::1                                   Preference: 0
Interface   : InLoop0                               Cost       : 0
```

```
Destination : 2001:1::/64                      Protocol   : Direct
NextHop     : 2001:1::2                        Preference : 0
Interface   : Eth0/0                           Cost       : 0

Destination : 2001:1::2/128                    Protocol   : Direct
NextHop     : ::1                              Preference : 0
Interface   : InLoop0                          Cost       : 0

Destination : 2001:2::/64                      Protocol   : ISISv6
NextHop     : FE80::20F:E2FF:FE76:9C45         Preference : 15
Interface   : Eth0/0                           Cost       : 20

Destination : 2001:3::/64                      Protocol   : ISISv6
NextHop     : FE80::20F:E2FF:FE76:9C45         Preference : 15
Interface   : Eth0/0                           Cost       : 20

Destination : FE80::/10                        Protocol   : Direct
NextHop     : ::                               Preference : 0
Interface   : NULL0                            Cost       : 0
```

(3) 查看 R3 的 IPv6 路由表信息。

```
[R3]display ipv6 routing-table
Routing Table : Public
            Destinations : 9        Routes : 9

Destination : ::1/128                          Protocol   : Direct
NextHop     : ::1                              Preference : 0
Interface   : InLoop0                          Cost       : 0

Destination : 2001:1::/64                      Protocol   : Direct
NextHop     : 2001:1::1                        Preference : 0
Interface   : Eth0/1                           Cost       : 0

Destination : 2001:1::1/128                    Protocol   : Direct
NextHop     : ::1                              Preference : 0
Interface   : InLoop0                          Cost       : 0

Destination : 2001:2::/64                      Protocol   : Direct
NextHop     : 2001:2::1                        Preference : 0
Interface   : Eth0/0                           Cost       : 0

Destination : 2001:2::1/128                    Protocol   : Direct
NextHop     : ::1                              Preference : 0
```

```
 Interface   : InLoop0                                  Cost       : 0

 Destination : 2001:3::/64                              Protocol   : Direct
 NextHop     : 2001:3::1                                Preference : 0
 Interface   : S1/0                                     Cost       : 0

 Destination : 2001:3::1/128                            Protocol   : Direct
 NextHop     : ::1                                      Preference : 0
 Interface   : InLoop0                                  Cost       : 0

 Destination : 2001:4::/64                              Protocol   : ISISv6
 NextHop     : FE80::187A:1C:2                          Preference : 15
 Interface   : S1/0                                     Cost       : 20

 Destination : FE80::/10                                Protocol   : Direct
 NextHop     : ::                                       Preference : 0
 Interface   : NULL0                                    Cost       : 0
```

(4) 查看 R4 的 IPv6 路由表信息。

```
<R4>display ipv6 routing-table
Routing Table : Public
               Destinations : 8        Routes : 8

 Destination : ::1/128                                  Protocol   : Direct
 NextHop     : ::1                                      Preference: 0
 Interface   : InLoop0                                  Cost       : 0
 Destination : 2001:1::/64                              Protocol   : ISISv6
 NextHop     : FE80::52BC:20:2                          Preference: 15
 Interface   : S1/0                                     Cost       : 20

 Destination : 2001:2::/64                              Protocol   : ISISv6
 NextHop     : FE80::52BC:20:2                          Preference: 15
 Interface   : S1/0                                     Cost       : 20

 Destination : 2001:3::/64                              Protocol   : Direct
 NextHop     : 2001:3::2                                Preference: 0
 Interface   : S1/0                                     Cost       : 0

 Destination : 2001:3::2/128                            Protocol   : Direct
 NextHop     : ::1                                      Preference: 0
 Interface   : InLoop0                                  Cost       : 0

 Destination : 2001:4::/64                              Protocol   : Direct
```

```
NextHop     : 2001:4::1                         Preference : 0
Interface   : Eth0/0                            Cost       : 0

Destination : 2001:4::1/128                     Protocol   : Direct
NextHop     : ::1                               Preference : 0
Interface   : InLoop0                           Cost       : 0

Destination : FE80::/10                         Protocol   : Direct
NextHop     : ::                                Preference : 0
Interface   : NULL0                             Cost       : 0
```

从上述 R1、R2 和 R3 的 IPv6 路由表信息可以看出，两个区域的边界路由器 R3 已经在不同 IS-IS 类型数据库之间做了路由重分发。

3.5 BGP4+路由协议的配置与应用

3.5.1 实验目的

(1) 理解 BGP4+路由协议的工作原理。

(2) 掌握 BGP4+路由协议的配置方法。

3.5.2 实验知识

BGP4+(Multiprotocol Extensions for BGP-4)是 1998 年 IETF 对 BGP4 的扩展，提供了对 IPv6、IPX 和 MPLS VPN 等多种网络层协议的支持，兼容 BGP4。

1. BGP4+的新特性

BGP4+对 IPv6 的功能扩展包括以下两个方面。

(1) BGP 对等体使用 OPEN 消息进行 BGP 能力协商，此过程通过 OPEN 消息的可选参数 Capabilities Advertisement(能力通告)实现。

(2) 为了使 BGP4 能够通告 IPv6 路由，BGP4+新增加了两种属性：第一种是 MP_REACH_NLRI(Multiprotocol Reachable NLRI，多协议可达 NLRI)属性；第二种是 MP_UNREACH_NLRI(Multiprotocol Unreachable NLRI，多协议不可达 NLRI)属性。

2. BGP4+的工作机制

BGP4+沿用了 BGP 的消息机制。BGP 对等体相互之间通过交互 OPEN 消息完成能力协商，并通过 KEEPALIVE 消息来持续确认连接，建立起 BGP 连接；BGP 对等体通过 UPDATE 消息通告路由。同时，BGP4+也有了新的改进：使用权能通告协商多协议处理能力，以及正确处理下个中继属性和多协议(不)可达属性的出错处理。

3.5.3 实验内容与步骤

1. 实验设备

(1) Windows 主机一台，安装有超级终端程序。

(2) H3C MSR2020 路由器 4 台，网络电缆若干。

2. 实验拓扑图

组建 BGP4＋网络，如图 3-15 所示，所有路由器都使能 IPv6，运行 IPv6 BGP 协议。路由器 R1 属于自治系统 AS 65008，路由器 R2、R3 和 R4 属于自治系统 AS 65009。R1 和 R2 之间建立 EBGP 连接，R2、R3 和 R4 之间建立 IBGP 全连接。

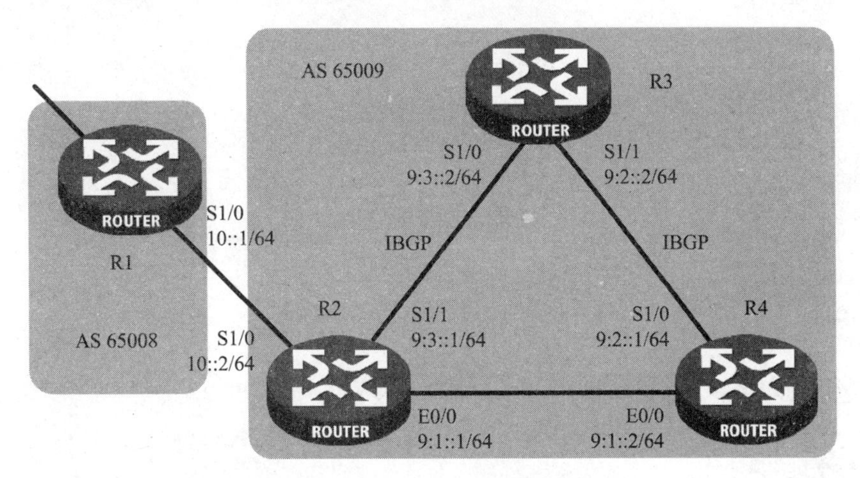

图 3-15　BGP4＋基本配置组网图(路由应用)

3. 配置 BGP4＋路由协议

(1) 配置各接口的 IPv6 地址(略)。

(2) 配置 IBGP 连接。

① 配置 R2。

```
<R2>system-view
[R2] ipv6
[R2] bgp 65009
[R2-bgp] router-id 2.2.2.2
[R2-bgp] ipv6-family
[R2-bgp-af-ipv6] peer 9:1::2 as-number 65009
[R2-bgp-af-ipv6] peer 9:3::2 as-number 65009
[R2-bgp-af-ipv6] quit
[R2-bgp] quit
```

② 配置 R3。

```
<R3>system-view
[R3] ipv6
[R3] bgp 65009
[R3-bgp] router-id 3.3.3.3
[R3-bgp] ipv6-family
[R3-bgp-af-ipv6] peer 9:3::1 as-number 65009
[R3-bgp-af-ipv6] peer 9:2::1 as-number 65009
[R3-bgp-af-ipv6] quit
[R3-bgp] quit
```

③ 配置 R4。

```
<R4>system-view
[R4] ipv6
[R4] bgp 65009
[R4-bgp] router-id 4.4.4.4
[R4-bgp] ipv6-family
[R4-bgp-af-ipv6] peer 9:1::1 as-number 65009
[R4-bgp-af-ipv6] peer 9:2::2 as-number 65009
[R4-bgp-af-ipv6] quit
[R4-bgp] quit
```

(3) 配置 EBGP 连接。
① 配置 R1。

```
<R1>system-view
[R1] ipv6
[R1] bgp 65008
[R1-bgp] router-id 1.1.1.1
[R1-bgp] ipv6-family
[R1-bgp-af-ipv6] peer 10::2 as-number 65009
[R1-bgp-af-ipv6] quit
[R1-bgp] quit
```

② 配置 R2。

```
[R2] bgp 65009
[R2-bgp] ipv6-family
[R2-bgp-af-ipv6] peer 10::1 as-number 65008
[R2-bgp-af-ipv6] quit
[R2-bgp] quit
```

4. 实验结果验证

(1) 查看 R2 的对等体信息。

```
[R2] display bgp ipv6 peer
BGP local router ID : 2.2.2.2
Local AS number : 65009
Total number of peers : 3                          Peers in established state : 3

Peer     V    AS       MsgRcvd  MsgSent  OutQ  PrefRcv  Up/Down     State

10::2    4    65008    3        3        0     0        00:01:16    Established
9:3::2   4    65009    2        3        0     0        00:00:40    Established
9:1::2   4    65009    2        4        0     0        00:00:19    Established
```

（2）查看 R3 的对等体信息。

```
[R3] display bgp ipv6 peer
BGP local router ID : 3.3.3.3
Local AS number : 65009
Total number of peers : 2                    Peers in established state : 2

Peer     V    AS      MsgRcvd  MsgSent  OutQ  PrefRcv  Up/Down     State

9:3::1   4    65009   4        4        0     0        00:02:18    Established
9:2::2   4    65009   4        5        0     0        00:01:52    Established
```

可以看出，R1 和 R2 之间建立的 EBGP 连接，R2、R3 和 R4 之间建立了 IBGP 连接。

3.6　IPv6 手动隧道的配置与应用

3.6.1　实验目的

（1）理解 IPv6 over IPv4 隧道的基本原理。

（2）掌握 IPv6 手动隧道的配置方法。

3.6.2　实验知识

在 IPv6 成为主流协议之前，首先使用 IPv6 协议栈的网络希望能与当前仍被 IPv4 支撑着的 Internet 进行正常通信，因此必须开发出 IPv4 和 IPv6 互通技术以保证 IPv4 能够平稳过渡到 IPv6。此外，互通技术应该对信息传递做到高效无缝。国际上 IETF 组建了专门的 NGTRANS 工作组，开展对 IPv4 和 IPv6 过渡问题和高效无缝互通问题的研究。目前已经出现了多种过渡技术和互通方案，这些技术各有特点，用于解决不同过渡时期、不同环境的通信问题。

目前解决过渡问题的基本技术主要有 3 种：双协议栈（RFC2893）、隧道技术（RFC2893）和 NAT-PT（RFC2766）。

隧道是一种封装技术，它利用一种网络协议来传输另一种网络协议，即利用一种网络传输协议，将其他协议产生的数据报文封装在它自己的报文中，然后在网络中传输。隧道（Tunnel）是一个虚拟的点对点的连接。在实际应用中仅支持点对点连接的虚拟接口为 Tunnel 接口。一个 Tunnel 提供了一条使封装的数据报文能够传输的通路，并且在一个 Tunnel 的两端可以分别对数据报文进行封装及解封装。隧道技术就是指包括数据封装、传输和解封装在内的全过程。

1. IPv6 over IPv4 隧道原理

IPv6 over IPv4 隧道机制是将 IPv6 数据报文前封装上 IPv4 的报文头，通过隧道使 IPv6 报文穿越 IPv4 网络，实现隔离的 IPv6 网络的互通，如图 3-16 所示。

IPv6 over IPv4 隧道对报文的处理过程如下。

（1）IPv6 网络中的设备发送 IPv6 报文，到达隧道的源端设备。

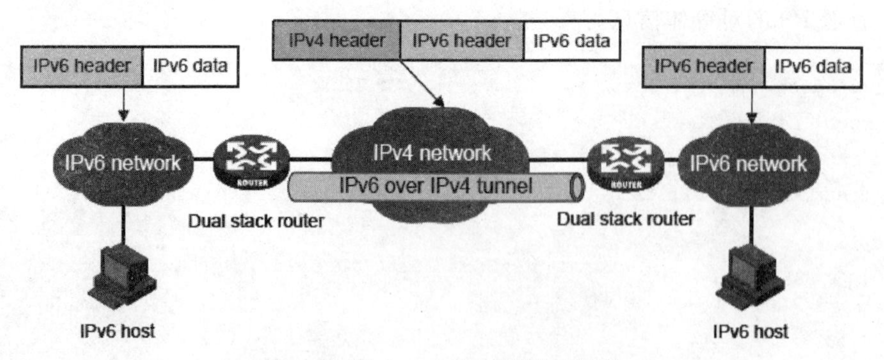

图 3-16 IPv6 over IPv4 隧道原理图

(2) 隧道的源端设备根据路由表判定该报文要通过隧道进行转发，将会在 IPv6 报文前封装上 IPv4 的报文头，通过隧道的实际物理接口将报文转发出去。

(3) 封装报文通过隧道到达隧道目的端设备，目的端设备判断该封装报文的目的地是本设备后，将对报文进行解封装。

(4) 目的端设备根据解封装后的 IPv6 报文的目的地址将报文进行转发；如果目的地就是本设备，则将 IPv6 报文转给上层协议处理。

2. 配置隧道和自动隧道

IPv6 over IPv4 隧道可以建立在主机-主机、主机-设备、设备-主机、设备-设备之间。隧道的终点可能是 IPv6 报文的最终目的地，也可能需要进一步转发。

根据隧道终点的 IPv4 地址的获取方式不同，隧道分为"配置隧道"与"自动隧道"。

(1) 如果 IPv6 over IPv4 隧道的终点地址不能从 IPv6 报文的目的地址中自动获取，需要进行手工配置，这样的隧道即为"配置隧道"。

(2) 如果 IPv6 over IPv4 隧道的接口地址采用内嵌 IPv4 地址的特殊 IPv6 地址形式，即可以从 IPv6 报文的目的地址中自动获取隧道终点的 IPv4 地址，这样的隧道即为"自动隧道"。

3. IPv6 over IPv4 隧道模式

根据对 IPv6 报文的封装方式的不同，IPv6 over IPv4 隧道模式如表 3-1 所示。

表 3-1 IPv6 over IPv4 隧道模式

隧道类型	隧道模式
配置隧道	IPv6 手动隧道
	IPv6-over-IPv4 GRE(Generic Routing Encapsulation，通用路由封装)隧道
自动隧道	IPv4 兼容 IPv6 自动隧道
	6to4 隧道
	ISATAP(Intra-Site Automatic Tunnel Addressing Protocol，站点内自动隧道寻址协议)隧道

下面将对各隧道模式分别做详细介绍。首先，在表 3-2 中对各隧道模式的关键配置参数进行了简要列举。

表 3-2　IPv6 over IPv4 隧道模式参数对比表

隧 道 模 式	隧道源/目的地址	隧道接口地址
IPv6 手动隧道	源/目的地址为手动配置的 IPv4 地址	IPv6 地址
IPv4 兼容 IPv6 自动隧道	源地址为手动配置的 IPv4 地址,目的地址不需配置	IPv4 兼容 IPv6 地址,其格式为::IPv4-source-address/96
6to4 隧道	源地址为手动配置的 IPv4 地址,目的地址不需配置	6to4 地址,其格式为 2002:IPv4-source-address::/48
ISATAP 隧道	源地址为手动配置的 IPv4 地址,目的地址不需配置	ISATAP 地址,其格式为 Prefix:0:5EFE:IPv4-source-address/64
IPv6-over-IPv4 GRE 隧道	源/目的地址为手动配置的 IPv4 地址	IPv6 地址

4. IPv6 手动隧道

IPv6 手动隧道也称为 IPv6 over IPv4 隧道,是手动建立的经过 IPv4 骨干网络连接两端 IPv6 网络的永久数据链路,实现两个边界路由器或终端系统与边界路由器之间进行安全通信。IPv6 手动隧道报文封装的过程如图 3-17 所示。

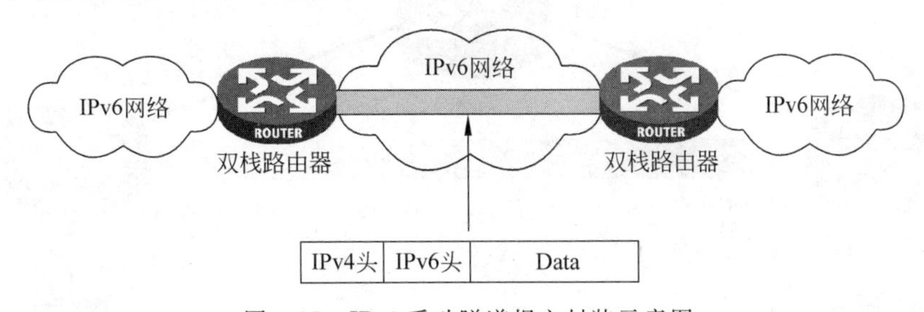

图 3-17　IPv6 手动隧道报文封装示意图

IPv6 手动隧道的转发机制遵循"隧道起点封装→IPv4 网络中路由→隧道终点解封装"。因为 IPv6 手动隧道两端结点都需要手工配置 IPv4 地址,因此随着隧道数量的增多,管理隧道的任务也就加重。

5. GRE 隧道

GRE 隧道的基本工作原理与 IPv6 手动隧道相似,每条链路都是一条单独的隧道,唯一不同的是额外增加了用于隧道封装的 GRE 协议信息。GRE 隧道也是在两端之间手动建立数据链路,把 IPv6 作为乘客协议,把 GRE 作为承载协议,再用 IP 协议封装 GRE 报文,其报文封装格式如图 3-18 所示。在 IPv4 网络上,建立标准的 GRE 隧道可以传输 IPv6 数据报文。

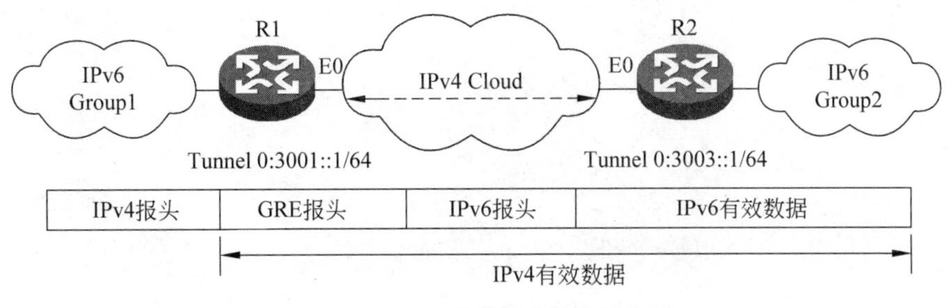

图 3-18　GRE 隧道报文封装示意图

GRE 隧道可以实现两个边界路由器，或终端系统与边界路由器之间进行安全可靠地通信。需要注意的是，边界路由器与终端系统必须启用双栈；同时，为了增强隧道的安全性，可以设置 GRE 报文头来验证隧道的关键字，使得 GRE 隧道具有更广泛的应用。GRE 隧道也具有 IPv6 手动隧道的缺点，其传输开销更大。

3.6.3 实验内容与步骤

1. 实验设备

(1) Windows 主机一台，安装有超级终端程序。

(2) H3C MSR2020 路由器 3 台，网络电缆若干。

2. 实验拓扑图

组建 IPv6 手动隧道网络，如图 3-19 所示，两个 IPv6 网络双栈路由器 R1 与 R3 都与 IPv4 网络连接，R1 与 R3 之间路由可达。在 R1 和 R3 上使能 IPv6 单播路由功能，创建 IPv6 手动隧道，启用设备环回接口模拟 IPv6 网络中的终端主机。要求在 R1 和 R3 之间建立 IPv6 手动隧道，使两个 IPv6 网络可以互通。

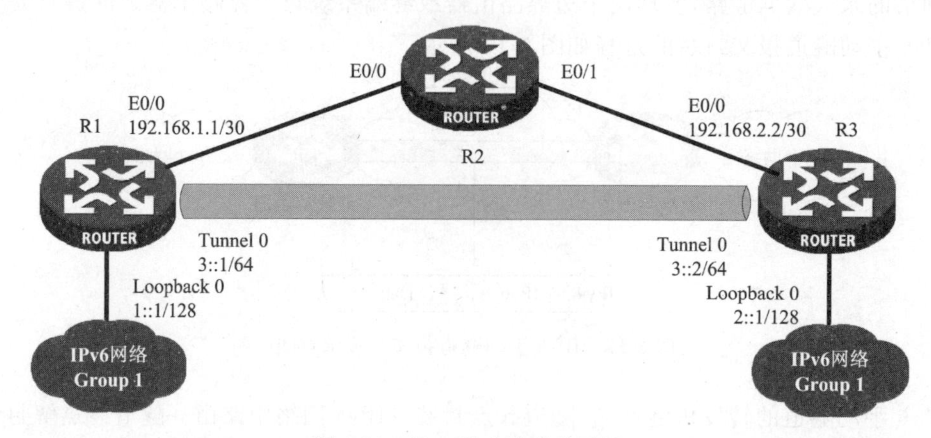

图 3-19 IPv6 手动隧道组网图

3. 配置 IPv6 手动隧道

(1) 三台路由器 R1、R2、R3 之间 IPv4 网络互联(略)。

(2) 分别在 R1 和 R3 上启用 IPv6 单播路由功能、创建 IPv6 手动隧道，并启用设备环回接口模拟 IPv6 网络中的终端主机。

① 配置 R1。

```
<R1>system-view
[R1]ipv6
[R1]interface loopback 0
[R1-Loopback0]ipv6 address 1::1/128
[R1] interface Tunnel 0
[R1-Tunnel0] ipv6 address 3::1/64
[R1-Tunnel0] source 192.168.1.1
[R1-Tunnel0] destination 192.168.2.2
```

```
[R1-Tunnel0] tunnel-protocol ipv6-ipv4
[R1-Tunnel0] quit
[R1] ipv6 route-static 2:: 16 Tunnel 0
```

② 配置 R3。

```
<R3>system-view
[R3]ipv6
[R3]interface loopback 0
[R3-Loopback0]ipv6 address 2::1/128
[R3] interface Tunnel 0
[R3-Tunnel0] ipv6 address 3::2/64
[R3-Tunnel0] source 192.168.2.2
[R3-Tunnel0] destination 192.168.1.1
[R3-Tunnel0] tunnel-protocol ipv6-ipv4
[R3-Tunnel0] quit
[R3] ipv6 route-static 1:: 16 Tunnel 0
```

4. 实验结果验证

1）验证 IPv6 手动隧道

（1）查看 IPv6 手动隧道的状态。

```
<R1>display interface tunnel0
Tunnel0 current state: UP
Line protocol current state: UP
Description: Tunnel0 Interface
The Maximum Transmit Unit is 1480
Internet protocol processing : disabled
Encapsulation is TUNNEL, service-loopback-group ID not set.
Tunnel source 192.168.1.1, destination 192.168.2.2
Tunnel bandwidth 64(kbps)
Tunnel protocol/transport IPv6/IP
Output queue :(Urgent queuing : Size/Length/Discards) 0/100/0
Output queue :(Protocol queuing : Size/Length/Discards) 0/500/0
Output queue :(FIFO queuing : Size/Length/Discards) 0/75/0
……
```

由输出信息可知，Tunnel 0 状态是 UP，隧道类型是 IPv6/IP。

（2）查看 R1 的 IPv6 路由表。

```
#查看 R1 的 IPv6 路由表。
<R1>display ipv6 routing-table
Routing Table : Public
        Destinations : 6          Routes : 6
Destination : ::1/128                              Protocol  : Direct
```

```
NextHop     : ::1                              Preference : 0
Interface   : InLoop0                          Cost       : 0

Destination: 1::1/128                          Protocol   : Direct
NextHop     : ::1                              Preference : 0
Interface   : InLoop0                          Cost       : 0

Destination: 2::/16                            Protocol   : Static
NextHop     : 3::1                             Preference : 60
Interface   : Tun0                             Cost       : 0

Destination: 3::/64                            Protocol   : Direct
NextHop     : 3::1                             Preference : 0
Interface   : Tun0                             Cost       : 0

Destination: 3::1/128                          Protocol   : Direct
NextHop     : ::1                              Preference : 0
Interface   : InLoop0                          Cost       : 0

Destination: FE80::/10                         Protocol   : Direct
NextHop     : ::                               Preference : 0
Interface   : NULL0                            Cost       : 0
```

由输出信息可知,R1 上的 IPv6 路由表中有指向 2::/16 网络的静态路由。

(3) 测试 IPv6 手动隧道的连通性。

```
#测试 IPv6 手动隧道的连通性。
<R1>ping ipv6 2::1
  PING 2::1 : 56  data bytes, press CTRL_C to break
    Reply from 2::1
    bytes=56 Sequence=0 hop limit=64  time=2 ms
    Reply from 2::1
    bytes=56 Sequence=1 hop limit=64  time=1 ms
    Reply from 2::1
    bytes=56 Sequence=2 hop limit=64  time=2 ms
    Reply from 2::1
    bytes=56 Sequence=3 hop limit=64  time=1 ms
    Reply from 2::1
    bytes=56 Sequence=4 hop limit=64  time=2 ms

  ---2::1 ping statistics ---
    5 packet(s)transmitted
    5 packet(s)received
    0.00%packet loss
    round-trip min/avg/max=1/1/2 ms
```

由输出信息可知,两台 IPv6 模拟终端主机相互之间可以通信。

2）分析 IPv6 手动隧道的报文

由图 3-20 可以看出，IPv4 手动隧道上承载着 IPv6 报文，IPv6 报文的载荷(Payload)是 ICMPv6 协议数据包。

```
⊟ Internet Protocol Version 4, Src: 192.168.1.1 (192.168.1.1), Dst: 192.168.2.2 (192.168.2.2)
    Version: 4
    Header length: 20 bytes
  ⊞ Differentiated Services Field: 0x00 (DSCP 0x00: Default; ECN: 0x00: Not-ECT (Not ECN-Capable Transport))
    Total Length: 120
    Identification: 0x002d (45)
  ⊞ Flags: 0x00
    Fragment offset: 0
    Time to live: 255
    Protocol: IPv6 (41)
  ⊞ Header checksum: 0x36dc [correct]
    Source: 192.168.1.1 (192.168.1.1)
    Destination: 192.168.2.2 (192.168.2.2)
    [Source GeoIP: Unknown]
    [Destination GeoIP: Unknown]
⊟ Internet Protocol Version 6, Src: 1::1 (1::1), Dst: 2::1 (2::1)
  ⊞ 0110 .... = Version: 6
  ⊞ .... 0000 0000 .... .... .... .... .... = Traffic class: 0x00000000
    .... .... .... 0000 0000 0000 0000 0000 = Flowlabel: 0x00000000
    Payload length: 60
    Next header: ICMPv6 (58)
    Hop limit: 64
    Source: 1::1 (1::1)
    Destination: 2::1 (2::1)
    [Source GeoIP: Unknown]
    [Destination GeoIP: Unknown]
⊟ Internet Control Message Protocol v6
    Type: Echo (ping) request (128)
    Code: 0
    Checksum: 0xe243 [correct]
    Identifier: 0x109a
    Sequence: 0
    [Response In: 6]
  ⊞ Data (52 bytes)
```

图 3-20　IPv6 手动隧道的报文

3.7　6to4 隧道的配置与应用

3.7.1　实验目的

（1）理解 6to4 隧道的工作原理。

（2）掌握 6to4 隧道的配置方法。

3.7.2　实验知识

1. 普通 6to4 隧道

6to4 隧道是点到多点的自动隧道，主要用于将多个 IPv6 孤岛通过 IPv4 网络连接到 IPv6 网络。6to4 隧道通过在 IPv6 报文的目的地址中嵌入 IPv4 地址，来实现自动获取隧道终点的 IPv4 地址。

6to4 隧道采用特殊的 6to4 地址，其格式为“2002:abcd:efgh:子网号::接口 ID/64”，其中 2002 表示固定的 IPv6 地址前缀，abcd:efgh 表示该 6to4 隧道对应的 32 位全球唯一的 IPv4 源地址，用十六进制表示(如 1.1.1.1 可以表示为 0101:0101)。2002:abcd:efgh 之后的部分唯一标识了一个主机在 6to4 网络内的位置。通过这个嵌入的 IPv4 地址可以自动确定隧道的终点，使隧道的建立非常方便。

由于 6to4 地址的 64 位地址前缀中的 16 位子网号可以由用户自定义，前缀中的前 48 位已由固定数值、隧道起点或终点设备的 IPv4 地址确定，使 IPv6 报文通过隧道进行转发成为可能。6to4 隧道可以实现利用 IPv4 网络完成 IPv6 网络的互联，克服了 IPv4 兼容 IPv6

自动隧道使用的局限性。

2. 6to4 中继

6to4 隧道只能用于前缀为 2002::/16 的 6to4 网络之间的通信，但在 IPv6 网络中也会使用像 2001::/16 这样的 IPv6 网络地址。为了实现 6to4 网络和其他 IPv6 网络的通信，必须有一台 6to4 路由器作为网关转发到 IPv6 网络的报文，这台路由器就称为 6to4 中继（6to4 relay）路由器。

如图 3-21 所示，6to4 网络的边缘路由器 Router A 需配置一条静态路由，下一跳地址指向 6to4 中继路由器 Router C 的 6to4 地址，这样，所有去往 IPv6 网络的报文都会被转发到 6to4 中继路由器，之后再由 6to4 中继路由器转发到 IPv6 网络中，从而实现 6to4 网络（地址前缀以 2002 开始）与 IPv6 网络的互通。

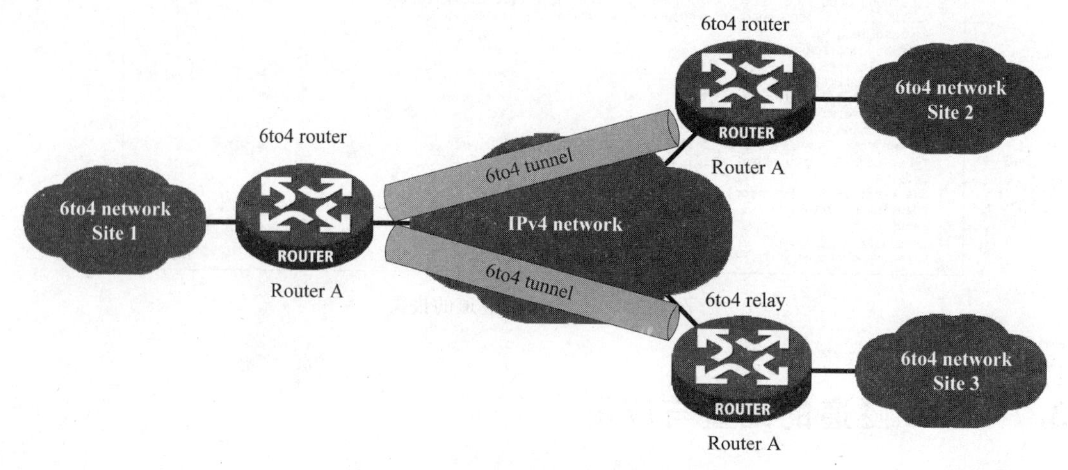

图 3-21　6to4 隧道和 6to4 中继原理图

3.7.3　实验内容与步骤

1. 实验设备

（1）Windows 主机一台，安装有超级终端程序。

（2）H3C MSR2020 路由器 3 台，网络电缆若干。

2. 实验拓扑图

组建 6to4 隧道网络，如图 3-22 所示，两个 6to4 网络通过网络边缘 6to4 router（R1 和 R2）与 IPv4 网络相连，为了实现 6to4 网络中的主机 Host A 和 Host B 之间的互通，需要配置 6to4 隧道。

6to4 网络之间的互通需要为 6to4 网络内的主机及 6to4 router 配置 6to4 地址。

（1）R1 上接口 Ethernet0/0 的 IPv4 地址为 2.1.1.1/24，转换成 IPv6 地址后使用 6to4 前缀 2002:0201:0101::/48。对此前缀进行子网划分，Tunnel0 使用 2002:0201:0101::/64 子网，Ethernet0/1 使用 2002:0201:0101:1::/64 子网。

（2）R2 上接口 Ethernet0/0 的 IPv4 地址为 5.1.1.1/24，转换成 IPv6 地址后使用 6to4 前缀 2002:0501:0101::/48。对此前缀进行子网划分，Tunnel0 使用 2002:0501:0101::/64 子网，Ethernet0/1 使用 2002:0501:0101:1::/64 子网。

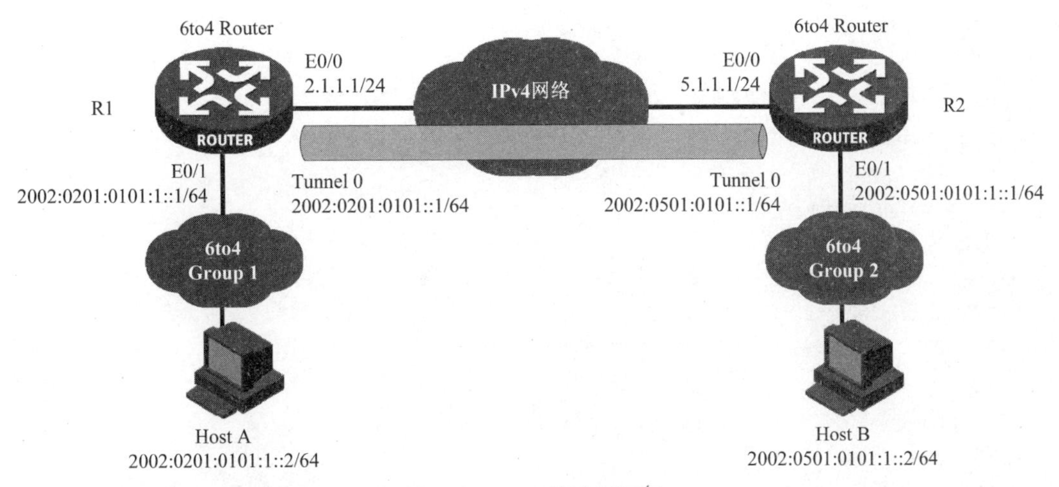

图 3-22　6to4 隧道组网图

3. 配置 6to4 隧道

(1) IPv4 网络互联，主机 IPv6 地址配置(略)。

(2) 配置 R1。

```
#使能 IPv6 转发功能
<R1>system-view
[R1] ipv6
#配置接口 Ethernet1/0 的地址
[R1] interface ethernet 0/0
[R1-Ethernet0/0] ip address 2.1.1.1 24
[R1-Ethernet0/0] quit
#配置接口 Ethernet0/0 的地址到 Router B 上接口 Ethernet0/0 的路由(此处的静态路由下一跳地址以[nexthop]代替,真实组网时请配置实际的下一跳地址)
[R1] ip route-static 5.1.1.1 24 [nexthop]
#配置接口 Ethernet0/1 的地址
[R1] interface ethernet 0/1
[R1-Ethernet0/1] ipv6 address 2002:0201:0101:1::1/64
[R1-Ethernet0/1] quit
#配置 6to4 隧道
[R1] interface tunnel 0
[R1-Tunnel0] ipv6 address 2002:201:101::1/64
[R1-Tunnel0] source ethernet 0/0
[R1-Tunnel0] tunnel-protocol ipv6-ipv4 6to4
[R1-Tunnel0] quit
#配置到目的地址 2002::/16,下一跳为 Tunnel 接口的静态路由
[R1] ipv6 route-static 2002:: 16 tunnel 0
```

(3) 配置 R2。

```
#使能 IPv6 转发功能
```

```
<R2>system-view
[R2] ipv6
#配置接口 Ethernet0/0 的地址
[R2] interface ethernet 0/0
[R2-Ethernet0/0] ip address 5.1.1.1 24
[R2-Ethernet0/0] quit
#配置接口 Ethernet0/0 的地址到 R1 上接口 Ethernet0/0 的路由(此处的静态路由下一跳地址以
[nexthop]代替,真实组网时请配置实际的下一跳地址)
[R2] ip route-static 2.1.1.1 24 [nexthop]
#配置接口 Ethernet0/1 的地址
[R2] interface ethernet 0/1
[R2-Ethernet0/1] ipv6 address 2002:0501:0101:1::1/64
[R2-Ethernet0/1] quit
#配置 6to4 隧道
[R2] interface tunnel 0
[R2-Tunnel0] ipv6 address 2002:0501:0101::1/64
[R2-Tunnel0] source ethernet 0/0
[R2-Tunnel0] tunnel-protocol ipv6-ipv4 6to4
[R2-Tunnel0] quit
#配置到目的地址 2002::/16,下一跳为 Tunnel 接口的静态路由
[R2] ipv6 route-static 2002:: 16 tunnel 0
```

4. 验证 6to4 隧道配置结果

完成以上配置之后,两台模拟终端主机 Host A 与 Host B 相互之间可以 ping 通。

```
D:\>ping6 -s 2002:201:101:1::2 2002:501:101:1::2
Pinging 2002:501:101:1::2
from 2002:201:101:1::2 with 32 bytes of data:
Reply from 2002:501:101:1::2: bytes=32 time=13ms
Reply from 2002:501:101:1::2: bytes=32 time=1ms
Reply from 2002:501:101:1::2: bytes=32 time=1ms
Reply from 2002:501:101:1::2: bytes=32 time<1ms
Ping statistics for 2002:501:101:1::2:
    Packets: Sent=4, Received=4, Lost=0(0%loss),
Approximate round trip times in milli-seconds:
    Minimum=0ms, Maximum=13ms, Average=3ms
```

3.8 ISATAP 隧道的配置与应用

3.8.1 实验目的

(1) 理解 ISATAP 隧道的工作原理。

(2) 掌握 ISATAP 隧道的配置方法。

3.8.2 实验知识

ISATAP(Intra-Site Automatic Tunnel Addressing Protocol,站内自动隧道寻址协议)也属于一种自动隧道技术,可以自动配置接口地址。在 ISATAP 隧道的两端设备之间需要运行邻居发现(Neighbor Discovery, ND)协议。

随着 IPv6 技术的推广,现有的 IPv4 网络中将会出现越来越多的 IPv6 主机,ISATAP 隧道技术为这种应用提供了一个较好的解决方案。ISATAP 隧道是点到点的自动隧道技术,通过在 IPv6 报文的目的地址中嵌入的 IPv4 地址,可以自动获取隧道的终点。

使用 ISATAP 隧道时,IPv6 报文的目的地址和隧道接口的 IPv6 地址都要采用特殊的 ISATAP 地址。ISATAP 地址格式为"Prefix(64bit):0:5EFE:ip-address"。其中,64 位的 Prefix 为任何合法的 IPv6 单播地址前缀,ip-address 为 32 位 IPv4 源地址,形式为 a. b. c. d 或者 abcd:efgh,且该 IPv4 地址不要求全球唯一。通过这个嵌入的 IPv4 地址就可以自动建立隧道,完成 IPv6 报文的传送。

ISATAP 隧道主要用于在 IPv4 网络中 IPv6 路由器-IPv6 路由器、IPv6 主机-IPv6 路由器的连接。ISATAP 隧道原理图如图 3-23 所示。

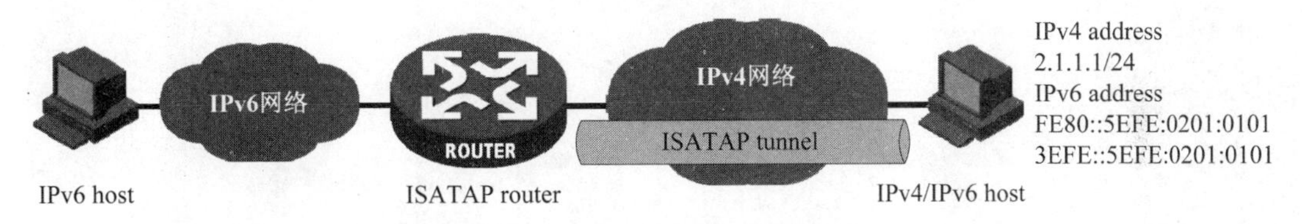

图 3-23 ISATAP 隧道原理图

3.8.3 实验内容与步骤

1. 实验设备

(1) Windows 主机一台,安装有超级终端程序。

(2) H3C MSR2020 路由器 3 台。

2. 实验拓扑图

组建 ISATAP 隧道网络,如图 3-24 所示,IPv4 路由器 R1 和双栈路由器 R2 相连,R2 和

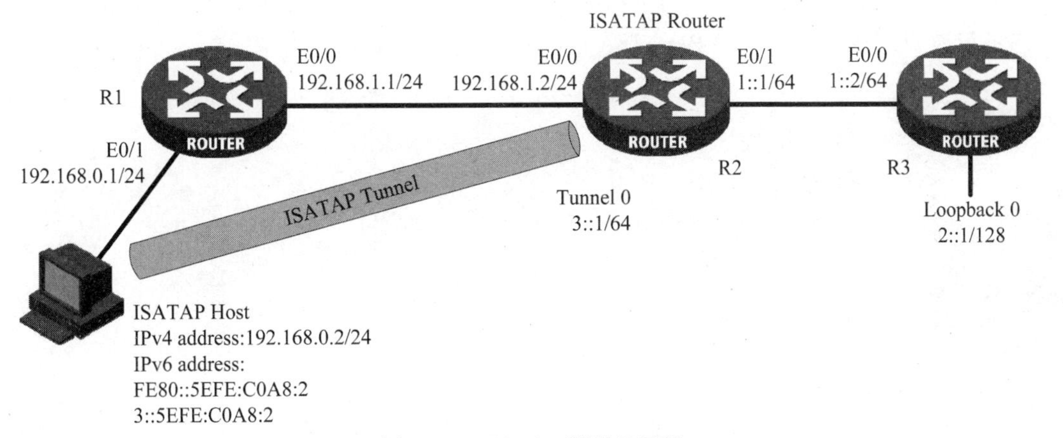

图 3-24 ISATAP 隧道组网图

IPv6 路由器 R3 相连，R2 上配置 ISATAP 隧道。R3 上设置一个本地环回接口用于模拟 IPv6 终端主机。实现 IPv4 网络的双栈主机 Host 接入 ISATAP 隧道，可以与模拟的 IPv6 终端主机相互通信。

3. 配置 ISATAP 隧道

（1）IPv4 网络互联，IPv6 网络互联（略）。

（2）配置 ISATAP Router。

```
#使能 IPv6 转发功能
<R2>system-view
[R2] ipv6
#配置各接口地址
[R2] interface ethernet 0/0
[R2-Ethernet1/1] ip address 192.168.1.2 255.255.255.0
[R2-Ethernet1/1] quit
[R2] interface ethernet 0/1
[R2-Ethernet0/1] ipv6 address 1::1/64
[R2-Ethernet0/1] quit
#配置 ISATAP 隧道
[R2] interface tunnel 0
[R2-Tunnel0] ipv6 address 3::1/64 eui-64
[R2-Tunnel0] source ethernet 0/0
[R2-Tunnel0] tunnel-protocol ipv6-ipv4 isatap
#取消对 RA 消息发布的抑制,使主机可以通过路由器发布的 RA 消息获取地址前缀等信息
[R2-Tunnel0] undo ipv6 nd ra halt
#配置到 IPv6 网络的路由,假设 R2 与 R3 都配置 RIPng 路由协议
[R2-Tunnel0] RIPng 1 enabled
[R2-Tunnel0] quit
#配置到 ISATAP 主机的静态路由
[R2] ipv6 route-static 3:: 16 tunnel 0
```

（3）配置 ISATAP 主机。

ISATAP 主机上的具体配置与主机的操作系统有关，下面仅以 Windows XP 操作系统为例进行说明。在 Windows XP 上，ISATAP 接口通常为接口 2。

```
#在 ISATAP Host 上配置 ISATAP 隧道
C:\>netsh interface ipv6 install
确定。
C:\>netsh interface ipv6 isatap set router 192.168.1.2
确定。
C:\>netsh interface ipv6 isatap set state enabled
确定。
```

4. 验证 ISATAP 隧道配置结果

1）查看 ISATAP 主机

（1）查看 IPv6 接口活动状态。

```
#查看 IPv6 接口活动状态。
netsh interface ipv6>show interface 2
正在查询活动状态...
------------------------------------------------------------
接口 2: Automatic Tunneling Pseudo-Interface
地址类型  DAD 状态  有效寿命    首选寿命    地址
------- ------- --------- ------- -------------------------
公用    首选项    29d23h59m48s  6d23h59m48s 3::5efe:192.168.0.2
链接    首选项       infinite     infinite fe80::5efe:192.168.0.2

连接名称                    : Automatic Tunneling Pseudo-Interface
GUID                        : {48FCE3FC-EC30-E50E-F1A7-71172AEEE3AE}
状态                        : 已连接
指标                        : 1
链接 MTU                    : 1480 字节
真实链接 MTU                : 65515 字节
当前跃点限制                : 64
可到达时间                  : 34s
基地可到达时间              : 30s
重新传输间隔                : 1s
DAD 传输                    : 0
DNS 后缀                    :
防火墙                      : disabled
站点前最长度                : 48 位
区域 ID-链接                : 2
区域 ID-站点                : 1
使用邻居发现                : 否
发送路由器公告              : 否
转寄数据包                  : 否
链路层地址                  : 192.168.0.2
远程链路层地址              : 192.168.1.2
```

（2）查看 IPv6 路由表信息。

```
netsh interface ipv6>show routes
正在查询活动状态...

发行    类型      Met   前缀        索引  网关/接口名
----- ----- ---- -------- ---- --------------------
no    Autoconf    9   3::/64       2  Automatic Tunneling Pseudo-Interface
no    Autoconf  257   ::/0         2  fe80::5efe:192.168.1.2
```

(3) 可以 ping 通 IPv6 网络的模拟 IPv6 终端主机。

```
C:\>ping 2::1
Pinging 2::1 from 3::5efe:192.168.0.2 with 32 bytes of data:
Reply from 2::1: time=1ms
Reply from 2::1: time=1ms
Reply from 2::1: time=1ms
Reply from 2::1: time=1ms
Ping statistics for 2::1:
    Packets: Sent=4, Received=4, Lost=0(0%loss),
Approximate round trip times in milli-seconds:
    Minimum=1ms, Maximum=1ms, Average=1ms
```

2) 查看 ISATAP 隧道

```
#在 R2 上查看 ISATAP 隧道
[R2]display interface Tunnel 0
Tunnel0 current state: UP
Line protocol current state: UP
Description: Tunnel0 Interface
The Maximum Transmit Unit is 1480
Internet protocol processing : disabled
Encapsulation is TUNNEL, service-loopback-group ID not set.
Tunnel source 192.168.1.2(Ethernet0/1)
Tunnel bandwidth 64(kbps)
Tunnel protocol/transport IPv6/IP ISATAP
Output queue :(Urgent queuing : Size/Length/Discards) 0/100/0
Output queue :(Protocol queuing : Size/Length/Discards) 0/500/0
Output queue :(FIFO queuing : Size/Length/Discards) 0/75/0
Last clearing of counters:  Never
    Last 300 seconds input:  8 bytes/sec, 0 packets/sec
    Last 300 seconds output:  2 bytes/sec, 0 packets/sec
    33 packets input,  2608 bytes
    0 input error
    11 packets output,  1008 bytes
    0 output error……
```

信息显示,Tunnel 0 状态是 UP,隧道传输模式(Tunnel protocol/transport)是 IPv6/IP ISATAP。

3) 查看 ISATAP 隧道报文

在 ISATAP Host 主机上抓包分析 ISATAP 隧道报文。

如图 3-25 所示,IPv4 网络的 ISATAP 隧道承载着 IPv6 报文,ISATAP 隧道的源接口 IPv4 地址是 192.168.0.2,IPv6 报文的载荷是 ICMPv6 报文。

```
⊞ Frame 14: 114 bytes on wire (912 bits), 114 bytes captured (912 bits)
⊞ Ethernet II, Src: Vmware_c0:00:08 (00:50:56:c0:00:08), Dst: cc:00:01:68:00:00 (cc:00:01:68:00:00)
⊟ Internet Protocol Version 4, Src: 192.168.0.2 (192.168.0.2), Dst: 192.168.1.2 (192.168.1.2)
    Version: 4
    Header length: 20 bytes
  ⊞ Differentiated Services Field: 0x00 (DSCP 0x00: Default; ECN: 0x00: Not-ECT (Not ECN-Capable Transport))
    Total Length: 100
    Identification: 0xb898 (47256)
  ⊞ Flags: 0x00
    Fragment offset: 0
    Time to live: 64
    Protocol: IPv6 (41)
  ⊞ Header checksum: 0x3f84 [correct]
    Source: 192.168.0.2 (192.168.0.2)
    Destination: 192.168.1.2 (192.168.1.2)
    [Source GeoIP: Unknown]
    [Destination GeoIP: Unknown]
⊟ Internet Protocol Version 6, Src: 3::5efe:c0a8:2 (3::5efe:c0a8:2), Dst: 2::1 (2::1)
  ⊞ 0110 .... = Version: 6
  ⊞ .... 0000 0000 .... .... .... .... .... = Traffic class: 0x00000000
    .... .... .... 0000 0000 0000 0000 0000 = Flowlabel: 0x00000000
    Payload length: 40
    Next header: ICMPv6 (58)
    Hop limit: 64
    Source: 3::5efe:c0a8:2 (3::5efe:c0a8:2)
    [Source ISATAP IPv4: 192.168.0.2 (192.168.0.2)]
    Destination: 2::1 (2::1)
    [Source GeoIP: Unknown]
    [Destination GeoIP: Unknown]
⊟ Internet Control Message Protocol v6
    Type: Echo (ping) request (128)
    Code: 0
    Checksum: 0xb546 [correct]
    Identifier: 0x0000
    Sequence: 4
    [Response In: 15]
  ⊞ Data (32 bytes)
```

图 3-25 ISATAP 隧道报文

第4章　网络服务实验

4.1　DNS服务器的配置

4.1.1　实验目的

(1) 理解DNS的工作原理和工作过程。

(2) 掌握Windows系统下DNS服务器的配置方法。

4.1.2　实验知识

DNS(Domain Name Server)是指域名服务器。在Internet上域名与IP地址之间是一一对应的，人们习惯于记忆某个域名，例如访问百度的首页往往是在浏览器地址栏输入www.baidu.con，这便是一个域名，但计算机之间只能互相识别IP地址(百度服务器的IP地址是180.97.33.107)，即域名www.baidu.con对应了IP地址180.97.33.107，域名和IP地址之间的转换工作称为域名解析，域名解析需要由专门的域名解析服务器来完成，DNS就是进行域名解析的服务器。

1. DNS的历史

国际互联网Internet的前身是诞生于1969年由美国高级研究计划署资助的ARPANET，首批建立4个结点形成一个实验网络。20世纪70年代，ARPANET对主机的定位，或者更确切地说是主机名到主机地址的映射，是通过SRI(Stanford Research Institute)网络信息中心主机上维护的一个数据文件HOSTSTXT实现的，网络上所有其他主机通过下载该文件获得关于主机定位的最新信息。直到1981年8月，ARPANET的主机表上还只有213条记录。但随后，由于支持TCP/IP协议族的UNIX操作系统所取得的成功，连接到ARPANET的主机数目开始以较快的速度增长，“主机表”定位主机方式暴露出明显的缺点：首先，发布新版本“主机表”占用的网络带宽与主机数目的平方成正比，即使通过多级(或多台)主机提供主机表备份，主机下载文件造成的负载增长也将是不可接受的；其次，网络上增加的主机越来越多的是局域网的工作站，由组织机构内部管理主机名和分配地址，却要报告SRI网络信息中心，等待变动“主机表”数据，相当不便。对这个问题解决方案的研究，引入了当前应用的域名系统标准。根据权威机构统计，到1996年7月，Internet上登记的主机数量已经达到1300万台左右。很难想象，没有DNS支持，Internet怎样发展到今天这样的规模。

2. DNS设计的目标

设计DNS实现域名与IP地址之间的转换主要达到以下目标。

(1) 为访问网络资源提供一致的名称空间。

(2) 从数据库容量和更新频率方面考虑，必须实施分散的管理，通过使用本地缓存来提高性能。

(3) 在获取数据的代价、数据更新的速度和缓存的准确性等方面折中。

(4) 名称空间适用于不同协议和管理方法，不依赖于通信系统。

(5) 具有各种主机的适应性，从个人主机到大型主机。

3. DNS的组成部分

DNS根据其工作原理和上述设计目标，共包含以下3个主要组成部分。

1) 域名空间(Name Space)和资源记录(Resource Record)

域名空间被设计成树状层次结构，类似于UNIX的文件系统结构，最高级的结点称为“根”(Root)，根以下是顶层子域，再往下是第2层、第3层……每一个子域或者说是树状图中的结点都有一个标识(Label)，标识可以包含英文大小写字母、数字和下画线，允许长度为0～63字节，同一结点的子结点不可以用同样的标识，而长度为0的标识，即空标识则是为根保留的。通常标识是取特定英文名词的缩写，例如顶层子域包括com、edu、net、org、gov、mil、int标识，分别表示商业组织、大学等教育机构、网络组织、非商业组织、政府机构、军事单位和国际组织；而除美国之外的其他国家的顶层子域，一般是以国家名的两个字母缩写表示，如中国cn、英国ck、日本jp等。

结点的域名是由该结点到根所经过的结点的标识顺序排列而成的，从左到右列出离根最远到最近的结点标识，中间以“.”分隔，如www.nustti.edu.cn是南京理工大学泰州科技学院服务器主机的域名，它的顶层域名是cn，第2层域名是edu.cn(教育网)，第3层域名是nustti.edu.cn。

域名空间的管理是分布式的，每个域名空间结点的域名管理者可以把自己管理域名的下一级域名代理给其他管理者管理，通常域名管理边界与组织机构的管理权限相符。

资源记录是与名称相关联的数据，域名空间的每一个结点包含一系列的资源信息，查询操作就是要抽取有关结点的特定类型信息。资源记录的存在形式是运行域名服务主机上的主文件(Master File)中的记录项，可以包含以下类型字段：Owner，资源记录所属域名；Type，资源记录的资源类型，其中A表示主机地址，NS表示授权域名服务器等；Class，资源记录协议类型，其中IN表示Internet类型；TTL表示资源记录的生存期；RDATA则是相对于Type和Class的资源记录数据。

2) 名称服务器(Name Server)

名称服务器是用以提供域名空间结构及信息的服务器程序。名称服务器可以缓存域名空间中任一部分的结构和信息，但通常特定的域名服务器只包含域名空间中一个子集的完整信息和指向能用以获得域名空间其他任一部分信息的名称服务器的指针。名称服务器分为几种类型，通常用的是主名称服务器(Primary Server)，存放所管理域的主文件数据；备份(辅)名称服务器(Secondary Server)，提供主名称服务器的备份，定期从主名称服务器读取主文件数据进行本地数据更新；缓存服务器(Cache-Only Server)，缓存从其他名称服务器获得的信息，加速查询操作。几种类型的服务器可以并存于一台主机，每台域名服务主机(也称为域名服务器)都包含缓存服务器。

3) 解析器(Resolver)

解析器的作用是应客户程序的要求从名称服务器抽取信息。解析器必须能够存取一个名称服务器，直接由它获取信息或利用名称服务器提供的参照，向其他名称服务器继续查询。解析器一般是用户应用程序可以直接调用的系统程序，不需要附加任何网络协议。

4.1.3 实验内容和步骤

1. Windows 2003 Server 实验环境

本实验及后面实验的实验环境都是 Windows 2003 Server，所以首先应搭建实验环境。安装好 Windows 2003 Server 系统后，以管理员账号登录系统，设置网络连接 Internet 协议(TCP/IP)属性如图 4-1 所示。

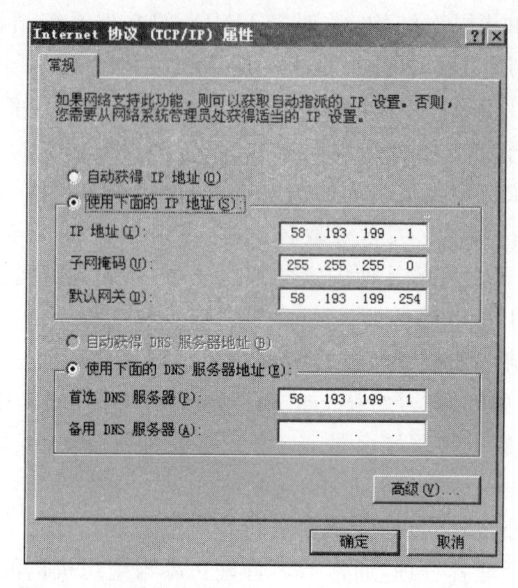

图 4-1 DNS 服务器 Internet 协议(TCP/IP)属性

2. 安装 DNS 服务组件

选择"开始"|"设置"|"控制面板"|"添加/删除程序"，在添加删除程序中单击"添加/删除 Windows 组件"，并选中"网络服务"复选框后单击"下一步"按钮继续，根据安装向导安装 DNS 服务。

配置 DNS 服务需要打开 DNS 控制台。选择"开始"|"程序"|"管理工具"|"DNS"命令，如图 4-2 所示。

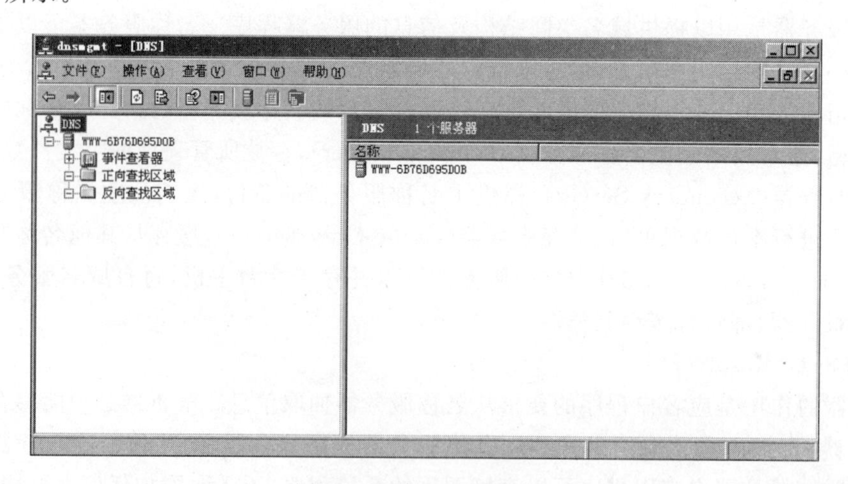

图 4-2 运行 DNS 控制台

3. 使用配置向导新建一个正向查找区域。

(1) 在 DNS 控制台中选择“DNS”|“WWW-6B76D695D0B”(DNS 服务器名)|“正向查找区域”,然后右击,在弹出的快捷菜单中选择“新建区域”命令,如图 4-3 所示。

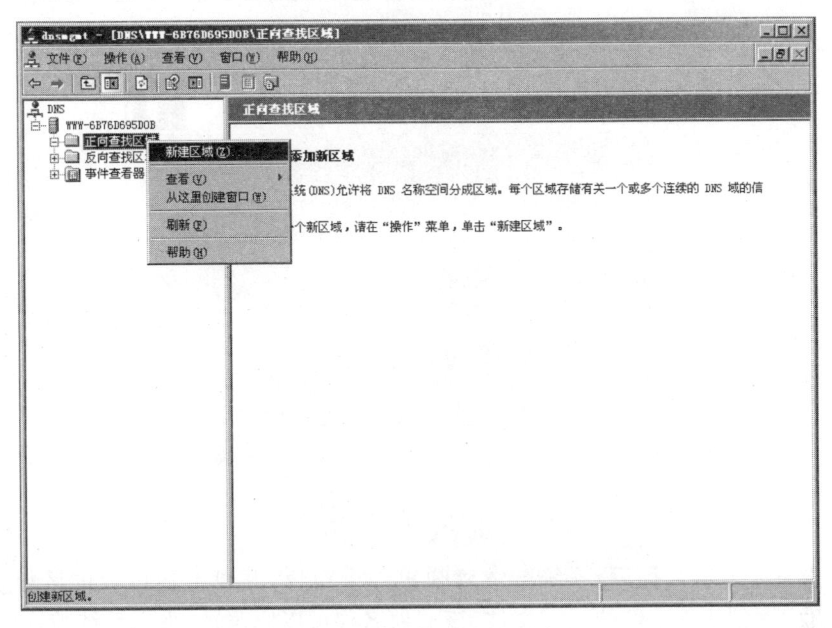

图 4-3　新建正向查找区域

(2) 根据提示选中“主要区域”单选按钮,并单击“下一步”按钮继续,如图 4-4 所示。

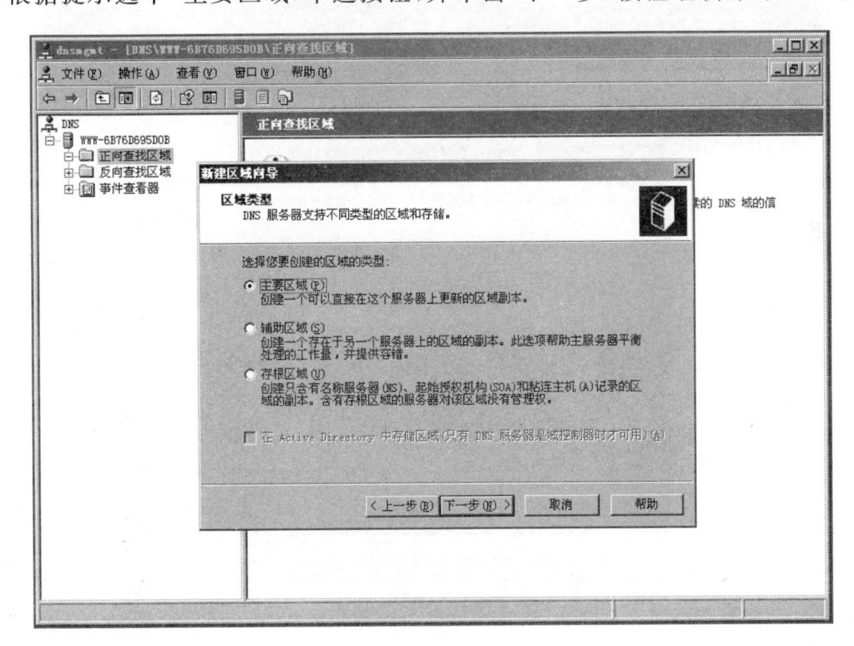

图 4-4　区域类型选择

(3) 在弹出的对话框中的“区域名称”栏内输入“edu. cn”,单击“下一步”按钮继续,如图 4-5 所示。

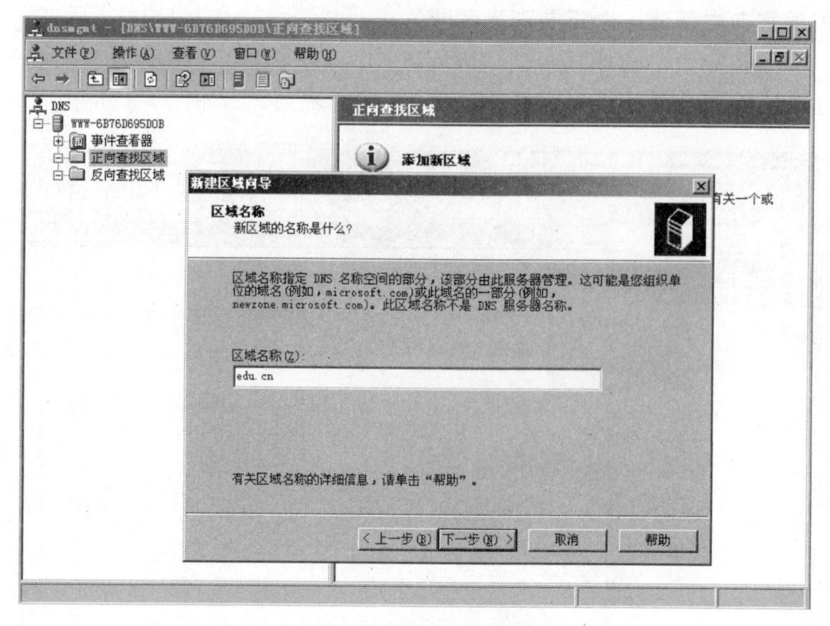

图 4-5　正向区域名称设置

(4) 在设置了区域名称后，系统会继续弹出一个窗口，并以上述设置的区域名为文件名，以 dns 为后缀创建一个新的区域文件(该文件名称可以修改)。采用系统默认的文件名，如图 4-6 所示。

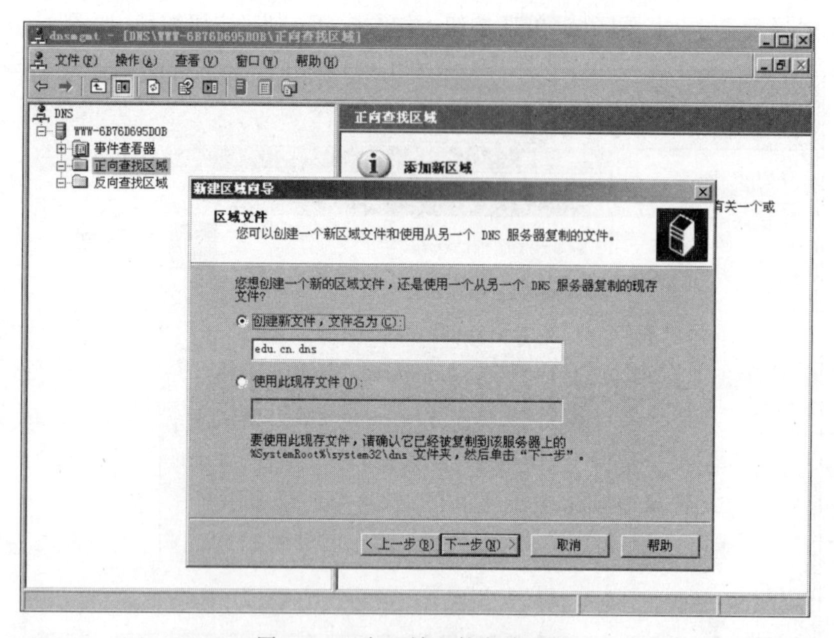

图 4-6　正向区域文件名称设置

(5) 单击“下一步”按钮，选择“不允许动态更新”，禁止 DNS 服务器自动注册 DNS 客户端计算机并动态更新资源记录。单击“下一步”按钮继续，直至完成正向区域配置。

(6) 上述设置完成后，控制台中的“正向查找区域”中会出现一个 edu.cn 选项。接下来右击 edu.cn 树状目录，在弹出的快捷菜单中选择“新建域”命令，如图 4-7 所示。

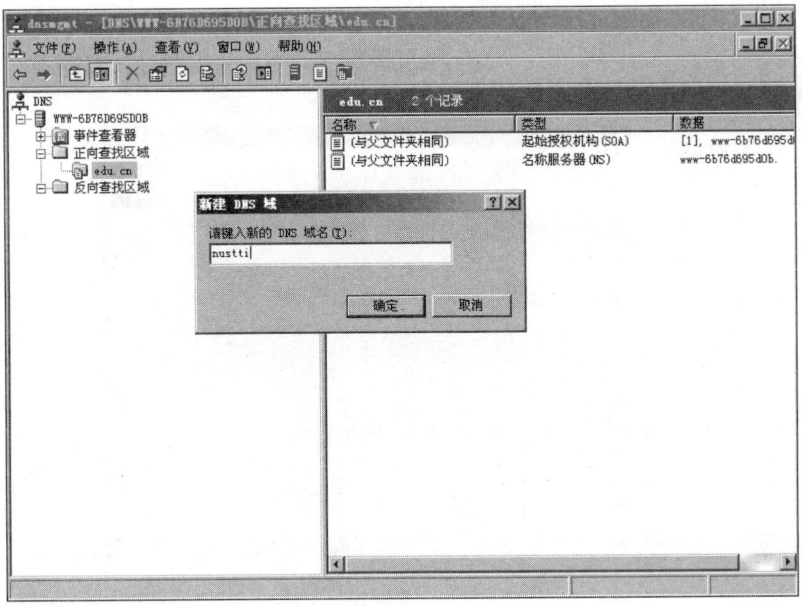

图 4-7　“新建 DNS 域”对话框

4. 使用配置向导新建一个反向查找区域

(1) 在 DNS 控制台中选择 DNS|WWW-6B76D695D0B(DNS 服务器名)|“反向查找区域”，然后右击，在弹出的快捷菜单中选择“新建区域”命令，如图 4-8 所示。

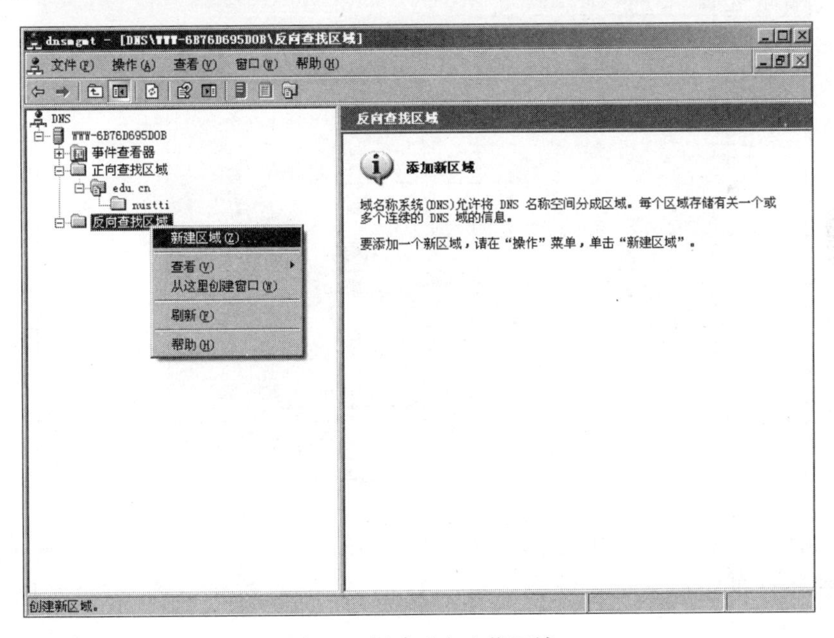

图 4-8　新建反向查找区域

(2) 根据提示选中“主要区域”单选按钮，并单击“下一步”按钮继续，在弹出的对话框中的“网络 ID”栏内输入“58.193.199”，如图 4-9 所示。

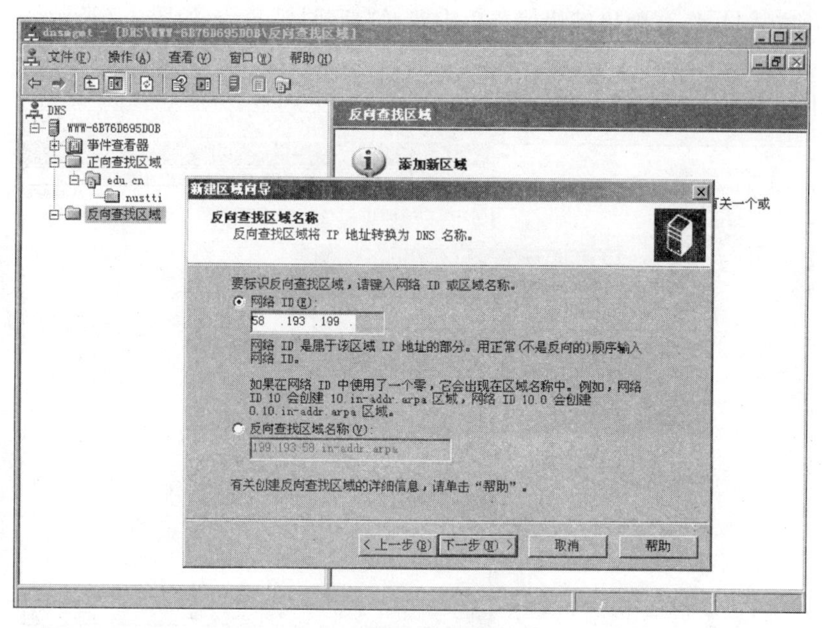

图 4-9 反向区域名称设置

(3) 单击“下一步”按钮，系统会弹出一个窗口，以 dns 为后缀创建一个新的区域文件，系统默认的文件名为 199.193.58.in-add.arpa.dns，如图 4-10 所示。

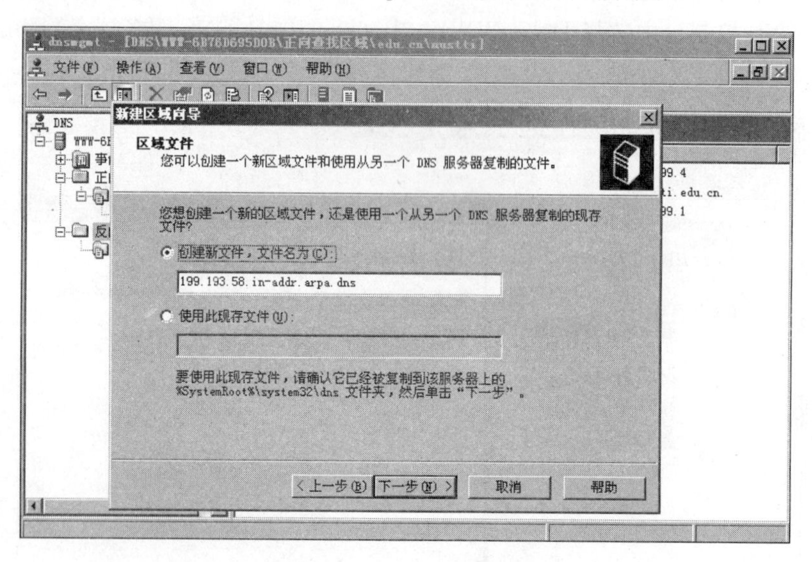

图 4-10 反向区域文件

(4) 单击“下一步”按钮继续，默认选择“不允许动态更新”，禁止 DNS 服务器自动注册 DNS 客户端计算机并动态更新资源记录。单击“下一步”按钮继续，直至完成反向区域配置。

5. 新建正向区域的主机(A)记录、别名(CNAME)记录和邮件交换器(MX)记录

(1) 右击 nustti 域，在弹出的快捷菜单中选择“新建主机”命令，如图 4-11 所示。

(2) 在“新建主机”对话框中，分别输入主机的名称 dns 和 IP 地址 58.193.199.1，保留默认选中的复选框“创建相关的指针(PTR)记录”,如图 4-12 所示。

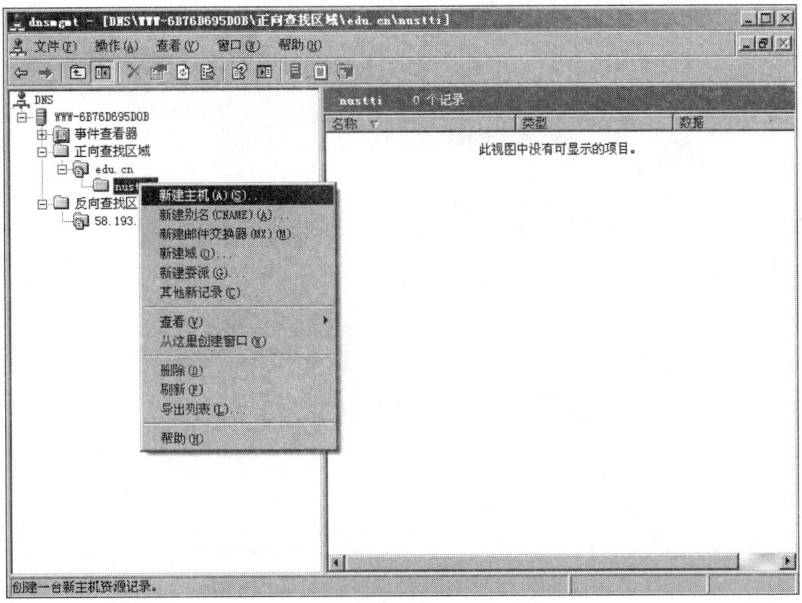

图 4-11 新建主机记录

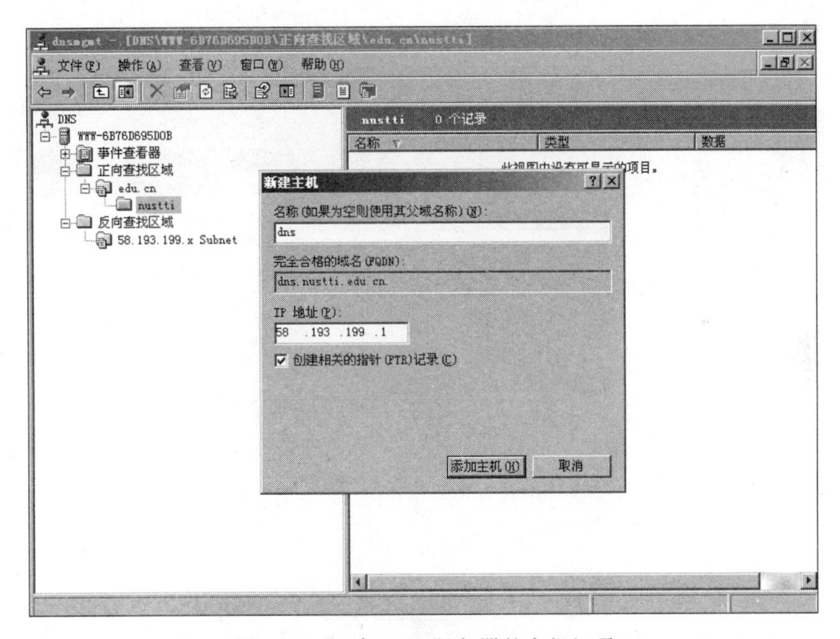

图 4-12 新建 DNS 服务器的主机记录

(3) 单击“添加主机”按钮,完成新建主机的配置。此时,可以查看到正向区域和反向区域各自添加了一个主机(A)记录和一个 IP 地址(PTR)指针。

(4) 继续打开“新建主机”对话框,分别输入主机的名称 www 和 IP 地址 58.193.199.4,保留默认选中的复选框“创建相关的指针(PTR)记录”,如图 4-13 所示。

(5) 右击 nustti 域,在弹出的快捷菜单中选择“新建别名”命令,打开“新建资源记录”对

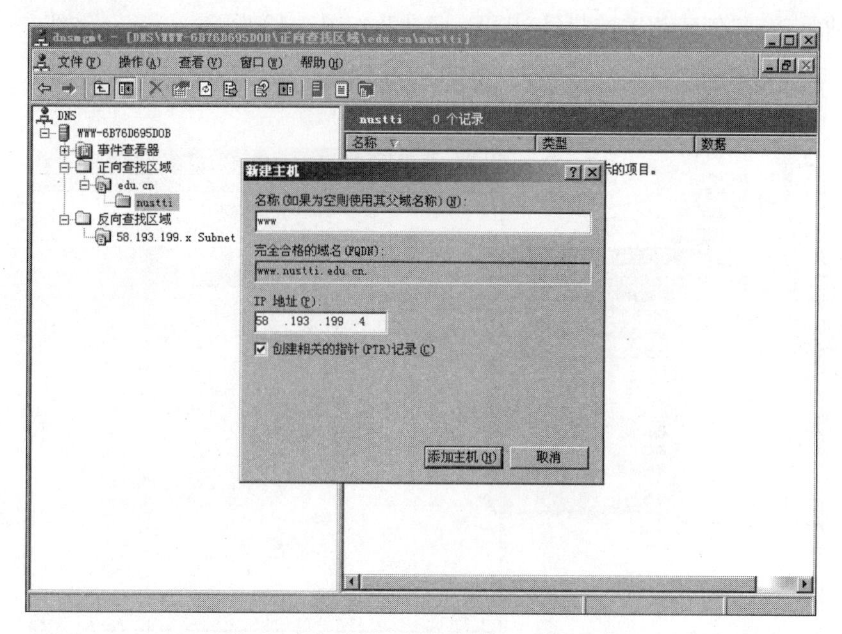

图 4-13 新建 WWW 服务器的主机记录

话框，输入别名 news 以及对应目标主机的完全合格域名(FQDN)www.nustti.edu.cn，如图 4-14 所示。

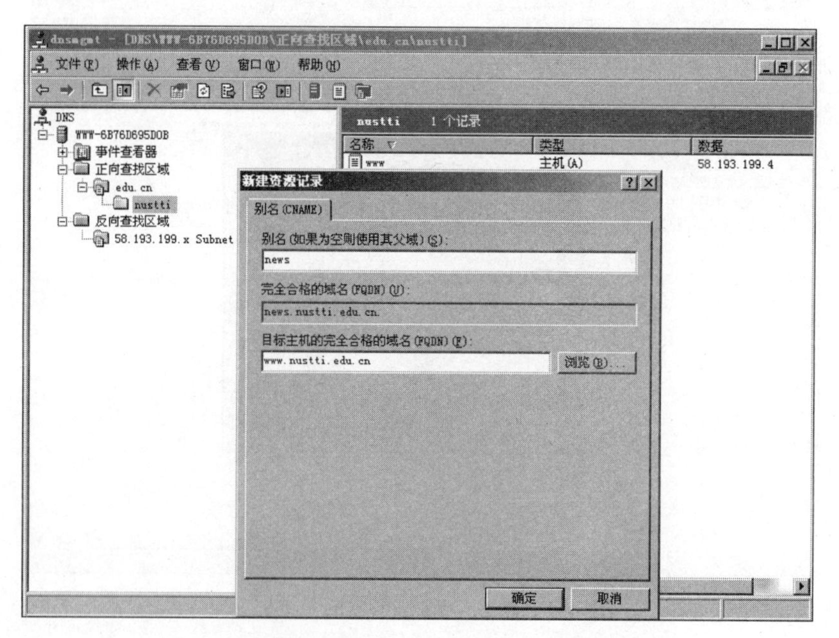

图 4-14 新建 WWW 服务器的别名(CNAME)记录

(6) 采用相同的方法建立邮件服务器的主机(A)记录，名称为 apple，IP 地址为 58.193.199.10。接着，用同样方法选择“新建邮件交换器”命令，打开“新建资源记录”对话框，输入主机或子域为 mail，浏览查找邮件服务器为 apple.nustti.edu.cn，保留邮件服务器优先级值为 10，如图 4-15 所示。

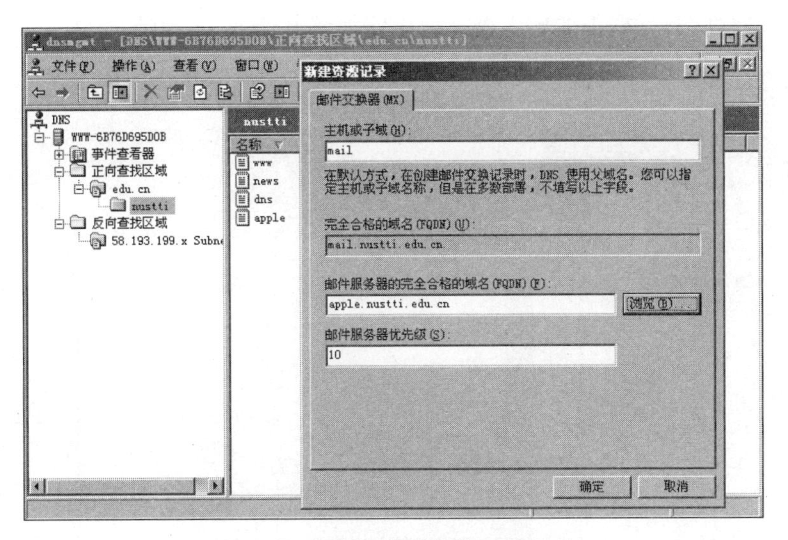

图 4-15　新建邮件交换器(MX)记录

6. 修改正向区域和反向区域的起始授权机构 SOA、名称服务器和转发器

(1) 选择“edu.cn”树状目录并右击，在弹出的快捷菜单中选择“属性”命令，打开“edu.cn 属性”对话框。在“起始授权机构(SOA)”页面中，设置主服务器为 dns.nusttii.edu.cn，如图 4-16 所示。

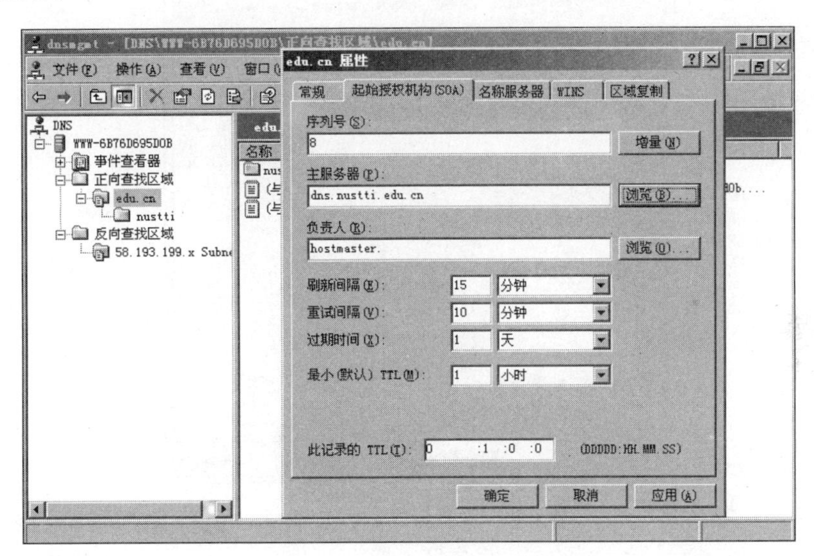

图 4-16　设置起始授权机构(SOA)主服务器

(2) 在“名称服务器”页面中，单击“编辑”按钮，设置名称服务器的域名和 IP 地址，如图 4-17 所示。

用同样的方法，分别设置反向区域 58.193.199.x.Subnet 的起始授权机构(SOA)和名称服务器。

(3) 转发器可以帮助 DNS 服务器解析没有应答的域名查询请求。右击“WWW-6B76D695D0B”(DNS 服务器名)，在弹出的快捷菜单中选择“属性”命令，在“WWW-

6B76D695D0B 属性"对话框中的转发器页面中添加转发器的 IP 地址，如图 4-18 所示。

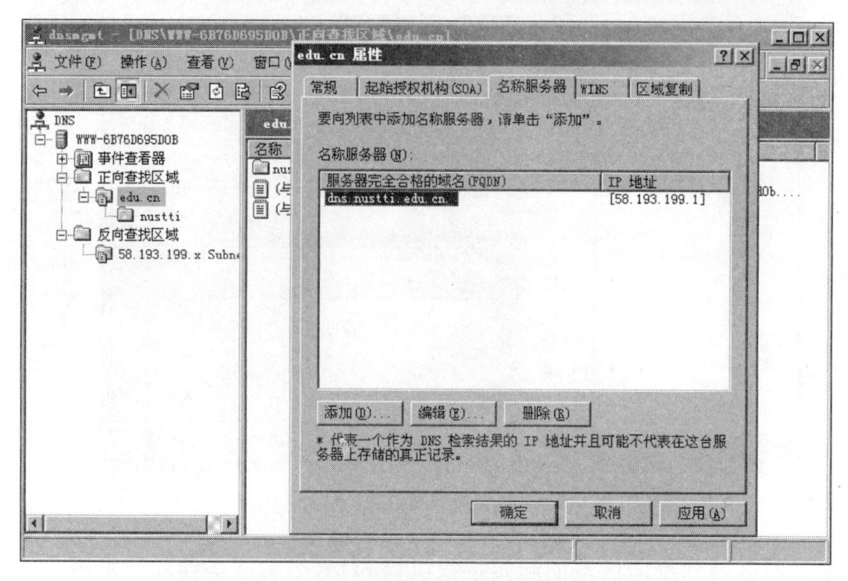

图 4-17　设置名称服务器的域名与 IP 地址

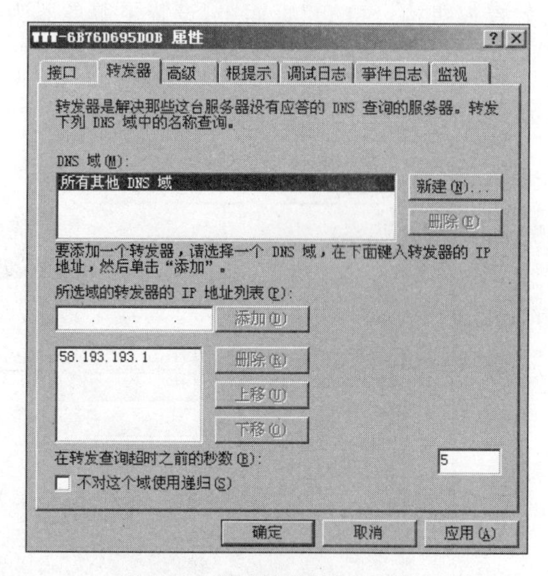

图 4-18　设置转发器的 IP 地址

7. 测试 DNS 服务器的配置

进入 MS-DOS 命令行，输入 nslookup 命令，开始测试各类资源记录，如图 4-19 所示。

测试正向查找区域的邮件交换器(MX)记录，如图 4-20 所示。

测试起始授权机构(SOA)和名称服务器的正确性，如图 4-21 所示。

```
命令提示符 - nslookup
C:\Documents and Settings\Administrator>nslookup
Default Server:  dns.nustti.edu.cn
Address:  58.193.199.1

> www.nustti.edu.cn
Server:  dns.nustti.edu.cn
Address:  58.193.199.1

Name:    www.nustti.edu.cn
Address:  58.193.199.4

> news.nustti.edu.cn
Server:  dns.nustti.edu.cn
Address:  58.193.199.1

Name:    www.nustti.edu.cn
Address:  58.193.199.4
Aliases:  news.nustti.edu.cn

> 58.193.199.4
Server:  dns.nustti.edu.cn
Address:  58.193.199.1

Name:    www.nustti.edu.cn
Address:  58.193.199.4

>
```

图 4-19　测试资源记录

```
> set type=mx
> mail.nustti.edu.cn
Server:  dns.nustti.edu.cn
Address:  58.193.199.1

mail.nustti.edu.cn      MX preference = 10, mail exchanger = apple.nustti.edu.cn

apple.nustti.edu.cn     internet address = 58.193.199.10
>
```

图 4-20　测试邮件交换器(MX)记录

```
> set type=soa
> edu.cn
Server:  dns.nustti.edu.cn
Address:  58.193.199.1

edu.cn
        primary name server = dns.nustti.edu.cn
        responsible mail addr = hostmaster
        serial  = 12
        refresh = 900 (15 mins)
        retry   = 600 (10 mins)
        expire  = 86400 (1 day)
        default TTL = 3600 (1 hour)
dns.nustti.edu.cn       internet address = 58.193.199.1
> set type=ns
> edu.cn
Server:  dns.nustti.edu.cn
Address:  58.193.199.1

edu.cn  nameserver = dns.nustti.edu.cn
dns.nustti.edu.cn       internet address = 58.193.199.1
>
```

图 4-21　测试起始授权机构(SOA)和名称服务器

4.2　WWW 服务器的配置

4.2.1　实验目的

(1) 理解 WWW 的工作原理和工作过程。

(2) 掌握 Windows 系统下 WWW 服务器的配置方法。

4.2.2 实验知识

1. 万维网概述

万维网 WWW(World Wide Web)并非某种特殊的计算机网络。万维网而是一个大规模的、联机式的信息储藏所,简称 Web。万维网用链接的方法能非常方便地从因特网上的一个站点访问另一个站点(也就是所谓的"链接到另一个站点"),从而主动地按需获取丰富的信息。图 4-22 说明了万维网提供分布式服务的特点。

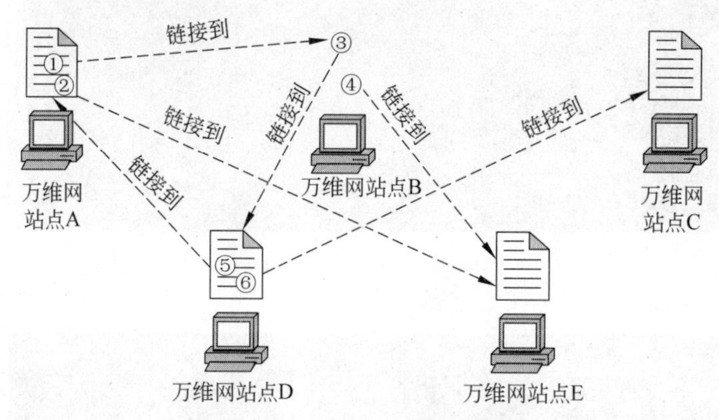

图 4-22 万维网提供分布式服务

如图 4-22 所示,5 个站点相隔遥远,但都必须连接在万维网上,每个万维网站点都存放了许多文档。万维网的访问方式称为"链接",用户使用"链接(Link)"或"超链接(Hyperlink)"可以主动地按需获取信息。

万维网最初是 1989 年 3 月欧洲粒子物理实验室的 Tim Berners-Lee 提出的。1993 年 2 月,第一个图形界面的浏览器(Browser)开发成功,被称为 Mosaic。1995 年著名的 Netscape Navigator 浏览器面世,目前最流行的浏览器是微软公司的 Internet Explorer。

万维网是一个分布式的超媒体(Hypermedia)系统,它是超文本(Hypertext)系统的扩充。所谓超文本,是包含指向其他文档的链接的文本,也就是说,一个超文本由多个信息源链接成,而这些信息源的数目实际上是不受限制的。利用一个链接可使用户找到另一个文件,而这又可链接到其他的文档(以此类推)。这些文档可以位于世界上任何一个接在因特网上的超文本系统中,超文本是万维网的基础。

万维网以客户/服务器方式工作,浏览器是在用户主机上的万维网客户程序。万维网文档驻留的主机则运行服务器程序,因此这个主机也称为万维网服务器。客户程序向服务器程序发出请求,服务器程序向客户程序送回客户所要的万维网文档。在一个客户程序主窗口显示出的万维网文档称为页面(Page)。

2. 统一资源定位符(URL)

1) URL 的格式

统一资源定位符 URL 是用来表示从因特网上得到的资源位置和访问这些资源的方法。URL 给资源的位置提供同一种对象的识别方法,并用这种方法给资源定位。只要能够对资源定位,系统就可以对资源进行各种操作,如存取、更新、替换和查找其属性。

"资源"泛指在因特网上可以被访问的任何对象,包括文件、文件目录、图像、声音等,以及与因特网相连的任何形式的数据，如电子邮件的地址和 USENET 新闻组等。

URL 相当于一个文件名在网络范围的扩展，因此 URL 是与因特网相连的机器上的任何可访问对象的一个指针。URL 的一般形式由 4 个部分组成：

```
<协议>://<主机>:<端口>/<路径>
```

URL 的第一部分是最左边的＜协议＞，访问或获取不同的对象所使用的协议不同，现在最常用的协议是 http（超文本传输协议 HTTP），其次是 ftp 协议（文件传输协议 FTP）；＜主机＞是指该主机在因特网上的域名，＜端口＞和＜路径＞有时可以省略。

2) 使用 HTTP 的 URL

对于万维网的站点的访问要使用 HTTP 协议。HTTP 协议的 URL 的一般形式是：

```
http://<主机>:<端口>/<路径>
```

HTTP 的默认端口号是 80，通常可以省略。若再省略文件的＜路径＞项，则 URL 就指到因特网上的某个主页（Home Page）。主页是个很重要的概念，它可以是以下几种情况之一。

(1) 一个 WWW 服务器的最高级别的页面。

(2) 某一个组织或部门的一个定制的页面或目录，从这样的页面可链接到因特网上的与本组织或部门有关的其他站点。

(3) 由某一个人自己设计的描述他本人情况的 WWW 页面。

3. 超文本传输协议 HTTP

HTTP 协议定义了浏览器（即万维网客户进程）怎样向万维网服务器请求万维网文档，以及服务器怎样把文档传送给浏览器。从层次的角度来看，HTTP 是面向事务的（transaction-oriented）应用层协议，是万维网上能够可靠地交换文件（包括文件、声音、图像等各种多媒体文件）的重要基础。

万维网的大致工作过程如图 4-23 所示。

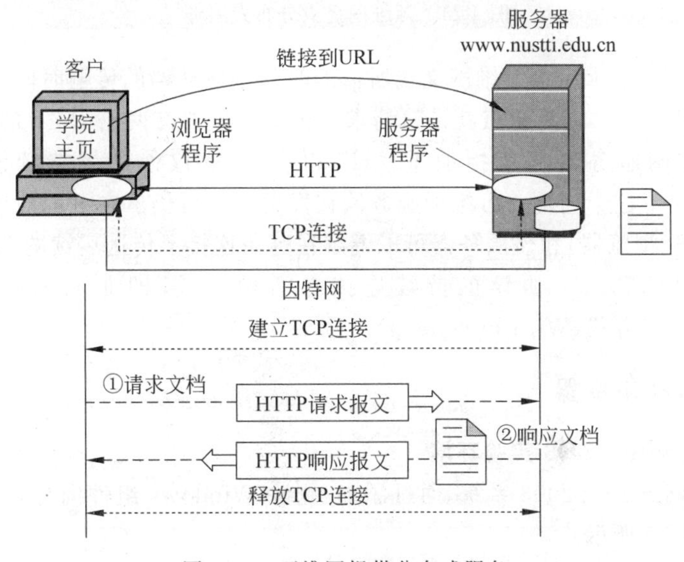

图 4-23　万维网提供分布式服务

每个万维网站点都有一个服务器进程，它不断地监听 TCP 的端口 80，以便发现是否有浏览器向它发出连接建立请求。一旦监听到连接建立请求并建立了 TCP 连接之后，浏览器就向万维网服务器发出浏览某个页面的请求，服务器接着就返回所请求的页面作为回应。最后，TCP 连接就被释放了。在浏览器和服务器之间的请求和响应的交互，必须按照规定的格式和遵循一定的规则。这些格式和规则就是超文本传输协议 HTTP。

HTTP 使用了面向连接的 TCP 作为传输层协议，保证了数据的可靠传输。HTTP 不必考虑数据在传输过程中丢失了又怎样被重传。HTTP 协议本身是无连接的，即通信双方在交换 HTTP 报文之前不需要先建立 HTTP 连接。在 1997 年以前使用的是 RFC 1945 定义的 HTTP/1.0 协议，1998 年这个协议升级为 HTTP/1.1[RFC 2616]，目前是因特网草案标准。

HTTP 协议是无状态的(Stateless)。服务器不记得曾经访问过的客户，也不记得为该客户曾经服务过多少次。HTTP 的无状态特性简化了服务器的设计，使得服务器更容易支持大量并发的 HTTP 请求。图 4-24 显示了从浏览器请求一个万维网文档到收到整个文档所需的时间。

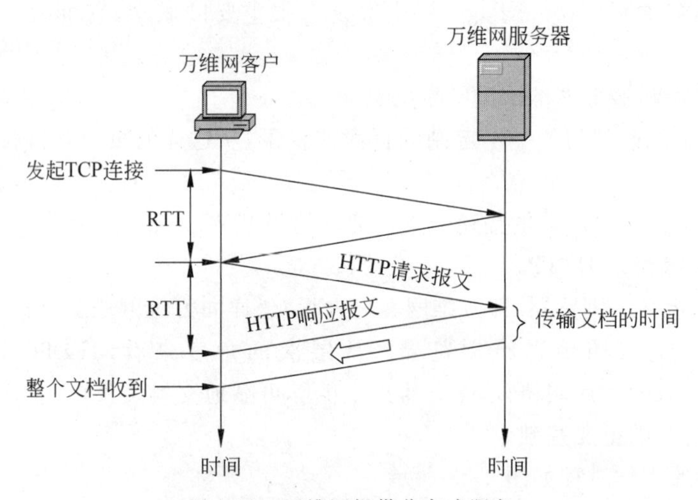

图 4-24　万维网提供分布式服务

如图 4-24 所示，请求一个万维网文档所需的时间是该文档的传输时间加上两倍往返时间 RTT。HTTP/1.0 的主要缺点就是每请求一个文档就要有两倍 RTT 的开销，这种非持续连接会使万维网服务器的负担加重。HTTP/1.1 协议使用了持续连接(Persistent Connection)，解决了这个问题。万维网服务器在发送响应后仍然在一段时间内保持这个连接，使同一个客户(浏览器)和该服务器可以继续在这条连接上传送后续的 HTTP 请求报文和响应报文。HTTP/1.1 协议的持续连接有两种方式，即非流水线方式(Without Pipelining)和流水线方式(With Pipelining)。

4.2.3　实验内容和步骤

1. Windows Server 2003 实验环境

(1) Windows Server 2003 系统，通过添加/删除 Windows 组件向导，选择安装应用程序服务器，如图 4-25 所示。

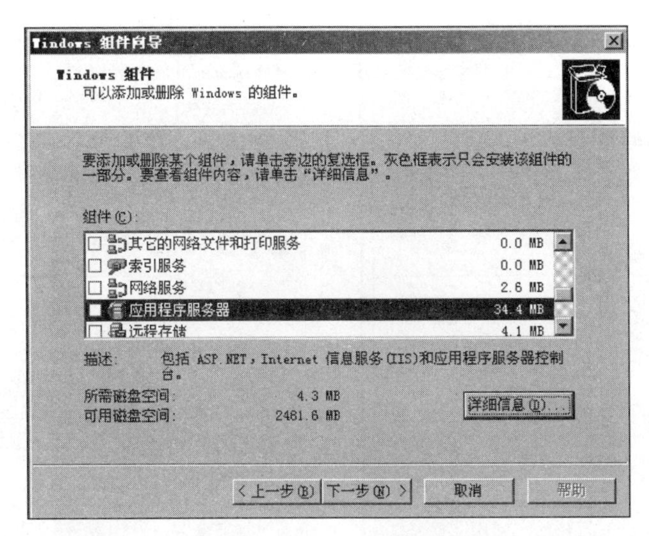

图 4-25　选择应用程序服务器

(2) 单击“详细信息”按钮，在弹出的对话框中选择“Internet 信息服务(IIS)”选项，如图 4-26 所示。

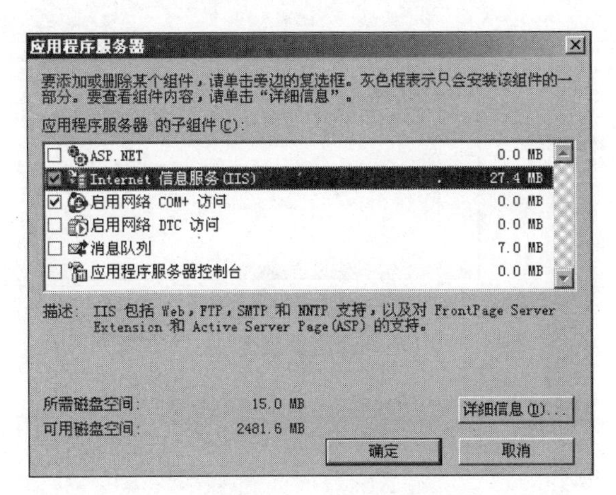

图 4-26　选择 Internet 信息服务(IIS)

(3) 选择 Windows Server 2003 安装光盘，读取系统文件，继续安装至结束。默认情况下，“IIS Admin Service”服务和“World Wide Web Publishing Service”服务已经启动，如图 4-27 和图 4-28 所示。

2. 运行 Internet 信息服务(IIS)管理器，配置 WWW 服务器

(1) 配置 WWW 服务，需要打开 Internet 信息服务(IIS)管理器。选择“开始”→“程序”→“管理工具”→“Internet 信息服务(IIS)”选项，打开 Internet 信息服务(IIS)管理器，如图 4-29 所示。

(2) 默认网站已经启动。配置默认网站的 IP 地址和 TCP 端口，如图 4-30 所示。

(3) 配置网站的主目录、访问权限、执行脚本和应用程序池，并配置启用父目录功能，如图 4-31 和图 4-32 所示。

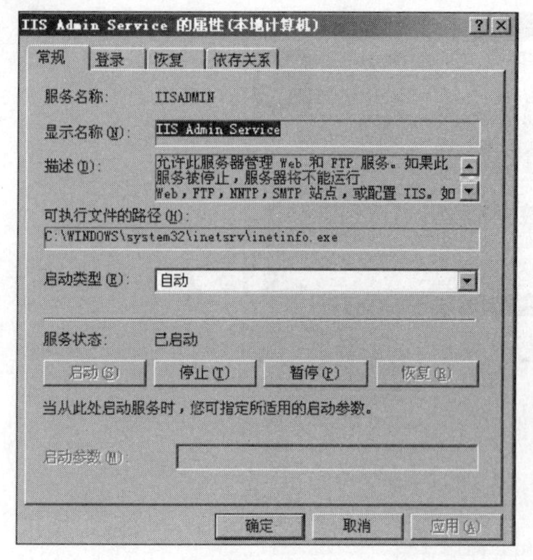

图 4-27　启动"IIS Admin Service"服务

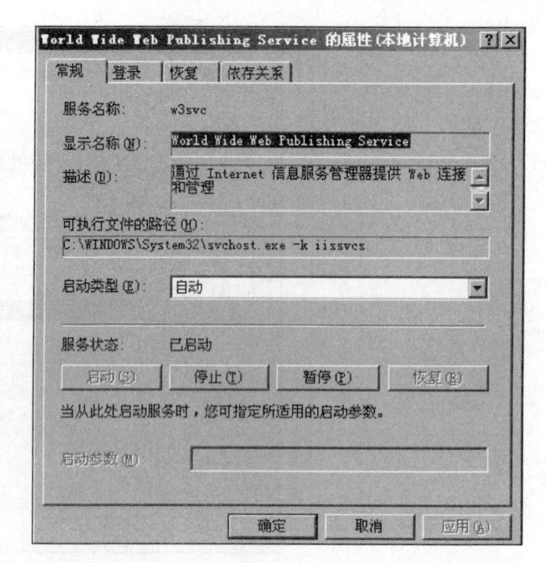

图 4-28　启动"World Wide Web Publishing Service"服务

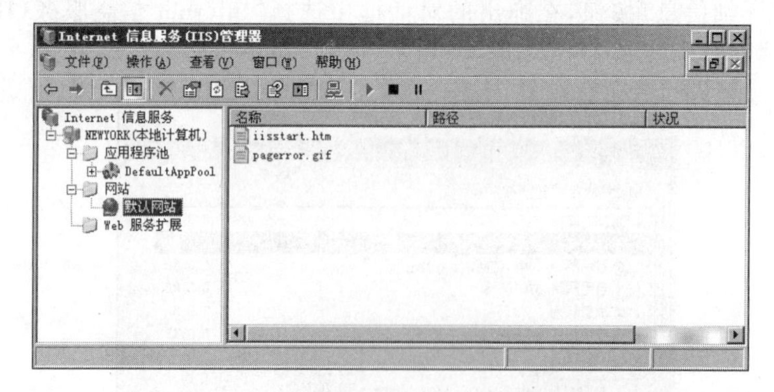

图 4-29　Internet 信息服务(IIS)管理器

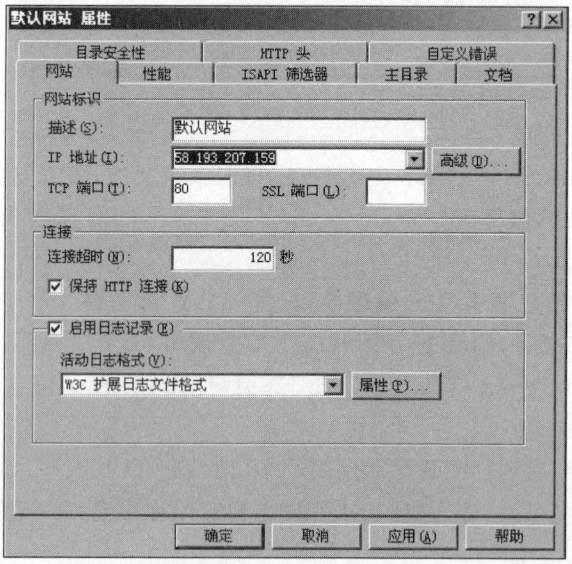

默认网站 属性

目录安全性　HTTP 头　自定义错误

网站　性能　ISAPI 筛选器　主目录　文档

网站标识

描述(S):　默认网站

IP 地址(I):　58.193.207.159　高级(D)...

TCP 端口(T):　80　SSL 端口(L):

连接

连接超时(N):　120 秒

保持 HTTP 连接(K)

启用日志记录(E)

活动日志格式(V):

W3C 扩展日志文件格式　属性(P)...

确定　取消　应用(A)　帮助

图 4-30　配置默认网站的属性

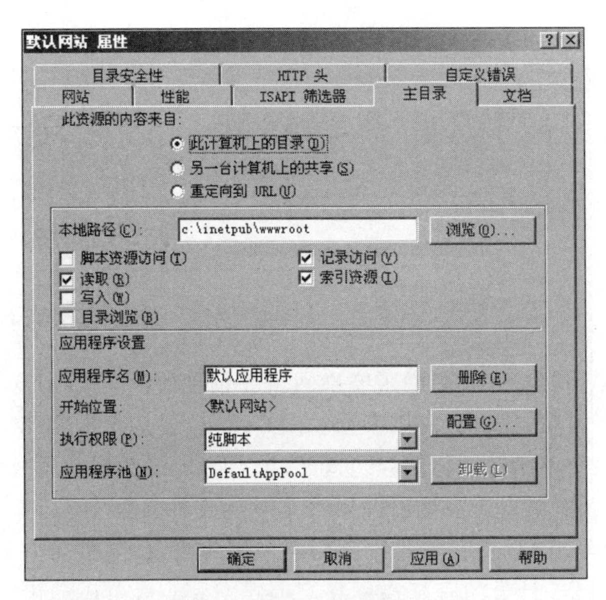

图 4-31　配置默认网站的主目录

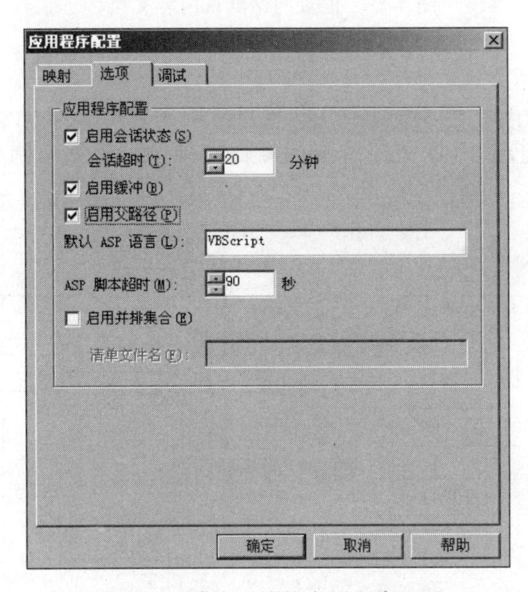

图 4-32　默认网站的应用程序配置

(4) 配置默认网站的默认内容文档(主页),如图 4-33 所示。

(5) 配置默认网站的目录安全性,如身份验证和访问控制、IP 地址和域名限制,如图 4-34 所示。

(6) 配置 Web 服务扩展,使得 Internet 信息服务(ISS)能够解析 ASP 脚本文件,如图 4-35 所示。

3. 用户使用浏览器访问验证 IIS 服务器的服务

(1) 客户端使用浏览器 IE,访问默认网站的 HTML 静态首页,访问结果如图 4-36 所示。

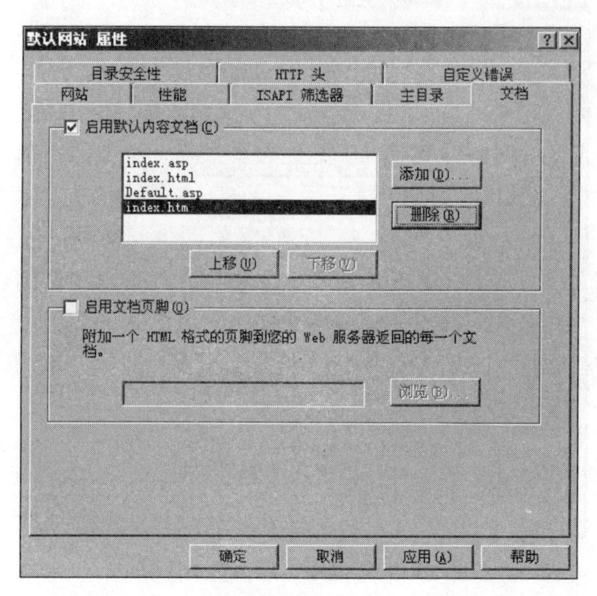

图 4-33　配置网站默认内容文档

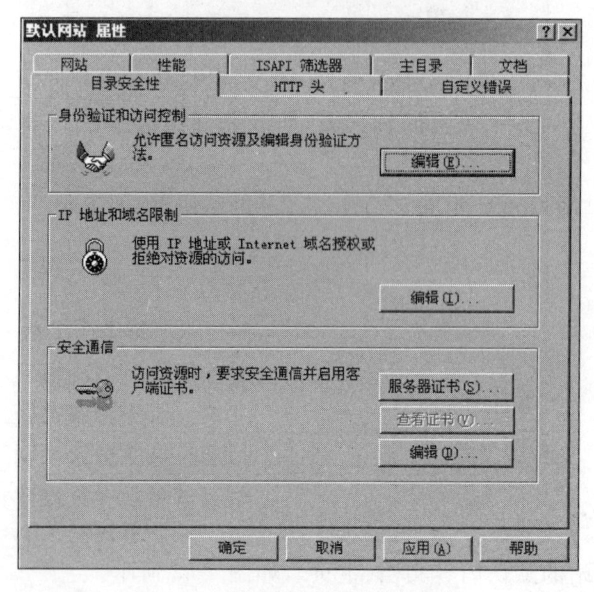

图 4-34　配置网站的目录安全性

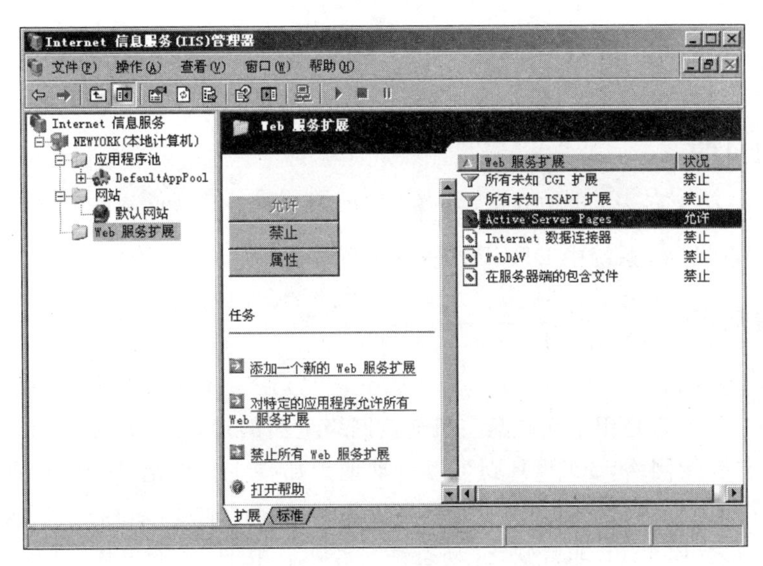

图 4-35　配置 Web 服务扩展

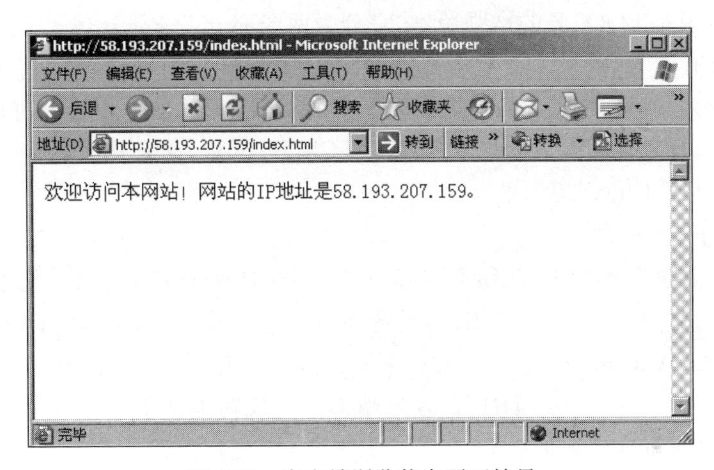

图 4-36　客户端浏览静态页面结果

(2) 客户端使用浏览器 IE，访问默认网站的 ASP 脚本首页，访问结果如图 4-37 所示。

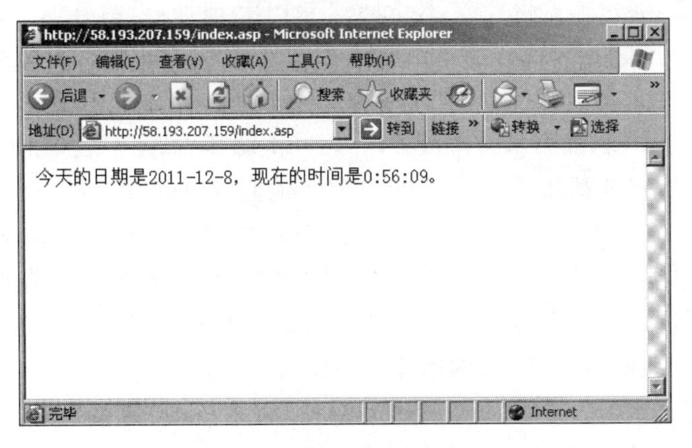

图 4-37　客户端浏览脚本页面结果

4.3 DHCP 服务器的配置

4.3.1 实验目的

(1) 理解 DHCP 服务的作用和工作过程。

(2) 掌握 Windows 系统中 DHCP 服务的配置方法。

4.3.2 实验知识

DHCP 是 Dynamic Host Configuration Protocol(动态主机分配协议)的缩写,其前身是 BOOTP。BOOTP 原来是用于无磁盘主机连接网络上面的;网络主机使用 BOOT ROM 而不是磁盘启动并连接网络,BOOTP 则可以自动地为那些主机设定 TCP/IP 协议环境。但 BOOTP 有一个缺点:在设定前必须事先获得客户端的硬件地址,而且与 IP 地址的对应是静态的。换而言之,BOOTP 非常缺乏"动态性",若在有限的 IP 资源环境中,BOOTP 的一一对应会造成非常可观的浪费。

DHCP 可以说是 BOOTP 的增强版本,它分为两个部分:一部分是服务器端,而另一部分是客户端。所有的 IP 网络设定数据都由 DHCP 服务器集中管理,并负责处理客户端的 DHCP 请求;而客户端则使用从服务器分配下来的 IP 环境数据。相比 BOOTP,DHCP 通过"租约"的概念,有效且动态地分配客户端的 TCP/IP 设定,而且从兼容性考虑,DHCP 也完全照顾了 BOOTP Client 的需求。

1. DHCP 的分配形式

DHCP 服务要求在网络中必须至少有一台 DHCP 服务器在工作,它会监听网络的 DHCP 请求,并与客户端磋商 TCP/IP 的设定环境。它提供以下两种 IP 定位方式。

1) Automatic Allocation

自动分配,其情形是:一旦 DHCP 客户端第一次成功地从 DHCP 服务器端租用到 IP 地址之后,就永远使用这个地址。

2) Dynamic Allocation

动态分配,当 DHCP 第一次从 DHCP 服务器端租用到 IP 地址之后,并非永久地使用该地址,只要租约到期,客户端就得释放(Release)这个 IP 地址,以给其他工作站使用。当然,客户端可以比其他主机更优先地更新(Renew)租约或是租用其他的 IP 地址。

动态分配显然比自动分配更加灵活,特别是当实际 IP 地址不足的时候。例如,一家 ISP 只能提供 500 个 IP 地址用来给拨接客户,但并不意味着客户最多只能有 500 个。因为事实上不可能所有客户全都在同一时间上网,除了他们各自的行为习惯的不同,也可能是电话线路的限制。那么,可以将这 500 个地址轮流地租给拨号连接上来的客户使用。这也是当查看 IP 地址时,IP 地址会因为每次拨接而不同的原因(除非客户申请的是一个固定 IP,一般的 ISP 都可以满足这样的要求,当然或许要另外收费)。ISP 不一定使用 DHCP 来分配地址,但这个概念和使用 IP Pool 的原理是一样的。

DHCP 除了能动态地设定 IP 地址之外,还可以将一些 IP 保留下来给一些特殊用途的机器使用,它可以按照硬件 MAC 地址来固定地分配 IP 地址。同时,DHCP 还可以帮助客户端指定 Router、Netmask、DNS Server、WINS Server 等项目，而在客户端上面，除了将 DHCP 选项选中之外，几乎无须做任何的 IP 环境设定。

2. DHCP 的工作原理

根据客户端是否第一次登录网络，DHCP 的工作形式会有所不同。第一次登录时，DHCP 工作过程如下。

1）寻找 Server

当 DHCP 客户端第一次登录网络时，这时客户机上没有任何 IP 数据设定，它会向网络发出一个 DHCP Discover 封包。

因为客户端还不知道自己属于哪一个网络，所以封包的来源地址会为 0.0.0.0，而目的地址则为 255.255.255.255，然后再附上 DHCP Discover 的信息，向网络进行广播。在 Windows 的预设情形下，DHCP discover 的等待时间预设为 1s，也就是当客户端将第一个 DHCP Discover 封包送出之后，在 1s 之内没有得到响应，就会进行第二次 DHCP Discover 广播。若一直得不到响应，客户端一共会有 4 次 DHCP Discover 广播（包括第一次在内），除了第一次会等待 1s 之外，其余 3 次的等待时间分别是 9s、13s、16s。如果 4 次都没有得到 DHCP 服务器的响应，客户端则会显示错误信息，宣告 DHCP Discover 的失败。之后系统会继续在 5min 之后再重复一次 DHCP Discover 的过程，寻找 IP 租用地址。

当 DHCP 服务器监听到客户端发出的 DHCP Discover 广播后，它会从那些还没有租出的地址范围内，选择最前面的空置 IP，连同其他 TCP/IP 设定，响应给客户端一个 DHCP Offer 封包。由于客户端在开始的时候还没有 IP 地址，因此在其 DHCP Discover 封包内会带有其 MAC 地址信息，并且有一个编号来辨别该封包，DHCP 服务器响应的 DHCP Offer 封包则会根据这些资料传递给要求租约的客户。根据服务器端的设定，DHCP Offer 封包会包含一个租约期限的信息。

2）接受 IP 租约

如果客户端收到网络上多台 DHCP 服务器的响应，只会挑选其中一个 DHCP Offer 而已（通常是最先抵达的那个），并且会向网络发送一个 DHCP Request 广播封包，告诉所有 DHCP 服务器，它将接受哪一台服务器提供的 IP 地址。同时，客户端还会向网络发送一个 ARP 封包，查询网络上面有没有其他机器使用该 IP 地址；如果发现该 IP 地址已经被占用，客户端则会送出一个 DHCP Decline 封包给 DHCP 服务器，拒绝接收 DHCP Offer，并重新发送 DHCP Discover 信息。事实上，并不是所有 DHCP 客户端都会无条件接收 DHCP 服务器的 DHCP Offer 封包，尤其这些主机安装有其他 TCP/IP 相关的客户软件。客户端也可以用 DHCP Request 向服务器提出 DHCP 选择，而这些选择会以不同的代码填写在 DHCP Option Field 里面，也就是说在 DHCP 服务器上面的设定，未必是客户端全部接受的，客户端可以保留自己的一些 TCP/IP 设定，主动权永远在客户端这边，如表 4-1 所示。

表 4-1　DHCP Option Field 代码

代码	含　义
01	Sub－net Mask
03	Router Address

续表

代码	含　义
06	DNS Server Address
0F	Domain Name
2C	WINS/NBNS Server Address
2E	WINS/NBT Node Type
2F	NetBIOS Scope ID

3）租约确认

当DHCP服务器接收到客户端的DHCP Request之后，会向客户端发出一个DHCP Ack响应，以确认IP租约的正式生效，也就结束了一个完整的DHCP工作过程，工作流程如图4-38所示。

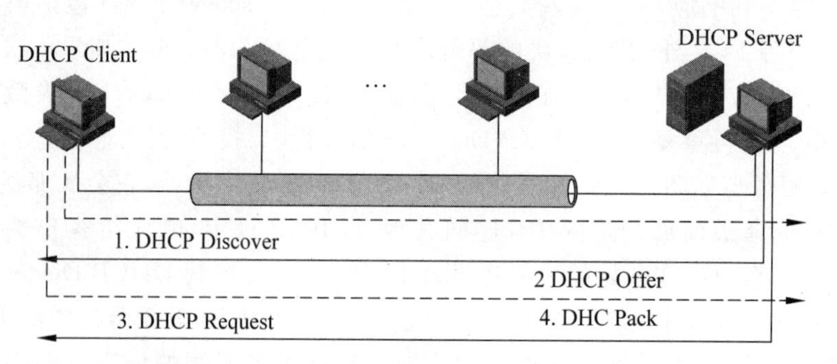

图4-38　DHCP工作流程

3. DHCP发放流程

当DHCP客户端成功地从服务器取得DHCP租约之后，除非该租约已经失效并且IP地址也被重新设定为0.0.0.0，否则就无须再发送DHCP Discover信息了，而会直接使用已经租用到的IP地址，并向之前的DHCP服务器发出DHCP Request信息，DHCP服务器会尽量让客户端使用原来的IP地址，如果没问题，就直接回应DHCP Ack来确认。如果该地址已经失效或已经被其他机器使用了，服务器则会回应一个DHCP Nack封包给客户端，要求其重新执行DHCP Discover。

4. 不同网络的DHCP发送

从前面的过程中，知道DHCP Discover是以广播方式进行的，此情形只能在同一网络之内进行，因为Router是不会将广播传送出去的。但如果DHCP服务器安设在其他的网络上面呢？由于DHCP客户端还没有IP环境设定，所以也不知道其Router地址（网关地址），而且有些Router也不会将DHCP广播封包传递出去，因此这种情形下DHCP Discover是永远没办法抵达DHCP服务器端的，当然也不会发生Offer及其他动作了。要解决这个问题，可以使用DHCP Agent（或DHCP Proxy）主机来接管客户的DHCP请求，然后将此请求传递给真正的DHCP服务器，再将服务器的回复传给客户。这里，Proxy主机必须自己具有路由能力，且能将双方的封包互传对方。

4.3.3 实验内容和步骤

1. 配置 DHCP 服务

(1) 选择“开始”→“程序”→“管理工具”→“DHCP”选项，运行 DHCP 配置工具。在配置 DHCP 时，默认情况下里面将会有一个服务器。如果列表中没有任何服务器，则需要添加 DHCP 服务器。添加时选中“DHCP”，单击鼠标右键，在弹出的快捷菜单中选择“添加服务器”选项。然后选择次服务器，再单击“浏览”按钮，选择(或直接输入)该服务器的名称。配置 DHCP 服务时，需要设置其作用域，选中服务器名称，再单击鼠标右键，在弹出的快捷菜单中选择“新建作用域”选项，如图 4-39 所示。

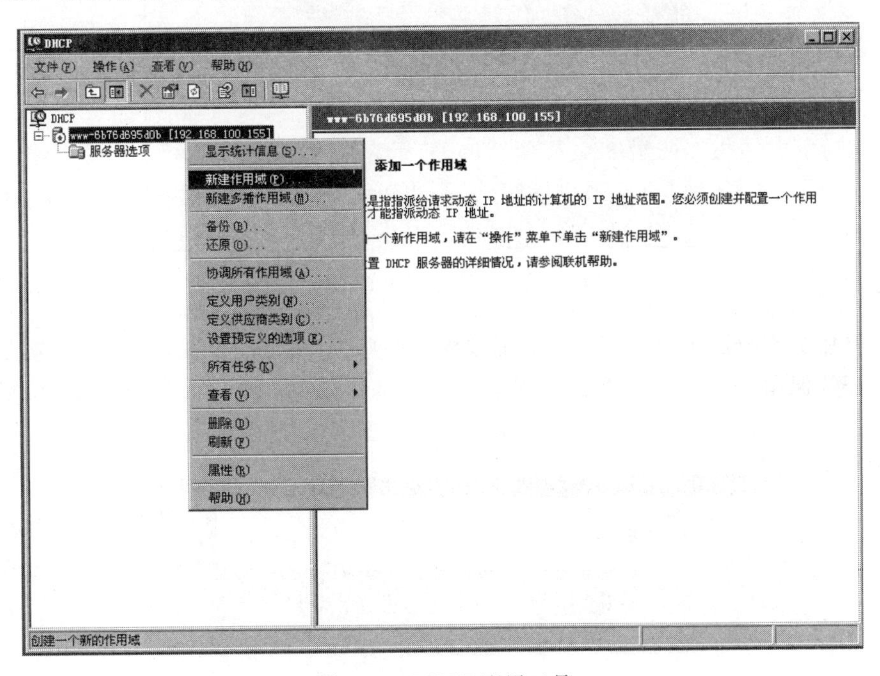

图 4-39 DHCP 配置工具

(2) 打开作用域的设置窗口，在新建作用域向导中，输入名称(只作提示用)和相关说明，如图 4-40 所示。设置完成后单击“下一步”按钮继续。

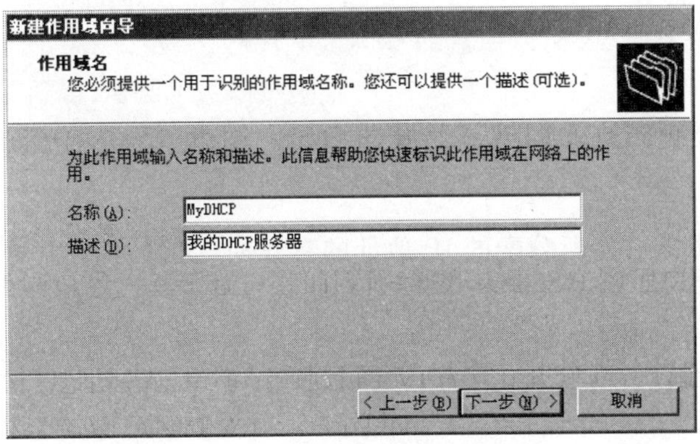

新建作用域向导
作用域名
您必须提供一个用于识别的作用域名称。您还可以提供一个描述(可选)。
为此作用域输入名称和描述。此信息帮助您快速标识此作用域在网络上的作用。
名称(A): MyDHCP
描述(D): 我的DHCP服务器
< 上一步(B) 下一步(N) > 取消

图 4-40 设置作用域名

（3）系统会要求设置可分配的 IP 地址范围，如可分配“192.168.100.151 ～192.168.100.169”，则在“起始 IP 地址”项输入“192.168.100.151”，“结束 IP 地址”项输入“192.168.100.169”，“子网掩码”项输入为“255.255.255.0”，“长度”项输入“24”，如图 4-41 所示。

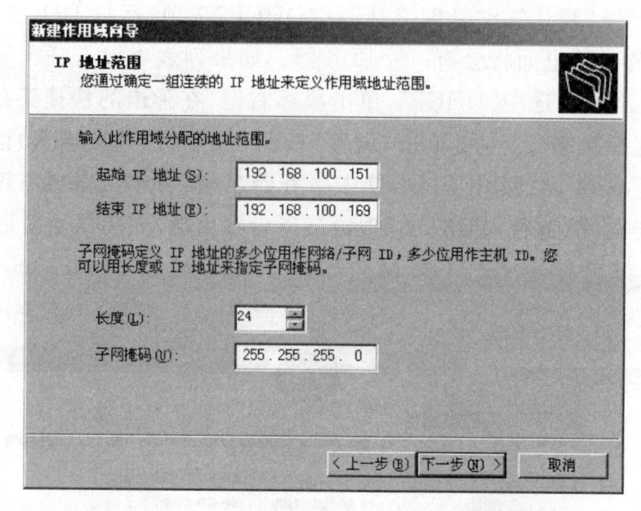

图 4-41　设置用于分配的 IP 地址范围

DHCP 服务在分配 IP 地址时，有时需要保留一些 IP 地址的设置，在下面的选项中输入不用于分配的保留 IP 地址或 IP 地址范围，如“192.168.100.160”、“192.168.100.165 到 192.168.100.169”；否则直接单击“下一步”按钮，如图 4-42 所示。

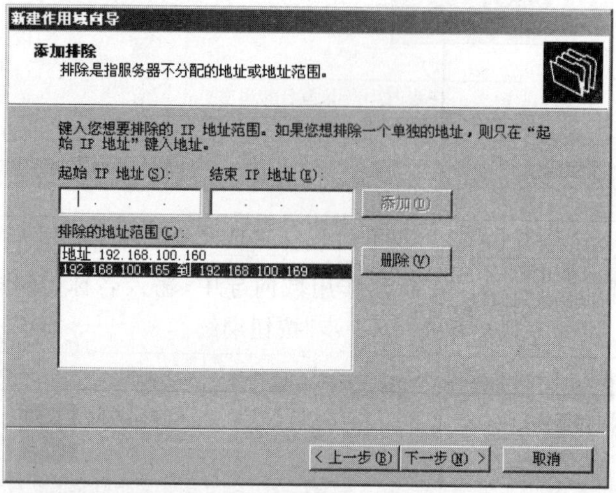

图 4-42　保留 IP 地址设置

（4）设置 DHCP 服务器所分配的 IP 地址的有效期，如图 4-43 所示。设置完成后单击“下一步”按钮继续。

（5）在设置了 DHCP 服务器用于分配给客户端的 IP 地址及租约期限后，还需要设定与之相对应的网关地址（192.168.100.160）及 DNS 地址（192.168.100.155），如图 4-44 和图 4-45 所示。

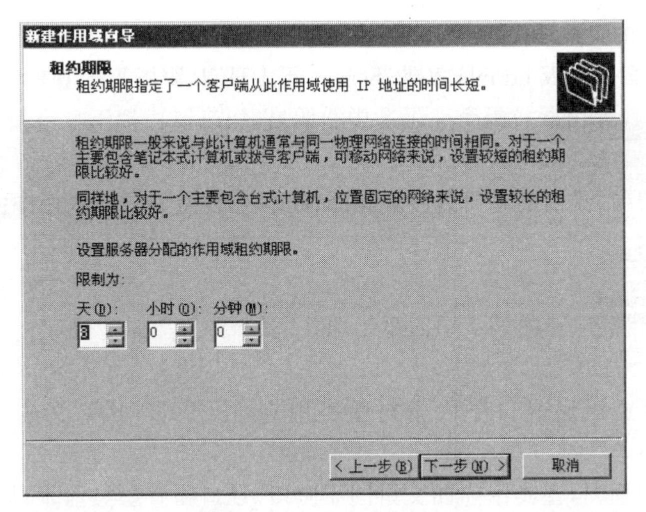

图 4-43　IP 租约期限设置

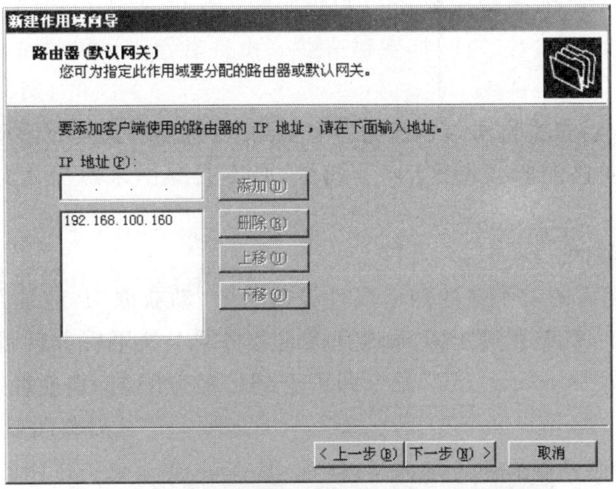

新建作用域向导
路由器(默认网关)
您可为指定此作用域要分配的路由器或默认网关。
要添加客户端使用的路由器的 IP 地址，请在下面输入地址。
IP 地址(P):
添加(D)
192.168.100.160
删除(R)
上移(U)
下移(O)
＜上一步(B)　下一步(N)＞　取消

图 4-44　默认网关设置

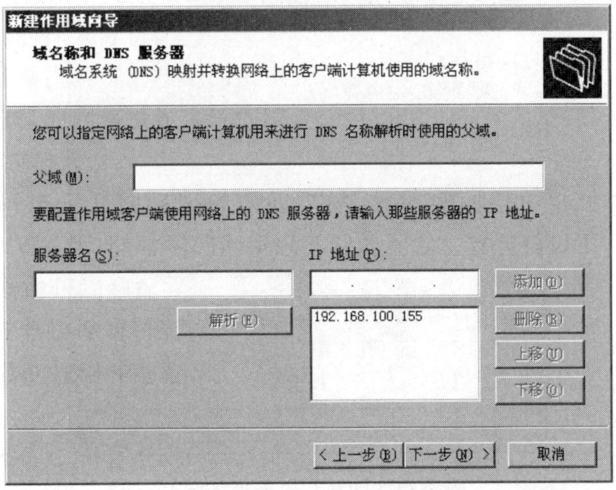

新建作用域向导
域名称和 DNS 服务器
域名系统 (DNS) 映射并转换网络上的客户端计算机使用的域名称。
您可以指定网络上的客户端计算机用来进行 DNS 名称解析时使用的父域。
父域(M):
要配置作用域客户端使用网络上的 DNS 服务器，请输入那些服务器的 IP 地址。
服务器名(S):　IP 地址(P):
添加(D)
解析(E)　192.168.100.155　删除(R)
上移(U)
下移(O)
＜上一步(B)　下一步(N)＞　取消

图 4-45　默认 DNS 设置

单击“下一步”按钮继续。DHCP配置完成后，可以在如图4-46中看到“地址池”、“地址租约”等设置。这样一个Windows 2003 Server下DHCP服务器配置就完成了。

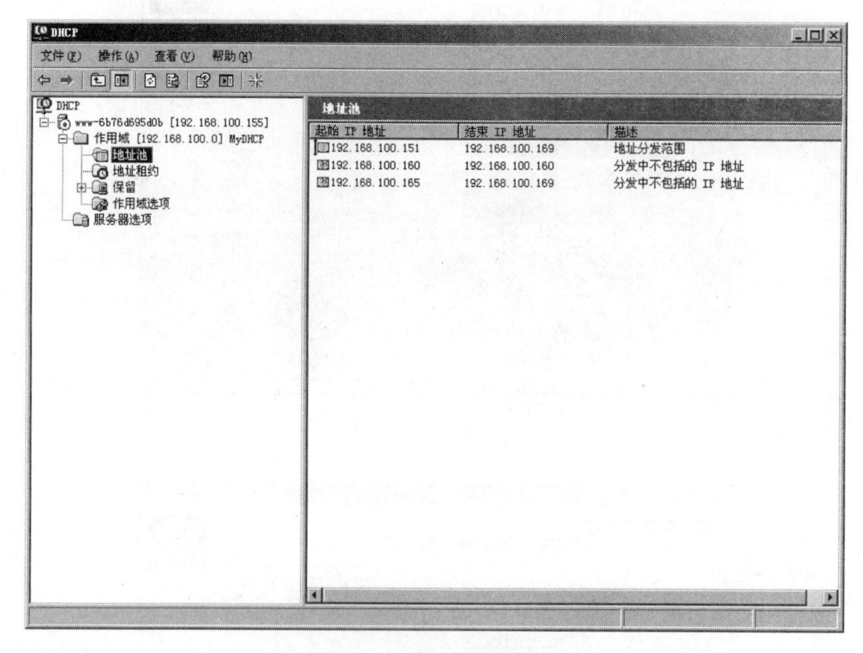

图4-46 DHCP服务器

2. DHCP服务测试

将任何一台本网内的工作站的网卡属性设置为“自动获取IP地址”和“自动获得DNS服务器地址”，如图4-47所示，重新启动计算机或者将网卡禁用后再启用，运行“cmd”命令，在命令行模式下输入“ipconfig /all”命令即可看到已经分配的IP地址、网关及DNS等信息，如图4-48所示。

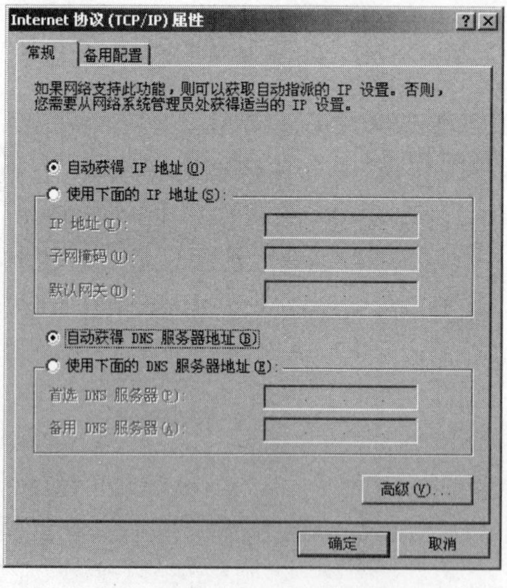

Internet 协议 (TCP/IP) 属性
常规 | 备用配置
如果网络支持此功能，则可以获取自动指派的 IP 设置。否则，您需要从网络系统管理员处获得适当的 IP 设置。
自动获得 IP 地址(O)
使用下面的 IP 地址(S):
IP 地址(I):
子网掩码(U):
默认网关(D):
自动获得 DNS 服务器地址(B)
使用下面的 DNS 服务器地址(E):
首选 DNS 服务器(P):
备用 DNS 服务器(A):
高级(V)...
确定 取消

图4-47 DHCP服务测试设置

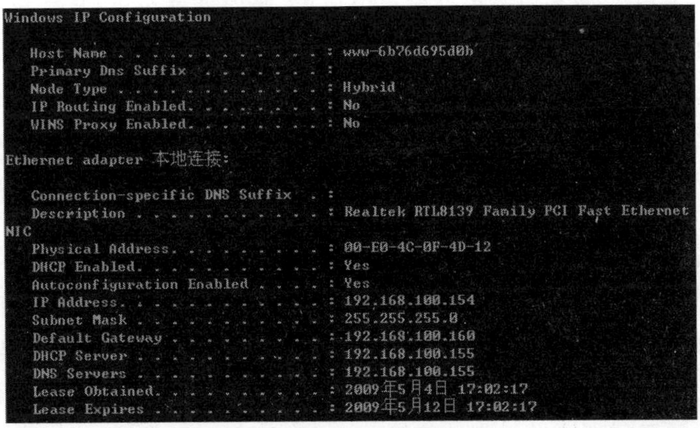

```
Windows IP Configuration

   Host Name . . . . . . . . . . . . : www-6b76d695d0b
   Primary Dns Suffix  . . . . . . . :
   Node Type . . . . . . . . . . . . : Hybrid
   IP Routing Enabled. . . . . . . . : No
   WINS Proxy Enabled. . . . . . . . : No

Ethernet adapter 本地连接:

   Connection-specific DNS Suffix  . :
   Description . . . . . . . . . . . : Realtek RTL8139 Family PCI Fast Ethernet
NIC
   Physical Address. . . . . . . . . : 00-E0-4C-0F-4D-12
   DHCP Enabled. . . . . . . . . . . : Yes
   Autoconfiguration Enabled . . . . : Yes
   IP Address. . . . . . . . . . . . : 192.168.100.154
   Subnet Mask . . . . . . . . . . . : 255.255.255.0
   Default Gateway . . . . . . . . . : 192.168.100.160
   DHCP Server . . . . . . . . . . . : 192.168.100.155
   DNS Servers . . . . . . . . . . . : 192.168.100.155
   Lease Obtained. . . . . . . . . . : 2009年5月4日 17:02:17
   Lease Expires . . . . . . . . . . : 2009年5月12日 17:02:17
```

图 4-48 DHCP 客户端测试

4.4 FTP 服务器的配置

4.4.1 实验目的

(1) 理解 FTP 服务的作用和工作过程。

(2) 掌握 Windows 系统下 FTP 服务器的架设配置方法。

4.4.2 实验知识

FTP(File Transfer Protocol,文件传输协议)服务是 Internet 上最早应用于主机之间进行数据传输的基本服务之一。随着 TCP/IP 协议的出现和发展,FTP 已经成为运行在 TCP/IP 协议上两个最主要的网络应用之一。

FTP 服务的一个很重要的特点就是其实现独立于平台,即在 UNIX、Windows 等系统上都可以实现。FTP 是将文件从一台主机传输到另一台主机的应用层协议。FTP 服务是建立在此协议上的两台计算机间进行文件传输的过程。FTP 服务由 TCP/IP 协议支持,因而任何两台 Internet 中的计算机,无论地理位置如何,只要都装有 FTP 协议就能在它们之间进行文件传输。FTP 提供交互式的访问,允许用户指明文件类型和格式并具有存取权限,它屏蔽了各计算机系统的细节,因而成为计算机传输数字化业务信息的最快途径。

FTP 服务器根据服务的对象不同,可以分为授权访问和匿名访问。如果用户在远程 FTP 服务器上拥有账号,则可以通过输入自己的账号和口令进行授权登录。当授权访问的用户登录系统后,其登录目录为用户自己的目录,用户既可以下载也可以上传;如果用户在远程服务器上没有账号且系统提供匿名访问功能,则可以通过输入账号(Anonymous 或 FTP)和口令来进行登录。一般匿名 FTP 服务器只提供下载功能,不提供上传服务功能。

FTP 采用 C/S 工作模式,不过与一般 C/S 不同的是,FTP 客户端与服务器之间要建立双重连接,即控制连接和数据连接。控制连接用于传输主机间的控制信息,如用户标识、用户口令、改变远程目录和"put"、"get"文件等命令,而数据连接用来传输文件数据。FTP 是一个交互式会话系统,客户进程每次调用 FTP 就与服务器建立一个会话,会话以控制连接来维持,直至退出 FTP。当客户进程提出一个请求,服务器就与 FTP 客户进程建立一个数据连接,进行实际的数据传输,直至数据传输结束,数据连接被撤销。FTP 服务器采用并发方式,一个 FTP 服务器进程可同时为多个客户进程提供服务。它由两大部分组成:一个主进程,负责接受新的客户请求;若干个从属进程,负责处理单个请求。

FTP 工作原理如图 4-38 所示。用户调用 FTP 命令后,客户端首先建立一个客户控制进程,该进程向主服务器发出 TCP 连接建立请求,主服务器接受请求后,派生(Fork)一个子进程(服务器控制进程),该子进程与客户控制进程建立控制连接,双方进入会话状态。在控制连接上,客户控制进程向服务器发出数据、文件传输命令,服务器控制进程接收到命令后派生一个新的进程,即服务器数据传输进程,该进程再向客户控制进程发出 TCP 连接建立请求。客户控制进程收到该请求后,派生一个客户数据传输进程,并与服务器数据传输进程建立数据连接,然后双方即可进行文件传输。

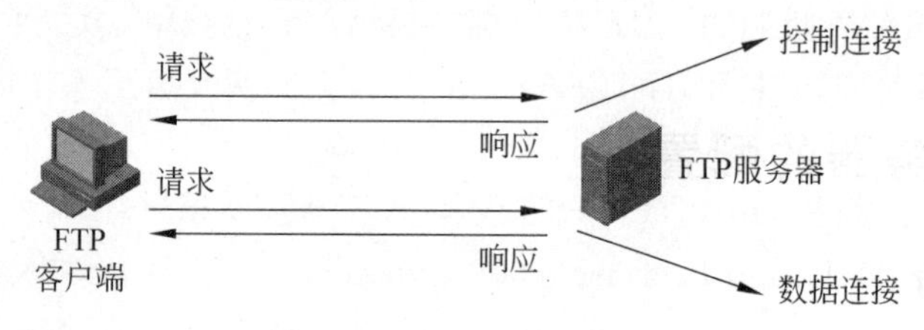

图 4-38　FTP 工作原理图

4.4.3　实验内容和步骤

1. 安装 FTP 服务

FTP 服务属于应用程序服务,安装 FTP 服务的方法是:选择“开始”→“控制面板”→“添加/删除程序”→“添加/删除组件”,在“Windows 组件向导”对话框中选中“应用程序服务器”复选框,并单击“详细信息”按钮,在弹出的“应用程序服务器”对话框中选中“Internet 信息服务”及“应用程序服务器”复选框,并单击“Internet 信息服务”选项对应的“详细信息”按钮,在弹出的“Internet 信息服务(IIS)”对话框中选中“文件传输协议(FTP)服务”复选框,单击“确定”按钮。在该过程中按照提示插入 Windows 安装光盘即可,如图 4-39 所示。

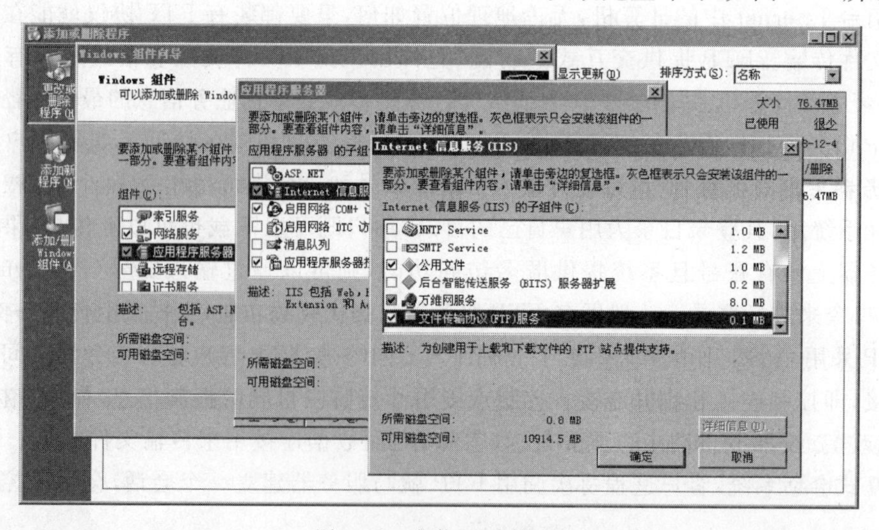

图 4-39　安装 FTP 服务

2. 配置 FTP 服务器

(1) 打开 FTP 控制台。FTP 服务安装后可能在“开始”→“程序”→“管理工具”级联菜单中不出现 FTP,此时需用从“管理您的服务器”处打开 FTP 控制台,即选择“开始”→“程序”→“管理工具”→“管理您的服务器”选项,首先打开“管理您的服务器”窗口,如图 4-40 所示。该窗口允许用户集中管理所有服务,包括“管理服务器角色”、“应用服务器”、“DNS 服务器”等;然后在如图 4-41 所示的“应用程序服务器”栏单击“管理此应用程序服务器”,弹出“应用程序服务器”窗口,如图 4-42 所示。在该窗口中选择“默认 FTP 站点”选项并右击,在弹出的快捷菜单中选择“属性”选项。

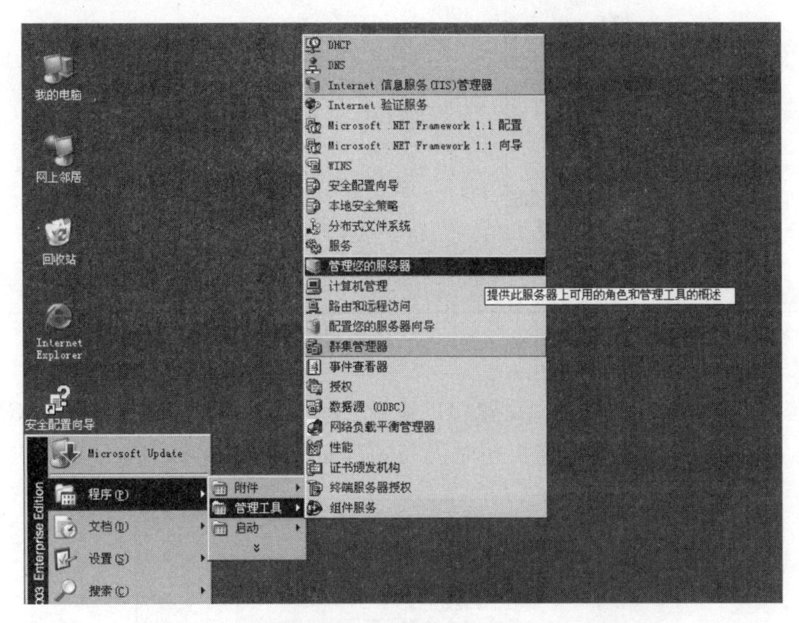

图 4-40　打开管理服务器

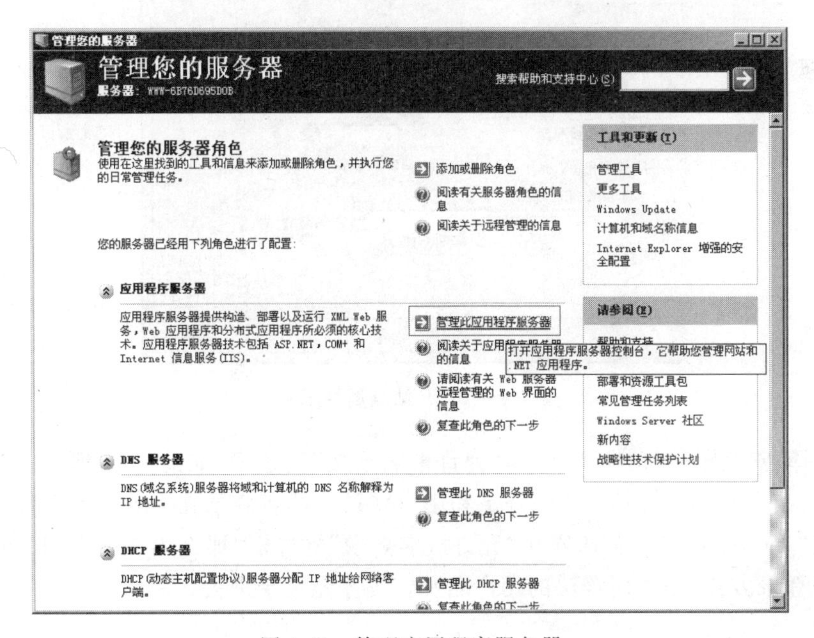

图 4-41　管理应用程序服务器

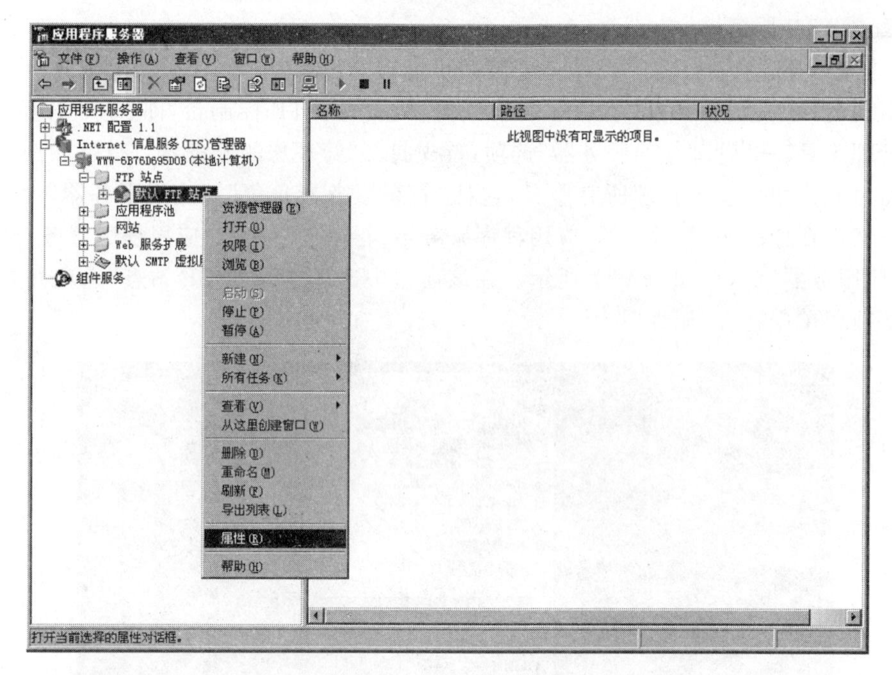

图 4-42　FTP 站点属性

(2) 选择“FTP 站点”选项卡，设置“IP 地址”为“192.168.100.155”、“TCP 端口”为“21”，以及连接限制为“100000”，连接超时为“600”，如图 4-43 所示。

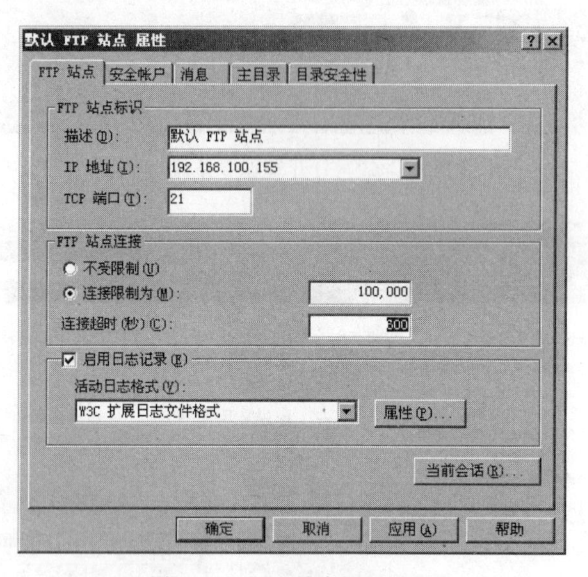

图 4-43　FTP 站点属性设置

(3) 选择“安全账号”选项卡，选中“允许匿名连接”复选框，如图 4-44 所示。在 FTP 服务器上，通常有两种用户连接：匿名登录和用户登录。匿名登录在 Internet 下很普遍，使用的用户名是“anonymous”。如果选中“允许匿名登录”复选框，那么用户的 FTP 将公开。如果使用用户登录方式，需要用合法的用户名和密码才能登录进去。

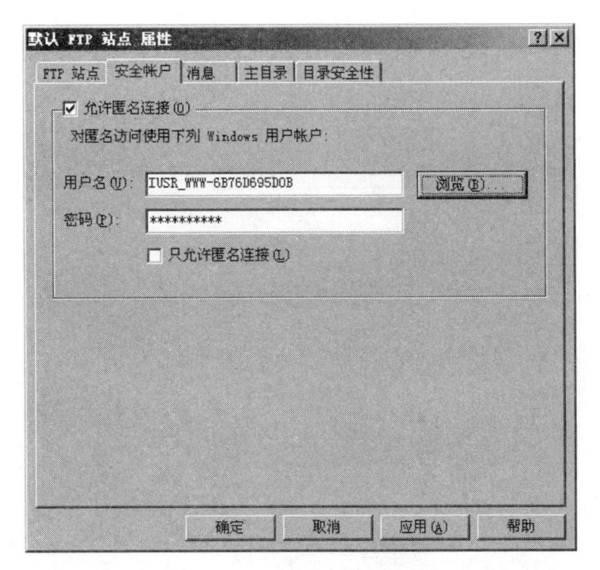

图 4-44　FTP 站点安全账号

(4) 选择“消息”选项卡，设置 FTP 站点的欢迎信息、退出信息及最大连接数，如图 4-45 所示。

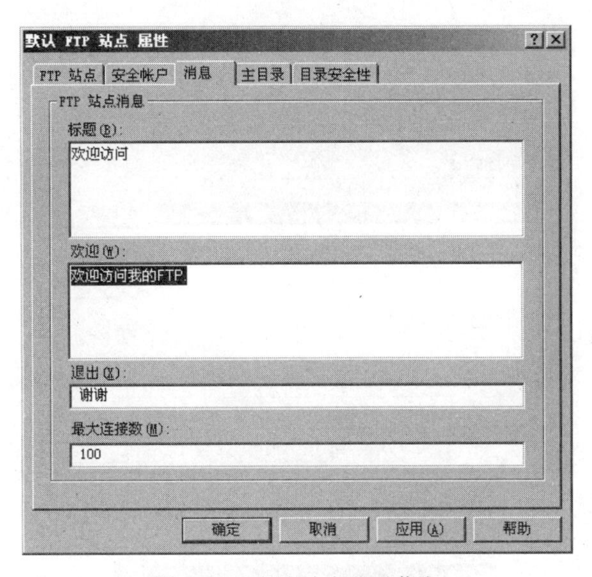

图 4-45　FTP 站点登录信息

(5) 选择“主目录”选项卡，设置 FTP 站点的内容位置，该位置可以来自于本机或共享目录，此处设置本地路径为“E:\myftp”(系统默认是“C:\inetpub\ftproot”)，权限设置为“读取”、“写入”和“记录访问”，如图 4-46 所示。

(6) 选择“目录安全性”选项卡，设置 FTP 站点权限访问站点的 IP 地址，如图 4-47 所示。本实验中设置“拒绝访问”，其中例外的 IP 地址为“192.168.2.0(255.255.255.0)”和“192.168.100.154”。单击“添加”按钮，在如图 4-48 所示的对话框中选中“一组计算机”单选按钮，并在“网络标识”文本框中输入“192.168.2.0”，在“子网掩码”文本框中输入“255.

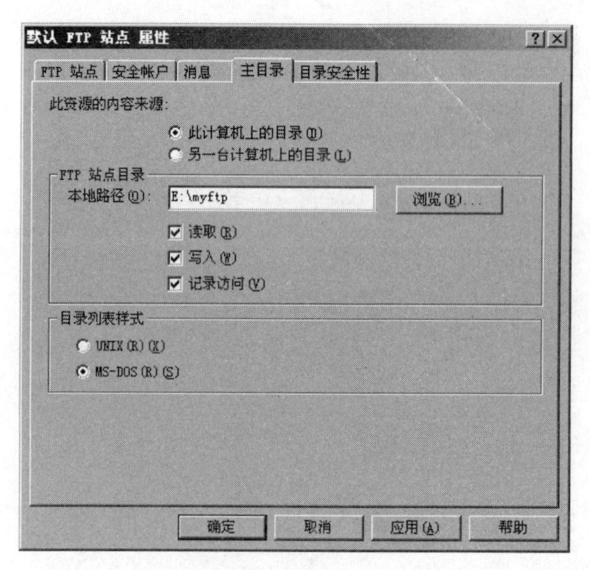

图 4-46　FTP 站点主目录设置

255.255.0”,单击“确定”按钮;再单击“添加”按钮,在如图 4-48 所示的对话框中选中“一台计算机”单选按钮,输入“192.168.100.154”,单击“确定”按钮完成访问设置。

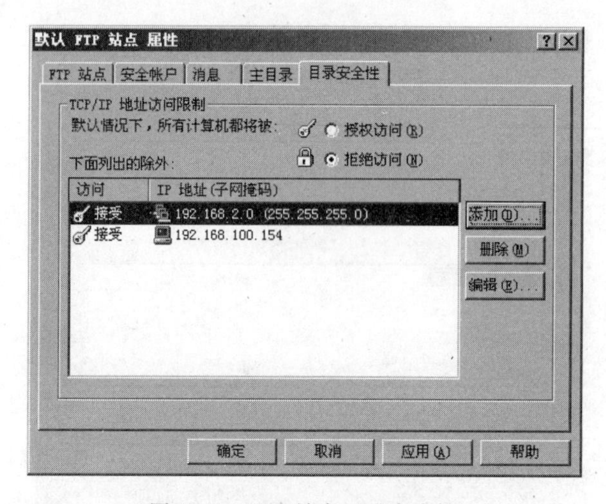

图 4-47　FTP 站点目录安全性

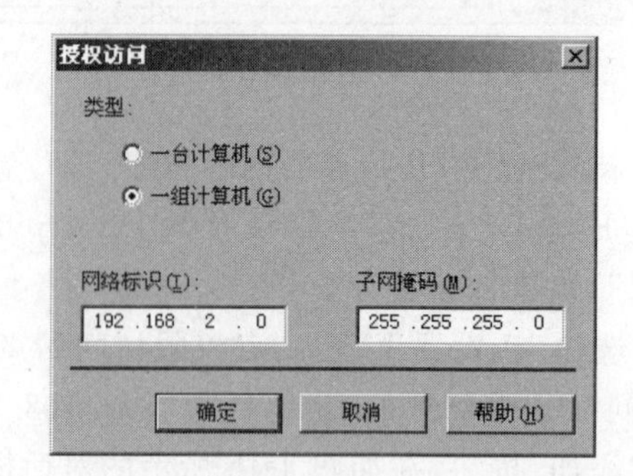

图 4-48　FTP 拒绝访问中例外的 IP 地址设置

第5章　网络综合课程设计

5.1　课程设计总体要求

5.1.1　课程设计目的和意义

《网络综合课程设计》是学习掌握计算机网络知识的综合性实践教学环节之一。本次课程设计以面向用户实际需求为宗旨，采用系统的网络工程为形式，遵循计算机网络系统集成的思想，综合运用计算机网络的知识和技能。通过课程设计，使学生全面地掌握计算机网络的基本概念，加深对TCP/IP网络体系结构及各层的功能和工作原理的理解，培养实际的网络方案设计和组网操作的技能，达到巩固计算机网络基础理论，强化学生的实践意识，提高学生的实践能力和创新能力。为今后从事计算机网络工程的设计、安装、维护和管理，以及后续专业课程的学习打下坚实的理论和实践基础。

5.1.2　课程设计内容

如图5-1所示，以某单位实际需求为设计背景，设计并组建一个规模适中、结构合理、功能完善的校园网或企业网。实现一个成功的案例通常需要对任务进行分解，设计任务具体包括以下几个方面。

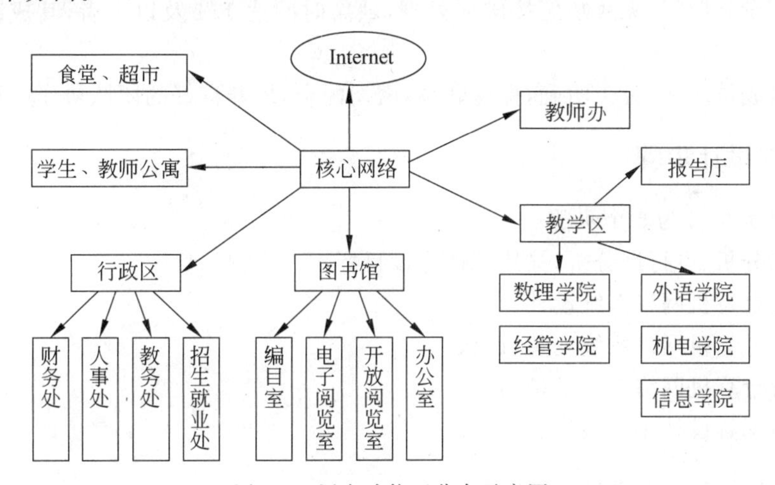

图5-1　用户功能区分布示意图

(1) 网络系统集成需求分析：分析用户的一般情况、业务性能、用户性能和服务管理等方面。

(2) 网络拓扑结构设计：选择网络系统方案，采用三层网络架构设计网络结构，分别确定网络中心的位置、服务器接入的区域和用户接入的区域，确定网络主干链路的布线方案，根据上述情况绘制详细的网络拓扑结构图。

(3) IP地址规划与VLAN设计：给出私有IP地址的整体规划，用户或业务VLAN

设计。

(4) 网络设备的选型与配置：给出网络硬件(交换机、路由器、服务器、存储设备、UPS等)和软件(网络操作系统、网络管理系统等)的选型方案，包括产品的品牌、型号、价格、数量和总价。

(5) 交换网络与路由网络设计：根据设计方案，配置交换机的VLAN，实现二层交换；选择路由协议，配置动态或静态路由，实现全网互联互通。可以采用物理网络设备进行安装、调试，或仿真软件模拟网络环境的设计、调试。

(6) 网络操作系统与应用系统设计：给PC服务器安装网络操作系统，分别配置DNS服务器、DHCP服务器和Web服务器；配置网络管理系统和业务应用系统。

(7) 网络系统的测试与验收：使用合适的网络命令与软件工具测试网络的连通性和网络服务的性能。

(8) 课程设计小结：总结课程设计的过程、体会及建议。

5.1.3 课程设计要求

课程设计集中安排在3周时间内进行，以小组为单位，一组一般为4～6人。要求每组学生根据课程设计内容的描述，独立完成相关的设计任务，具体要求如下：

(1) 充分认识课程设计的重要性，认真做好设计前的各项准备工作。

(2) 虚心接受老师的指导，充分发挥主观能动性。结合课题要求，查阅文献，善于思考，勤于实践，勇于创新。

(3) 按时完成规定的工作任务，相互交流，勿抄袭他人内容，否则成绩按不及格处理。

(4) 课程设计期间，无故缺席按旷课处理，缺席时间达1/4及以上者，其成绩按不及格处理。

(5) 小组成员之间，分工明确，保持联系，密切配合，培养良好的团队协作精神。

5.1.4 课程设计步骤

课程设计大体分为5个步骤。

(1) 需求分析、可行性分析，描述总体建设目标。

(2) 进行计算机网络系统设计。

(3) 进行计算机网络系统安装、调试。

(4) 进行计算机网络系统维护与评价。

(5) 撰写课程设计小结报告。

5.1.5 课程设计报告要求

学生提交的课程设计报告应包含以下5个方面的内容。

(1) 详细的网络系统需求分析(用户需求、业务需求和网络性能需求)。

(2) 详细的网络系统设计方案(建设目标、主干网方案、网络拓扑结构和网络功能)。

(3) 详细的IP地址规划和VLAN设计方案。

(4) 详细的网络设备(硬件和软件)选型方案。

(5) 详细的网络设备配置文档或功能说明。

（6）详细的网络服务配置文档或功能说明。

5.1.6　课程设计验收

本次课程设计的结果验收主要包括学生问题答辩、网络设备现场调试、网络服务运行检测、提交纸质的设计报告等环节。具体评分标准如表 5-1 所示。

表 5-1　课程设计的评分标准

序号	报告内容	比例	平分原则				
			不给分	及格	中等	良　好	优　秀
1	问题描述	5%	没有	不完整	基本正确	描述正确	描述准确
2	解决方案	10%	没有	不完整	基本可行	方案良好	方案优秀
3	网络拓扑设计、IP 地址规划与 VLAN 设计、网络设备选型	40%	没有	不完整	基本正确、清晰	正确、清晰，有应用参考价值	正确、清晰，有实际应用价值
4	交换与路由、服务器配置	30%	没有	不完整	基本实现	完全实现	有实际应用价值，示范
5	其他	15%	包括是否按时完成，报告格式、书写、语言等				

5.2　网络系统集成需求分析

网络系统集成一般要经过需求分析、选择解决方案、网络策略、网络实施、网络测试与验收 5 个步骤，其中，需求分析虽然处在开始阶段，但它对整个集成过程是至关重要的，具有非常重要的地位，直接决定着后续工作的好坏。它的基本任务是确定系统必须完成哪些工作，对目标系统提出完整、准确、清晰和具体的要求。随着集成系统规模的扩大和复杂性提高，需求分析在网络系统集成中所处的地位越加突出，而且也越加困难。

5.2.1　需求分析的意义

需求分析是在网络设计过程中用来获取和确定系统需求的方法，是网络设计过程的基础，是网络系统设计中重要的一个阶段。

通过与用户共同进行需求分析，可以充分了解用户现有的资源情况、用户的需求和应用的要求等多方面的信息，达到设计与需求的一致性。

完整的需求分析有助于为后续工作建立起一个稳定的工作基础。如果在设计初期没有与需求方达成一致，在整个项目的实施过程中，需求方的具体需求可能会不停地变化，这些因素综合起来就可能影响项目的计划和预算。

需求分析的质量对最后的网络系统的影响是深远的和全局性的。高质量需求分析对系统完成起到事半功倍的作用。

5.2.2　用户业务需求分析

用户业务需求分析是指在网络系统设计过程中，对用户所需的业务需求进行分析和确认。通常情况下,要对用户的一般情况、业务性能需求、业务功能需求等方面进行分析。业务需求是系统集成中的首要环节,是系统设计的根本依据。

1. 用户的一般情况分析

用户的一般情况分析主要包括分析组织结构、地理位置、应用用户组成、网络连接状况、发展情况、行业特点、现有可用资源、投资预算和新系统要求等方面。

2. 业务性能需求分析

业务性能需求分析决定整个网络系统集成的性能档次、采用技术和设备档次。调查主要针对一些主要用户和关键应用人员或部门进行。业务性能需求最终要在详细、具体分析后确定,经项目经理和用户负责人批准后采用。主要涉及以下3个方面。

(1) 用户业务性能需求分析。用户业务性能需求分析主要是指网络接入速率及交换机、路由器和服务器等关键设备响应性能需求,以及磁盘读写性能需求等。

(2) 用户业务功能需求分析。用户业务功能需求分析主要侧重于网络本身的功能,是指基本功能之外的那些比较特殊的功能,如是否配置网络管理系统、服务器管理系统、第三方数据备份系统、磁盘阵列系统、网络存储系统和服务器容错系统等。

(3) 用户业务应用需求分析。用户业务应用需求分析主要是指网络系统需要包含的各种应用功能。

5.2.3 用户性能需求分析

用户对网络性能方面的要求主要体现在终端用户接入速率、响应时间、吞吐性能、可用行能、可扩展性和并发用户支持等方面。

(1) 响应时间需求分析。用户的一次功能操作可能由几个客户请求和服务器响应组成,从客户发出请求到该客户收到最后一个响应,经过的时间就是整体的响应时间。在大量的应用处理环境中,超过3s以上的响应时间将会影响到工作效率。网络和服务器的时延和应用时延都对整体响应时间有影响。

(2) 吞吐性能需求分析。网络中传输的数据是由一个个数据包组成的,交换机、路由器和防火墙等设备对每个数据包的处理要耗费资源。吞吐量理论上是指在没有帧丢失的情况下,设备能够接收的最大速率。吞吐量测试结果以b/s或B/s为单位表示。

(3) 可用性能需求分析。网络系统的可用性需求主要是指在可靠性、故障恢复和故障时间等几个方面的质量需求。由许多方面共同决定,如网络设备自身的稳定性、网络系统软件和应用系统的稳定性、网络设备的吞吐能力和应用系统的可用性等。

(4) 并发用户数需求分析。并发用户数是整个用户性能需求的重要方面,通常是针对具体的服务器和应用系统,如域控制器、Web服务器、FTP服务器、E-mail服务器、数据库系统、MIS管理系统、ERP系统等。并发性能测试的过程是一个负载测试(Load Testing)和压力测试(Stress Testing)的过程,即逐渐增加负载,直到系统瓶颈或不能接受的性能点,通过综合分析交易执行指标和资源监控指标来确定系统并发性能的过程。

(5) 可扩展性需求分析。网络系统的可扩展性需求决定了新设计的网络系统适应用户企业未来发展的能力,决定了网络系统对用户投资的保护能力。网络系统的可扩展性最终主要体现在网络拓扑结构、网络设备、硬件服务器的选型及网络应用系统的配置等方面。

5.2.4　服务管理需求分析

服务管理需求分析主要是指网络系统的可视性、可控性、自动化管理需求。对于比较大型的网络系统中，配置一个专业的网络管理系统是非常必要的。

正确选择网络管理系统，既要考虑用户的投资能力，又要对各种主流管理系统有一个较全面的了解。服务管理需求分析需考虑以下几个方面。

（1）服务器的监控、远程管理。

（2）网络设备的监控、远程管理。

（3）数据库系统的备份和容灾。

（4）网络系统的安全和用户上网安全。

5.3　计算机网络系统设计

在详尽的网络系统需求分析基础上，用户就可以进行网络系统设计了。网络系统的设计要考虑很多内容，如网络通信协议、网络规模、网络拓扑结构、网络功能、网络操作系统、网络应用系统等。在进行网络设计中一定要遵循网络系统设计的有关步骤和原则，选择先进的网络技术、网络操作系统和网络服务器，综合考虑网络系统设计的各个方面。

5.3.1　网络系统设计需要考虑的内容

（1）网络通信协议选择。目前，局域网中网络通信协议基本上都是 TCP/IP。

（2）网络规模和网络结构。不同规模的网络对网络技术的采用、IP 地址的分配、网络拓扑结构的配置和设备选择都有不同要求，可以分为小型网络、中小型网络、大中型网络。

（3）网络功能需求。

（4）可扩展性和可升级性。主要体现在综合布线、网络拓扑结构、网络设备、网络操作系统、数据库系统等多个方面。

（5）性能均衡性。网络性能与网络安全都遵循“木桶”原则，即取决于网络设备中性能最低的设备的性能。

（6）性价比。一般性价比越高，实用性越强。

（7）成本。系统集成建设，要量力而行，必须要与企业的经济承受能力结合起来考虑，尽可能用最少的钱，办最多的事。一般来说，网络设备投资中服务器、核心交换机、路由器和防火墙这四类设备的成本大概占到总成本的 80%左右。

5.3.2　网络系统设计的步骤和设计原则

1. 网络系统设计的步骤

用户调查与分析→网络系统初步设计→网络系统详细设计→用户和应用系统设计→系统测试与试运行。

2. 网络系统设计的基本原则

（1）开放性和标准化原则。

（2）实用性与先进性兼顾原则。

(3) 无瓶颈原则。

(4) 可用性原则。

(5) 安全第一原则。

3. 局域网设计的基本原则

(1) 考察物理链路。物理链路的带宽是网络设计的基础。

(2) 分析数据流的特征。明确应用和数据流的分布特征,可以更加有效地进行资源分布。例如,企业邮件服务和工作组共享打印对于网络的需求是不一致的。

(3) 采用层次化模型进行设计。层次结构能够将多个子网互联,使网络更加易于扩展和易于管理;层次结构可以是物理上的,也可以是逻辑上的。

(4) 考虑网络冗余。网络中的单点故障不应影响网络的互通性,网络中链路负载应适当进行均衡,可根据不同网络的需求、网络中不同部分的需求分析和设计。

5.3.3 网络拓扑结构设计

拓扑(Topology)结构是将各种事物的位置表示成抽象位置。在网络中,拓扑结构形象地描述了网络的安排和配置,包括各种结点和结点的相互关系。局域网一般分为有线局域网和无线局域网(WLAN)两种。

1. 有线局域网拓扑结构设计

(1) 星型拓扑结构。

(2) 环型拓扑结构。

(3) 总线型拓扑结构。

(4) 树型拓扑结构。

(5) 混合型拓扑结构。

2. 无线局域网拓扑结构设计

无线局域网(WLAN)通常是作为有线局域网的补充而存在的,单纯的无线局域网比较少见,通常只应用于小型办公系统中。

(1) 点对点 Ad-Hoc 对等结构:该结构中没有信号交换设备,信号是直接在两个通信端点对点传输,网络通信效率较低,仅适用于较少数量的计算机无线互联(通常 5 台主机以内)。

(2) Infrastructure 结构:基于无线 AP 的 Infrastructure 结构模式与有线网络中的星型交互模式相似,也属于集中式结构类型。其中,无线 AP 俗称"访问点"或"接入点",相当于有线网络中的交换机,起到集中连接和数据交换的作用。一般的无线 AP 还提供了一个有线以太网接口,用于与有线网络、工作站和路由设备的连接。

(3) 层次化网络模型设计

一个层次化的网络模型主要包括 3 个层次:核心层、汇聚层和接入层,如图 5-2 所示。

5.3.4 IP 地址规划与 VLAN 设计

网络通信需要每个参与通信的实体都拥有相应的 IP 地址。不同的网络可以有不同的地址编制方案。VLAN 的设计与 IP 地址规划的方法是密切相关的。

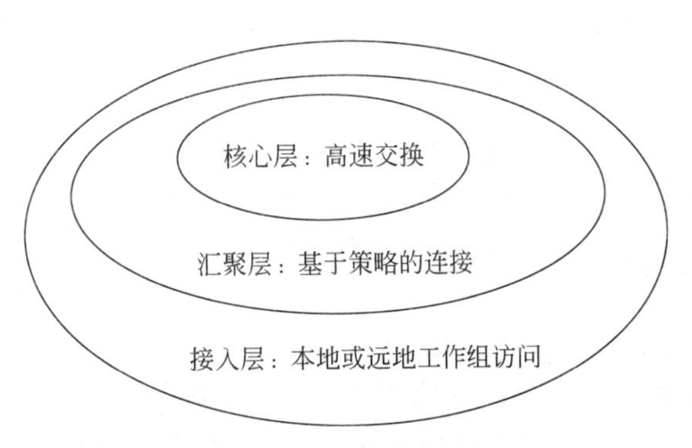

图5-2 三层网络模型示意图

1. IP地址整体规划

IPv4是现行的IP地址协议，IPv6是下一代互联网的地址协议。IPv4地址是32位的二进制的比特串，一般采用点分十进制表示；IPv6地址是128位的二进制的比特串，可以用8段冒号分隔的十进制数表示。IPv4地址由网络ID和主机ID组成；根据网络ID的范围，可以把IP地址分为A类、B类、C类、D类和E类地址。

2. 私有IP地址

虚拟专用网或本地专用网一般采用Internet专用地址，即常说的私有地址。私有地址的范围如下。

(1) A类地址中：10.0.0.0～10.255.255.255。

(2) B类地址中：172.16.0.0～172.31.255.255。

(3) C类地址中：192.168.0.0～192.168.255.255。

3. VLAN设计

虚拟局域网(Virtual Lan Area Network，VLAN)是指处于不同物理位置的结点根据需要组成不同的逻辑子网，即一个VLAN就是一个逻辑广播域。VLAN允许处于不同地理位置的网络用户加入到一个逻辑子网中，共享一个广播域。通过对VLAN的创建可以控制广播风暴的产生，从而提高交换式网络的整体性能和安全性。

VLAN划分的必要性主要从以下几个方面考虑。

(1) 基于网络性能的考虑。VLAN可以隔离广播信息，缩小广播域的范围，提高网络的传输效率，从而提高网络性能。

(2) 基于安全性的考虑。各个VLAN之间不能直接通信，必须通过路由器转发，为高级的安全控制提供了可能，增强了网络的安全性。

(3) 基于组织结构上考虑。将同一部门的分散在不同地点的办公人员划分到同一VLAN中。

VLAN划分的方法主要有以下几种。

(1) 按交换设备端口号。基于端口号的VLAN方式建立在物理层上，是最常见的一种划分方式。

(2) 按主机MAC地址。基于MAC地址的VLAN方式建立在数据链路层上。

(3) 按第3层协议。VLAN建立在第3层上。

(4) 使用IP组播。VLAN建立在第3层上，是一种与众不同的VLAN定义方法。

(5) 基于策略。可以使用任一种划分 VLAN 的方法,是一种最灵活的方法。

各种划分方法则重点不同,所达到的效果也不尽相同。大多数情况下,用户可以同时处于不同的工作组,并且同时属于多个 VLAN。VLAN 应该支持多个 LAN 交换机,同时也应支持远程连接。

5.3.5 交换与路由网络设计

1. 二层交换的不足

如图 5-3 所示,传统的局域网中,使用 VLAN 来划分网络,提高了网络效率;但是 VLAN 间通信通过路由器完成,路由器价格昂贵,速率较低。传统路由器整机 64 字节包转发能力通常小于 100000pps,交换机的单个 100M 端口 64 字节包转发能力能够达到 148810pps,可以实现线速交换。

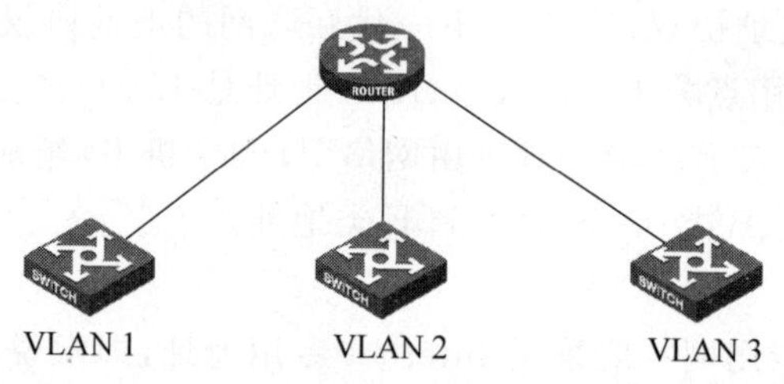

图 5-3 路由器实现 VLAN 间交换

2. 三层交换技术

三层交换技术的实质就是通过硬件实现路由,三层交换机对于数据包的处理过程与传统路由器基本相同,如图 5-3 所示。

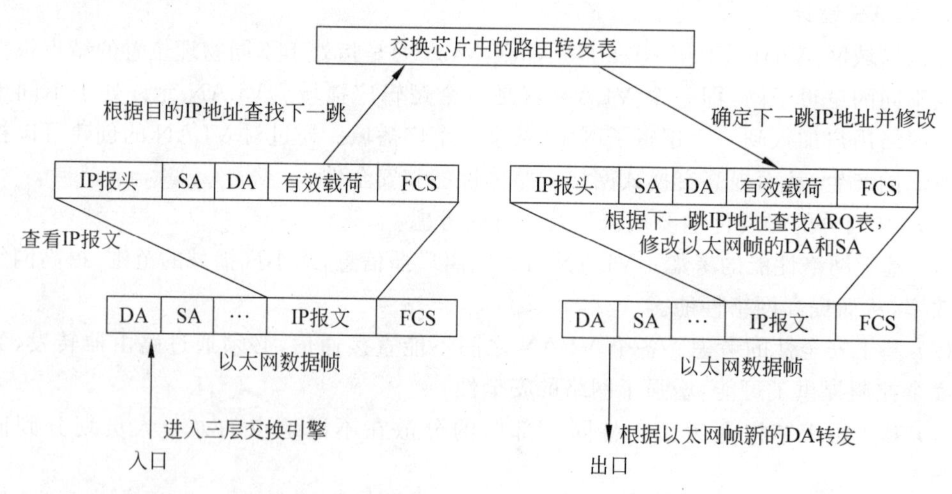

图 5-4 三层交换机实现 VLAN 间交换

3. 路由和三层交换

在逻辑上,三层交换和路由是等同的,三层交换的过程就是 IP 报文选路的过程。

三层交换机与路由器在转发操作上的主要区别在于其实现的方式。

(1) 三层交换机通过硬件实现查找和转发。

(2) 传统路由器通过微处理器上运行的软件实现查找和转发。

(3) 三层交换机的软件路由表与路由器一样，需要软件通过路由协议来建立和维护。

(4) 三层交换机相对于路由器来说，在硬件中多了一个硬件路由表，该硬件路由表来源于软件路由表。

在以太局域网中引入三层交换，能够更加经济地替代传统路由器，能够更大程度地满足20/80规则对于局域网主干带宽的需求。

4. 四层交换技术

四层交换技术的实质就是基于硬件的、考虑了第四层参数的三层路由，主要特点有以下几个方面。

(1) 在传输层协议 TCP/UDP 中，应用类型被作为端口号标识在数据段/报文的头部中。

(2) 四层交换技术通过检查端口号，识别不同报文的应用类型，从而根据应用类型对数据流进行分类。

(3) 根据数据流的应用类型，可以方便地提供 QoS 及流量统计。

(4) 网络中传输的数据可以看作是由一些在特定时间内、特定源和目的之间的数据报文组(也称为数据流)组成的。

(5) 四层交换识别数据流的信息，并根据这些信息对数据报文进行交换。

(6) 四层交换技术仍然采用硬件实现，降低了对 CPU 处理能力的需求，提高了交换速度。

5.3.6 网络操作系统的选择与配置

网络操作系统对网络的性能有着至关重要的影响，网络操作系统的选择原则是随着市场、技术及生产厂商的变化而变化的。

1. 网络操作系统的选择

选择一个合适的网络操作系统，既省钱、省力，又能大大地提高系统的效率，而盲目地使用一个网络操作系统，往往会事倍功半，甚至会破坏原有的数据库和文件等。选择网络操作系统的准则主要体现在以下几个方面。

(1) 对原有系统的深入分析。

(2) 对新的网络操作系统的状况的认识。

(3) 了解几种流行的网络操作系统的特点。

2. 网络服务器的配置

网络的正常运行离不开网络服务器的支撑，大中型网络中常见的基本网络服务有DNS、DHCP 和 WWW。因此，常用的网络服务器的配置主要包括以下 3 种。

(1) DNS 服务器的规划和配置。

(2) DHCP 服务器的规划和配置。

(3) Web 服务器的规划和配置。

5.3.7 应用系统的选型

根据用户的需求，大中型网络还可能需要相应地提供一些应用系统，如常用邮件服务系统、文件存储系统、数据库系统和ERP系统。

5.4 网络系统集成主要设备的选型

计算机网络设备是计算机网络系统中的重要组成部分,其主要功能是传输数据和存储数据。经常使用的网络设备包括网卡、交换机、路由器、防火墙、不间断电源(UPS)、存储设备和服务器等。如果选择适合自身需要的设备,就要对各种设备的性能有深入的了解,这样才能在网络系统集成中正确地进行设备选型。

5.4.1 网络系统集成主要的网络设备

1. 网卡

网卡又称为"网络适配器",是局域网中最基本的部件之一,是连接计算机与网络的硬件设备。

从工作方式来看,网卡大致可以分为以下5类。

(1) 主CPU用IN和OUT指令对网卡的I/O端口寻址并交换数据。

(2) 网卡采用共享内存方式,即CPU使用MOV指令直接对内存和网卡缓冲区寻址。

(3) 网卡采用DMA方式,DMA控制器可以在主板或网卡上,ISR通过CPU对DMA控制器编程,获得CPU应答后,开始网卡缓冲区与内存之间的数据传输。

(4) 主总线网卡能够裁决系统总线控制权,并对网卡和系统内存寻址。

(5) 智能网卡中有CPU、RAM、ROM及较大的缓冲区。

从总线类型来看,网卡大致可以分为以下5类。

(1) ISA总线网卡。ISA(工业标准体系结构)卡总线可以传送10Mb/s或100Mb/s的数据。

(2) PCI总线网卡。PCI总线插槽是目前主板上最常见的接口,基于32位数据总线,可扩展为64位,工作频率为33MHz/66MHz,数据传送速率为132MB/s。PCI-X是PCI总线的一种扩展架构,允许目标设备仅限于单个PCI-X设备进行交换。

(3) PCI-E总线网卡。PCI Express接口已成为目前主流主板的必备接口,采用点对点的串行通信方式,型号有PIC Express 1X(标准250Mb/s,双向500Mb/s)、2X、4X、8X、16X、32X。采用PCI-E接口的网卡多为吉比特网卡。

(4) USB接口网卡。采用串行通信方式,常见的传输速率可分为USB2.0(480Mb/s)和USB1.1(12Mb/s)两种标准。

(5) PCMCIA接口网卡。PCMCIA接口是笔记本电脑专用接口,PCMCIA总线分为两类,16位的PCMCIA和32位的CardBus,CardBus网卡的最大传输速率接近90Mb/s。

2. 交换机

交换机(Switch)也称为交换器。交换机是一个具有简单、低价、高性能和高端口密度特点的交换设备。其采用了一种桥接的复杂交换技术,按每一数据帧中的MAC地址使用相对简单的决策进行信息转发。

交换机主要采用以下3种交换技术。

(1) 端口交换,包括模块交换、端口组交换、端口级交换等几种方式。

(2) 帧交换,是目前应用最广泛的局域网交换技术。其对帧的处理方式一般有直通交换(只读出帧前14个字节)、存储转发。

(3) 信元交换。ATM采用固定长度53字节的信元交换,ATM的带宽可以达到25Mb/s、155Mb/s、622Mb/s甚至数吉比特的传输能力。

根据交换机的工作原理,通常可以分为以下3种类型。

(1) 二层交换机,数据链路层设备,根据MAC地址-端口表转发数据包。

(2) 三层交换机,具有部分路由器功能,一次路由,多次转发。

(3) 四层交换机,根据TCP/UDP端口号区分数据包的应用类型,实现应用层的访问控制和服务质量。

3. 路由器

路由器工作在OSI参考模型第三层——网络层,负责数据包的转发。路由器通常用于连接不同网络,能够支持多种协议,如TCP/IP、IPX/SPX、AppleTalk等。路由器至少有两个物理端口。

从性能高低上划分,路由器可以分为高端路由器、中端路由器和低端路由器。

(1) 高端路由器,吞吐量大于40Gb/s。

(2) 中端路由器,吞吐量为25Gb/s~40Gb/s。

(3) 低端路由器,吞吐量小于25Gb/s。

从结构上看,路由器可以分为模块化路由器和非模块化路由器。

(1) 模块化路由器,中高端路由器,可以根据用户的实际需求选配不同接口类型的功能板卡及业务模块。

(2) 非模块化路由器,低端路由器,接口数量和接口类型的固定配置。

从功能上看,路由器可以分为骨干级路由器、企业级路由器和接入级路由器。

(1) 骨干级路由器,高速度、高可靠性,连接长距离骨干网上的ISP和大型企业网络互联。

(2) 企业级路由器,速度快、智能化,用于结点众多的大型企业网络环境。

(3) 接入级路由器,支持许多异构和高速端口,连接家庭或ISP内小型企业客户。

4. 防火墙

防火墙是指设置在不同网络之间的一系列部件的组合。它是不同网络或网络安全域之间信息的唯一出入口,能根据用户的安全策略控制(允许、拒绝、监测)出入网络的信息流,且本身具有较强的抗攻击能力。它是提供信息安全服务,实现网络和信息安全的基础设施。

从防火墙的软、硬件形式来看,防火墙可以分为软件防火墙和硬件防火墙。

从防火墙的技术实现来看,防火墙可以分为包过滤型防火墙、应用代理型防火墙和入侵状态检测防火墙。

(1) 包过滤(Packet Filtering)型防火墙,最早使用的一种防火墙技术,分为静态包过滤(网络层)和动态包过滤(传输层),分析数据包的头部、协议、地址、端口、类型等信息,预先设定过滤规则(Filtering Rule)匹配通过的数据包。

(2) 应用代理(Application Proxy)型防火墙,一种采用应用协议分析技术(Application Protocol Analysis)的高级防火墙技术,工作在应用层。预设处理规则查询通过的数据包,审核内外网络之间的通信,双向代理建立连接会话。

(3) 入侵状态检测防火墙(Stateful Inspection Firewall),结合包过滤技术和应用代理技术的一种高级防火墙技术,通过建立首连接的会话状态信息,监视、审核后续通信的传输数据。

5. 无线 WAP

无线 WAP(Wireless Access Point,WAP)是一个无线网络的接入点,主要有路由交换接入一体设备和纯接入点设备。

基于 802.11 a/b/g 的无线 AP 是组建小型无线局域网最常用的设备,主要用于宽带家庭、大楼内部、校园内部、园区内部以及仓库、工厂等需要无线监控的地方,典型距离覆盖几十米至上百米。它在介质访问控制子层 MAC 中扮演无线工作站及有线局域网络的桥梁,最大连接距离可达 300 米。无线 AP 能够像交换机一样,无线工作站可以快速且轻易地与有线网络连接,支持多用户(30～70 人)接入、数据加密、多速率发送等功能。市场上的 WAP 基本上分为两大类:单纯型 WAP 和扩展型 WAP。扩展型 WAP 除了基本的 WAP 功能之外,还可能带有若干以太网交换口、路由、NAT、DHCP、打印服务器等功能。

6. 服务器

服务器英文名为"Server",指网络环境下为客户机(Client)提供某种服务的专用计算机,服务器安装有网络操作系统(如 Windows 2003 Server、Linux、UNIX 等)和各种服务器应用软件(如 Web 服务、E-mail 服务)。

服务器的特点如下。

(1) 高可靠性。服务器的硬件结构需求进行专门设计,如磁盘热插拔技术、磁盘阵列技术、ECC 内存技术、电源冗余技术等。

(2) 高可用性。系统本身可以立即使用,具有较强的故障恢复功能。

(3) 高可扩展性。支持通过增加组件,提升服务器的性能。

按照应用层次不同,可把服务器分为入门级服务器、工作组级服务器、部门级服务器和企业级服务器。

(1) 入门级服务器。通常只使用一个 CPU,支持有限的服务功能。

(2) 工作组级服务器。一般支持 1～2 个 CPU,可支持大容量的 ECC 内存等。

(3) 部门级服务器。可以支持 2～4 个 CPU,具有较高的可用性特性。

(4) 企业级服务器。普遍支持 4～8 个 CPU,拥有独立的双 PCI 通道和内存扩展设计,具有高内存带宽、大容量热插拔磁盘和热插拔电源,具有强大的数据处理能力。

7. UPS

UPS(Uninterrupted Power System),即不间断电源,是一种含有储能装置,以逆变器为主要组成部分的恒压恒频的不间断电源,主要用于给单台计算机、计算机网络系统或其他电力电子设备提供不间断的电力供应。UPS 主要由整流器、蓄电池、逆变器和静态开关等几部分组成。

UPS 电源按其工作原理可以分为以下 3 种类型。

(1) 后备式 UPS,也称为离线式 UPS。其平时处于蓄电池充电状态,在停电时逆变器紧急切换到工作状态,将电池提供的直流电转变为稳定的交流电输出。

(2) 在线式 UPS,其逆变器一直处于工作状态,它首先通过电路将外部交流电变为直流电,再通过高质量的逆变器将直流电转换为高质量的正弦波交流电输出给计算机。有电时,起到稳压和防止电波干扰;停电时,使用备用直流电源给逆变器供电。

(3) 在线互动式UPS,是一种智能化的UPS。在输入市电正常时,UPS的逆变器处于反向工作,给电池组充电;市电异常时,逆变器立刻转为逆变工作状态,将电池组电能转换为交流电输出,存在转换时间。

5.4.2　交换机的选型策略

1. 交换机的主要性能指标

(1) 交换机类型。如机架式交换机与固定配置式交换机。

(2) 端口。一般为多个RJ-45接口,还会提供一个UP-Link接口或堆叠接口,有的端口还支持MDI/MDIX自动跳线功能,通过该功能可以在级联交换设备时自动按照适当的线序连接,无须进行手工配置。

(3) 传输速率。传输速率主要分为10/100Mb/s自适应交换机、吉比特交换机和10吉比特交换机3种。

(4) 传输模式。目前的交换机一般都支持全/半双工自适应模式。

(5) 是否支持网管。现在常见的网管类型包括IBM网络管理(Netview)、HP Openview、SUN Solstice Domain Manager、RMON管理、SNMP管理、基于Web管理等,网络管理界面分为命令行方式(CLI)与图形用户界面(GUI)方式。

(6) 交换方式。交换方式主要有"存储转发"与"直通转发"两种。

(7) 背板吞吐量或背板带宽。背板吞吐量或背板带宽是指交换机接口处理器和数据总线之间所能吞吐的最大数据量。交换机的背板带宽越高,其所能处理数据的能力就越强,价格也越高。

(8) 支持的网络类型。要支持一种类型以上的网络,如以太网、快速以太网、吉比特以太网、ATM、令牌环及FDDI网络等。交换机支持的网络类型越多,其可用性、可扩展性就会越强,同时价格也会越昂贵。

(9) 安全性及VLAN支持。

(10) 冗余支持。冗余组件一般包括管理卡、交换结构、接口模块、电源、冷却系统、机箱风扇灯。

2. 选择交换机的基本原则

(1) 适用性与先进性相结合的原则。

(2) 选择市场主流产品的原则。

(3) 安全可靠的原则。

(4) 产品与服务相结合的原则。

3. 选择三层交换机需要注意的事项

(1) 注意满配置时的吞吐量。

(2) 分布式优于集中式。

(3) 关注延时与延时抖动指标。

(4) 性能稳定。

(5) 安全可靠。

(6) 功能齐全。

5.4.3 路由器的选型策略

1. 路由器的主要性能指标

(1) 路由器的配置。

(2) 用户可用槽数。

(3) CPU。

(4) 内存。

(5) 端口密度。

2. 选择路由器的基本原则

(1) 制造商的技术能力。

(2) 满足自身的需求。

(3) 实用性原则。

(4) 可靠性原则。

(5) 先进性原则。

(6) 扩展性原则。

(7) 性价比。

3. 选择路由器需注意的事项

(1) 路由器的可靠性。

(2) 路由器的可用性。

5.4.4 防火墙的选型策略

1. 防火墙主要性能指标

(1) LAN 接口。

(2) 操作系统平台。

(3) 协议支持。

(4) 加密支持。

(5) 认证支持。

(6) 访问控制。

(7) 防御能力。

(8) 安全特性。

(9) 管理功能。

(10) 记录和报表功能。

2. 选择防火墙的基本原则

(1) 总拥有成本和价格。

(2) 确定总体目标。

(3) 明确系统需求。

(4) 防火墙基本功能。

(5) 应满足用户的特殊需求。

(6) 防火墙本身是安全的。

(7) 不同级别用户选择防火墙的类型不同。

(8) 管理与培训。

(9) 可扩充性。

(10) 防火墙的安全性。

5.4.5　服务器的选型策略

1. 选择服务器的基本原则

(1) 稳定可靠原则。

(2) 合适够用原则。

(3) 扩展性原则。

(4) 易于管理原则、售后服务原则。

(5) 特殊需求原则。

2. 选择服务器时需考虑的相关问题

(1) 服务器的主要配置参数。

(2) 64 位服务器覆盖的应用范围。

(3) 多处理器服务器的选择。

(4) 存储问题。

5.4.6　网络设备的选型实例

网络系统集成过程中的设备选择主要可以分为以下两种方式。

(1) 由某单位(甲方)提出详细的设备性能指标，系统集成公司(乙方)根据甲方提供的指标选择符合需求的产品。

(2) 由某单位(甲方)提供需求文档，系统集成公司(乙方)根据甲方的需求文档，向甲方提出整体的系统集成解决方案。

5.5　综合组网实验

5.5.1　组网目的和要求

(1) 巩固对计算机组网、VLAN、STP、路由协议、802.1x 认证、ACL、NAT、应用服务器等知识点的掌握。

(2) 掌握中小企业网络的设计、架构、配置和管理。

5.5.2　组网内容和步骤

1. 综合组网说明

某公司下设研发部、市场部、人力资源部 3 个独立部门。其中研发部有计算机 30 台，市场部有计算机 20 台，人力资源部有计算机 5 台，另外有 4 台服务器组成的服务器群提供 Web、FTP、DNS 等各种服务。

具体要求如下。

（1）为所有交换机和路由器配置远程管理权限，Telnet 终端登录。

（2）所有接入到公司内部局域网的计算机必须经过 802.1x 认证才能联网。

（3）研发部、市场部、人力资源部互相之间不能访问。

（4）研发部和人力资源部不能访问 Internet，市场部可以访问 Internet。

（5）所有部门的计算机均可访问服务器群中任一台服务器。

（6）ISP 给公司分配了 5 个公网 IP 地址：202.1.1.1-5/29。要求公司内部局域网访问 Internet 使用 NAT 地址转换。

（7）要求公司内部两台服务器对外分别提供 Web 服务和 FTP 服务，其公网 IP 地址分别为 202.1.1.1 和 202.1.1.2，对应的内网地址为 192.168.4.1 和 192.168.4.2。

2. 综合组网拓扑图

综合组网实训拓扑图如图 5-5 所示。

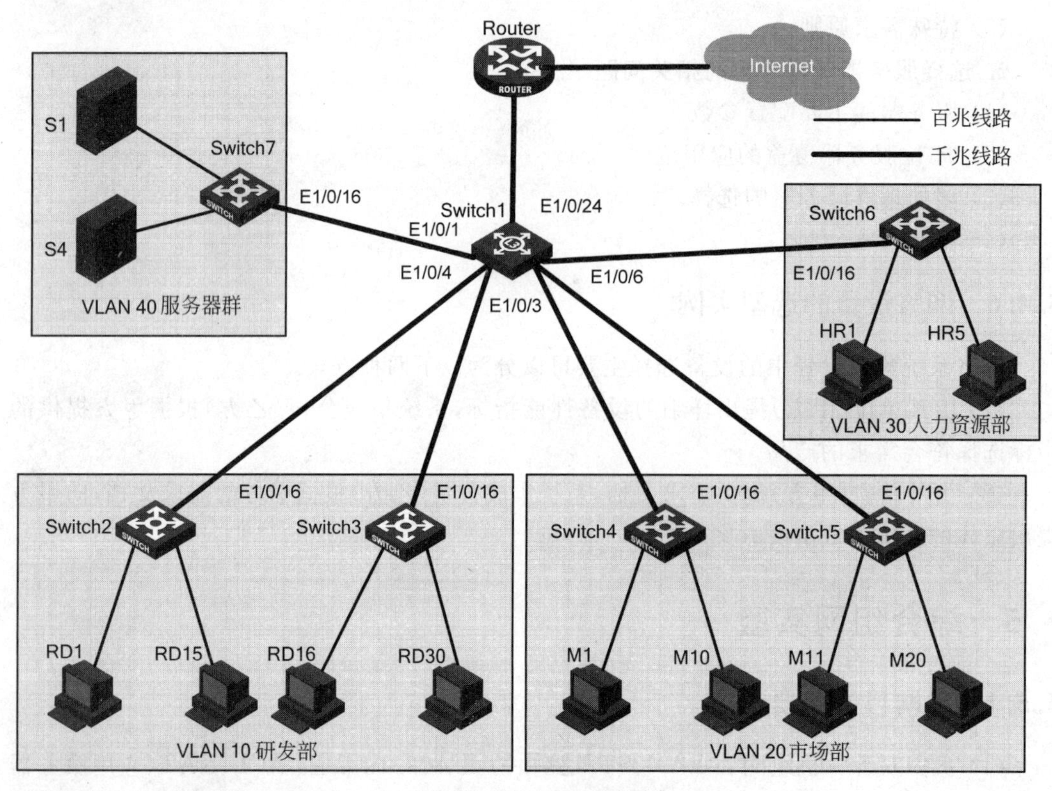

图 5-5　综合组网实训拓扑图

说明：实训使用设备列表如表 5-2 所示。

表 5-2　综合组网实训设备列表

设备名	设备类型	设备型号	管理 IP 地址
Router	路由器	MSR2020	192.168.5.2/24
Switch1	三层交换机	S3610	192.168.0.1/24
Switch2	二层交换机	S3100	192.168.0.2/24

续表

设备名	设备类型	设备型号	管理 IP 地址
Switch3	二层交换机	S3100	192.168.0.3/24
Switch4	二层交换机	S3100	192.168.0.4/24
Switch5	二层交换机	S3100	192.168.0.5/24
Switch6	二层交换机	S3100	192.168.0.6/24
Switch7	二层交换机	S3100	192.168.0.7/24

3. VLAN 规划设计及 IP 地址分配

根据企业实际需求情况，将各个部门划分到独立的 VLAN，具体如表 5-3 所示。各终端及设备的 IP 地址分配情况如表 5-4 和表 5-5 所示。

表 5-3　VLAN 规划设计

部　门	VLAN
研发部	10
市场部	20
人力资源部	30
服务器群	40

表 5-4　各终端的 IP 地址分配

VLAN	终　端	接　口	IP 地址/子网掩码
10	RD1～RD15 RD16～RD30	Switch2 Ethernet 1/0/1～Ethernet 1/0/15 Switch3 Ethernet 1/0/1～Ethernet 1/0/15	192.168.1.1～192.168.1.15/255.255.255.0 192.168.1.16～192.168.1.30/255.255.255.0
20	M1～M10 M10～M20	Switch4 Ethernet 1/0/1～Ethernet 1/0/10 Switch5 Ethernet 1/0/1～Ethernet 1/0/20	192.168.2.1～192.168.2.10/255.255.255.0 192.168.2.11～192.168.2.20/255.255.255.0
30	HR1～HR5	Switch6 Ethernet 1/0/1～Ethernet 1/0/5	192.168.3.1～192.168.3.5/255.255.255.0
40	S1～S4	Swicth7 Ethernet 1/0/1～Ethernet 1/0/4	192.168.4.1～192.168.4.4/255.255.255.0

表 5-5　各设备的 IP 地址分配

设　备	接　口	IP 地址/子网掩码
Router	Ethernet 0/0 Ethernet 0/1	192.168.5.2/255.255.255.0 202.1.1.1/255.255.255.248
Switch1	Vlan-interface 10 Vlan-interface 20 Vlan-interface 30 Vlan-interface 40 Vlan-interface 50	192.168.1.254/255.255.255.0 192.168.2.254/255.255.255.0 192.168.3.254/255.255.255.0 192.168.4.254/255.255.255.0 192.168.5.1/255.255.255.0

4. 主要配置步骤

（1）在交换机 Switch1～Switch7 上配置远程管理权限，采用命令行接口下 Telnet 终端登录。

① Switch1 配置。

```
[Switch]telnet server enable
[Switch1]interface Vlan-interface1
[Switch1-Vlan-interface1]ip address 192.168.0.1 255.255.255.0
[Switch1]local-user admin
[Switch1-luser-admin]password password|cipher 123456
[Switch1-luser-admin]service-type telnet level 3
[Switch1-luser-admin]quit
[Switch1]user-interface vty 0 4
[Switch1-ui-vty0-4]authentication-mode scheme
```

② Switch2 配置。

```
[Switch]telnet server enable
[Switch2]interface Vlan-interface1
[Switch2-Vlan-interface1]ip address 192.168.0.2 255.255.255.0
[Switch2]local-user admin
[Switch2-luser-admin]password password|cipher 123456
[Switch2-luser-admin]service-type telnet level 3
[Switch2-luser-admin]quit
[Switch2]user-interface vty 0 4
[Switch2-ui-vty0-4]authentication-mode scheme
[Switch2-ui-vty0-4]quit
[Switch2]ip route-static 0.0.0.0 0.0.0.0 192.168.0.1
```

③ Switch3 配置。

```
[Switch]telnet server enable
[Switch3]interface Vlan-interface1
[Switch3-Vlan-interface1]ip address 192.168.0.3 255.255.255.0
[Switch3]local-user admin
[Switch3-luser-admin]password password|cipher 123456
[Switch3-luser-admin]service-type telnet level 3
[Switch3-luser-admin]quit
[Switch3]user-interface vty 0 4
[Switch3-ui-vty0-4]authentication-mode scheme
[Switch3-ui-vty0-4]quit
[Switch3]ip route-static 0.0.0.0 0.0.0.0 192.168.0.1
```

④ Switch4 配置。

```
[Switch]telnet server enable
[Switch4]interface Vlan-interface1
[Switch4-Vlan-interface1]ip address 192.168.0.4 255.255.255.0
```

```
[Switch4]local-user admin
[Switch4-luser-admin]password password|cipher 123456
[Switch4-luser-admin]service-type telnet level 3
[Switch4-luser-admin]quit
[Switch4]user-interface vty 0 4
[Switch4-ui-vty0-4]authentication-mode scheme
[Switch4-ui-vty0-4]quit
[Switch4]ip route-static 0.0.0.0 0.0.0.0 192.168.0.1
```

⑤ Switch5 配置。

```
[Switch]telnet server enable
[Switch5]interface Vlan-interface1
[Switch5-Vlan-interface1]ip address 192.168.0.5 255.255.255.0
[Switch5]local-user admin
[Switch5-luser-admin]password password|cipher 123456
[Switch5-luser-admin]service-type telnet level 3
[Switch5-luser-admin]quit
[Switch5]user-interface vty 0 4
[Switch5-ui-vty0-4]authentication-mode scheme
[Switch5-ui-vty0-4]quit
[Switch5]ip route-static 0.0.0.0 0.0.0.0 192.168.0.1
```

⑥ Switch6 配置。

```
[Switch]telnet server enable
[Switch6]interface Vlan-interface1
[Switch6-Vlan-interface1]ip address 192.168.0.6 255.255.255.0
[Switch6]local-user admin
[Switch6-luser-admin]password password|cipher 123456
[Switch6-luser-admin]service-type telnet level 3
[Switch6-luser-admin]quit
[Switch6]user-interface vty 0 4
[Switch6-ui-vty0-4]authentication-mode scheme
[Switch6-ui-vty0-4]quit
[Switch6]ip route-static 0.0.0.0 0.0.0.0 192.168.0.1
```

⑦ Switch7 配置。

```
[Switch]telnet server enable
[Switch7]interface Vlan-interface1
[Switch7-Vlan-interface1]ip address 192.168.0.7 255.255.255.0
[Switch7]local-user admin
[Switch7-luser-admin]password password|cipher 123456
[Switch7-luser-admin]service-type telnet level 3
```

```
[Switch7-luser-admin]quit
[Switch7]user-interface vty 0 4
[Switch7-ui-vty0-4]authentication-mode scheme
[Switch7-ui-vty0-4]quit
[Switch7]ip route-static 0.0.0.0 0.0.0.0 192.168.0.1
```

⑧ Router 配置。

```
[Router]telnet server enable
[Switch7]local-user admin
[Router-luser-admin]password password|cipher 123456
[Router-luser-admin]service-type telnet level 3
[Router-luser-admin]quit
[Router]user-interface vty 0 4
[Router-ui-vty0-4]authentication-mode scheme
```

(2) 在交换机 Switch1～Switch7 上配置 VLAN。

① Switch1 配置。

```
[Switch1]vlan 10
[Switch1]vlan 20
[Switch1]vlan 30
[Switch1]vlan 40
[Switch1]vlan 50
[Switch1-vlan50]port access Ethernet 1/0/24
```

② Switch2 配置。

```
[Switch2]vlan 10
[Switch2-vlan10]port access ethernet 1/0/1 to ethernet 1/0/15
```

③ Switch3 配置。

```
[Switch3]vlan 10
[Switch3-vlan10]port access ethernet 1/0/1 to ethernet 1/0/15
```

④ Switch4 配置。

```
[Switch4]vlan 20
[Switch4-vlan20]port access ethernet 1/0/1 to ethernet 1/0/10
```

⑤ Switch5 配置。

```
[Switch5]vlan 20
[Switch5-vlan20]port access ethernet 1/0/1 to ethernet 1/0/10
```

⑥ Switch6 配置。

```
[Switch6]vlan 30
[Switch6-vlan30]port access ethernet 1/0/1 to ethernet 1/0/5
```

⑦ Switch7 配置。

```
[Switch7]vlan 40
[Switch7-vlan40]port access ethernet 1/0/1 to ethernet 1/0/4
```

(3) 在交换机上配置 Trunk 端口。

① Swicth1 配置。

```
[Switch1]interface 1/0/1
[Switch1-Ethernet1/0/1]port link-type trunk
[Switch1-Ethernet1/0/1]port trunk permit vlan 10 20 30 40
[Switch1]interface 1/0/2
[Switch1-Ethernet1/0/2]port link-type trunk
[Switch1-Ethernet1/0/2]port trunk permit vlan 10 20 30 40
[Switch1]interface 1/0/3
[Switch1-Ethernet1/0/3]port link-type trunk
[Switch1-Ethernet1/0/3]port trunk permit vlan 10 20 30 40
[Switch1]interface 1/0/4
[Switch1-Ethernet1/0/4]port link-type trunk
[Switch1-Ethernet1/0/4]port trunk permit vlan 10 20 30 40
[Switch1]interface 1/0/5
[Switch1-Ethernet1/0/5]port link-type trunk
[Switch1-Ethernet1/0/5]port trunk permit vlan 10 20 30 40
[Switch1]interface 1/0/6
[Switch1-Ethernet1/0/6]port link-type trunk
[Switch1-Ethernet1/0/6]port trunk permit vlan 10 20 30 40
```

② Switch2 配置。

```
[Switch2]interface 1/0/16
[Switch2-Ethernet1/0/16]port link-type trunk
[Switch2-Ethernet1/0/16]port trunk permit vlan 10 20 30 40
```

③ Switch3 配置。

```
[Switch3]interface 1/0/16
[Switch3-Ethernet1/0/16]port link-type trunk
[Switch3-Ethernet1/0/16]port trunk permit vlan 10 20 30 40
```

④ Switch4 配置。

```
[Switch4]interface 1/0/16
[Switch4-Ethernet1/0/16]port link-type trunk
[Switch4-Ethernet1/0/16]port trunk permit vlan 10 20 30 40
```

⑤ Switch5 配置。

```
[Switch5]interface 1/0/16
[Switch5-Ethernet1/0/16]port link-type trunk
[Switch5-Ethernet1/0/16]port trunk permit vlan 10 20 30 40
```

⑥ Switch6 配置。

```
[Switch6]interface 1/0/16
[Switch6-Ethernet1/0/16]port link-type trunk
[Switch6-Ethernet1/0/16]port trunk permit vlan 10 20 30 40
```

⑦ Switch7 配置。

```
[Switch7]interface 1/0/16
[Switch7-Ethernet1/0/16]port link-type trunk
[Switch7-Ethernet1/0/16]port trunk permit vlan 10 20 30 40
```

（4）在三层交换机 Switch1 上配置 VLAN 虚接口。

```
[Switch1]interface vlan-interface 10
[Switch1-Vlan-interface10]ip address 192.168.1.254 255.255.255.0
[Switch1]interface vlan-interface 20
[Switch1-Vlan-interface20]ip address 192.168.2.254 255.255.255.0
[Switch1]interface vlan-interface 30
[Switch1-Vlan-interface30]ip address 192.168.3.254 255.255.255.0
[Switch1]interface vlan-interface 40
[Switch1-Vlan-interface40]ip address 192.168.4.254 255.255.255.0
[Switch1]interface vlan-interface 50
[Switch1-Vlan-interface50]ip address 192.168.5.1 255.255.255.0
```

（5）在二层交换机上配置 802.1x 认证。

① Switch2 配置。

```
[Switch2]dot1x
[Switch2]dot1x interface ethernet 1/0/1 to ethernet 1/0/15
[Switch2]local-user guest
[Switch2-luser-guest]password simple 123456
[Switch2-luser-guest]service-type lan-access
```

② Switch3 配置。

```
[Switch3]dot1x
[Switch3]dot1x interface ethernet 1/0/1 to ethernet 1/0/15
[Switch3]local-user guest
[Switch3-luser-guest]password simple 123456
[Switch3-luser-guest]service-type lan-access
```

③ Switch4 配置。

```
[Switch4]dot1x
[Switch4]dot1x interface ethernet 1/0/1 to ethernet 1/0/10
[Switch4]local-user guest
[Switch4-luser-guest]password simple 123456
[Switch4-luser-guest]service-type lan-access
```

④ Switch5 配置。

```
[Switch5]dot1x
[Switch5]dot1x interface ethernet 1/0/1 to ethernet 1/0/10
[Switch5]local-user guest
[Switch5-luser-guest]password simple 123456
[Switch5-luser-guest]service-type lan-access
```

⑤ Switch6 配置。

```
[Switch6]dot1x
[Switch6]dot1x interface ethernet 1/0/1 to ethernet 1/0/5
[Switch6]local-user guest
[Switch6-luser-guest]password simple 123456
[Switch6-luser-guest]service-type lan-access
```

（6）在三层交换机 Switch1 上配置 ACL 包过滤防火墙隔离各部门间通信。

```
[Switch1] acl number 3000
[Switch1-acl-adv-3000] rule deny ip source 192.168.1.0 0.0.0.255 destination 192.
168.2.0 0.0.0.255
[Switch1-acl-adv-3000] rule deny ip source 192.168.1.0 0.0.0.255 destination 192.
168.3.0 0.0.0.255
[Switch1-acl-adv-3000] rule deny ip source 192.168.2.0 0.0.0.255 destination 192.
168.1.0 0.0.0.255
[Switch1-acl-adv-3000] rule deny ip source 192.168.2.0 0.0.0.255 destination 192.
168.3.0 0.0.0.255
[Switch1-acl-adv-3000] rule deny ip source 192.168.3.0 0.0.0.255 destination 192.
168.1.0 0.0.0.255
[Switch1-acl-adv-3000] rule deny ip source 192.168.3.0 0.0.0.255 destination 192.
168.2.0 0.0.0.255
```

```
[Switch1] traffic classifier c_deny
[Switch1-classifier-c_deny] if-match acl 3000
[Switch1] traffic behavior b_deny
[Switch1-behavior-b_deny filter deny
[Switch1] qos policy p_deny
[Switch1-qospolicy-p_deny] classifier c_deny behavior b_deny
[Switch1]interface ethernet 1/0/1
[Switch1-Ethernet1/0/1]qos apply policy p_deny inbound
[Switch1]interface ethernet 1/0/2
[Switch1-Ethernet1/0/2]qos apply policy p_deny inbound
[Switch1]interface ethernet 1/0/3
[Switch1-Ethernet1/0/3]qos apply policy p_deny inbound
[Switch1]interface ethernet 1/0/4
[Switch1-Ethernet1/0/4]qos apply policy p_deny inbound
[Switch1]interface ethernet 1/0/5
[Switch1-Ethernet1/0/5]qos apply policy p_deny inbound
```

(7) 配置路由器 Router 的接口 IP 地址。

```
[Router]interface ethernet 0/0
[Router-Ethernet0/0]ip address 192.168.5.2 255.255.255.0
[Router]interface ethernet 0/1
[Router-Ethernet0/1]ip address 202.1.1.1 255.255.255.248
```

(8) 配置动态路由协议。

① Switch1 配置。

```
[Switch1]router id 1.1.1.1
[Switch1]ospf
[Switch-ospf-1]area 0
[Switch-ospf-1-0.0.0.0]network 192.168.1.0 0.0.0.255
[Switch-ospf-1-0.0.0.0]network 192.168.2.0 0.0.0.255
[Switch-ospf-1-0.0.0.0]network 192.168.3.0 0.0.0.255
[Switch-ospf-1-0.0.0.0]network 192.168.4.0 0.0.0.255
[Switch-ospf-1-0.0.0.0]network 192.168.5.0 0.0.0.255
```

② Router 配置。

```
[Router]router id 2.2.2.2
[Router]ospf
[Router-ospf-1]default-route-advertise always
[Router-ospf-1]area 0
[Router-ospf-1-area-0.0.0.0]network 192.168.5.0 0.0.0.255
```

(9) 在路由器 Router 上配置 NAT 地址转换,使企业内部局域网可以访问 Internet。

```
[Router]nat address-group 1 202.1.1.4 202.1.1.5
[Router]acl number 3001 match-order auto
[Router-acl-adv-3001]rule permit ip
[Router-acl-adv-3001]interface serial 1/0
[Router-Serial1/0]nat outbound 3001 address-group 1
```

(10) 在路由器 Router 上配置 ACL 包过滤防火墙,使研发部和人力资源部不能访问 Internet。

```
[Router]acl number 3002
[Router-acl-adv-3002]rule deny ip source 192.168.1.0 0.0.0.255
[Router-acl-adv-3002]rule deny ip source 192.168.2.0 0.0.0.255
[Router]firewall enable
[Router]interface ethernet 0/1
[Router-Ethernet0/1]firewall packet-filter 3002 outbound
```

(11) 在路由器 Router 上配置 NAT Server 以满足外网的 Web 和 FTP 服务请求。

```
[Router]interface ethernet 0/1
[Router-Ethernet0/1]nat server protocol tcp global 202.1.1.1 www inside 192.168.
4.1 www
[Router-Ethernet0/1]nat server protocol tcp global 202.1.1.2 ftp inside 192.168.
4.2 ftp
```

参 考 文 献

[1] 杭州华三通信技术有限公司. 中小型网络工程与运行维护：华为 3Com 公司内部培训教材，2006.

[2] 姜枫. 计算机网络实验教程. 北京：清华大学出版社，2010.

[3] 谢希仁. 计算机网络[M]. 6 版. 北京：电子工业出版社，2013.

[4] [美]特南鲍姆. 计算机网络[M]. 5 版. 北京：清华大学出版社，2013.

[5] 杨云江. 计算机网络管理技术[M]. 2 版. 北京：清华大学出版社，2010.

[6] 杭州华三通信技术有限公司. IPv6 技术[M]. 北京：清华大学出版社，2010.

[7] 刘天华，孙阳，黄淑伟. 网络系统集成与综合布线[M]. 2 版. 北京：人民邮电出版社，2008.

[8] 王建平，连惠杰，周俊平. Windows Server 网络服务配置与管理[M]. 北京：清华大学出版社，2012.

质检5